高等学校应用型新工科创新人才培养计划系列教材

高等学校智能制造与工业信息化类专业课改系列教材

机器人控制与应用编程

青岛英谷教育科技股份有限公司　编著

西安电子科技大学出版社

内 容 简 介

机器人是先进制造业的关键支撑装备，其研发和应用是衡量一个国家创新和高端制造发展水平的重要标志，对推动工业转型升级和改善人民生活水平具有重要意义。

本书以教学机器人和 ABB 工业机器人为例，深入浅出地讲解了两种典型机器人控制系统的整体概念和编程方法。全书共分为 7 章，第 1 章简要介绍了机器人的发展历史和基础结构；第 2、3 章结合实例介绍了教学机器人的基础知识和编程方法；第 4、5 章介绍了机器人的运动基础和轨迹仿真；第 6、7 章结合实际案例介绍了工业机器人的基础知识和编程方法。理论讲解结合实践练习，帮助读者迅速掌握机器人控制系统开发的必备知识，全面提高实际动手能力。

本书内容精炼、实用性强，可作为高校智能制造专业的教材，也可为有志于从事机器人行业的读者提供理论参考。

图书在版编目(CIP)数据

机器人控制与应用编程/青岛英谷教育科技股份有限公司编著. —西安：西安电子科技大学出版社，2018.2(2024.2 重印)
ISBN 978-7-5606-4833-0

Ⅰ.① 机… Ⅱ.① 青… Ⅲ.① 机器人控制 ② 机器人程序设计 Ⅳ.① TP24

中国版本图书馆 CIP 数据核字(2018)第 015565 号

策 划 毛红兵
责任编辑 买永莲
出版发行 西安电子科技大学出版社(西安市太白南路 2 号)
电 话 (029)88202421 88201467 邮 编 710071
网 址 www.xduph.com 电子邮箱 xdupfxb001@163.com
经 销 新华书店
印刷单位 广东虎彩云印刷有限公司
版 次 2018 年 2 月第 1 版 2024 年 2 月第 3 次印刷
开 本 787 毫米×1092 毫米 1/16 印 张 22
字 数 520 千字
定 价 57.00 元

ISBN 978-7-5606-4833-0/TP

XDUP 5135001-3

如有印装问题可调换

❖❖❖ 前　　言 ❖❖❖

随着以智能制造为代表的新一轮产业变革的迅猛发展，高端智能装备成为制造业升级改造的主要助力。为加速我国制造业的转型升级、提质增效，国务院提出了"中国制造2025"战略目标，明确将智能制造作为主攻方向，致力于加速培育我国新的经济增长动力，力争抢占新一轮产业竞争的制高点。

备受关注的机器人无疑是先进制造业的关键支撑设备。工信部、发改委、财政部联合印发的《机器人产业发展规划(2016—2020年)》将机器人作为重点发展领域作了进一步详细部署，意在尽快打造中国制造新优势，加快制造强国建设。当前形势下，旧的增长模式不可持续，工业的转型升级意义重大，机器人则是这场变革的关键。工信部部长苗圩曾指出，要以工业机器人为抓手，通过工业机器人在工业领域的推广应用，提升我国工业制造过程的自动化和智能化水平。

当前，我国机器人市场正处于高速增长期。自2013年以来，我国已连续五年成为全球机器人第一大市场。伴随着劳动力成本的增加以及政策的推动，"机器换人"成为国内诸多制造企业升级改造的重要手段。历史表明，广泛的市场应用将带来技术的飞速提升。因此，我国的工业机器人虽然起步较晚，但是随着应用的不断扩大以及国家的各种政策扶持，有望在未来进入国际先进行列。

发展机器人是大势所趋，行业前景广阔，但由于种种原因，目前该领域人才供求失衡严重：一方面，机器人厂商、系统集成商及加工制造业等求贤若渴；另一方面，人才供给严重不足，难以满足企业用人需求。究其原因，主要的，一是相对于近年来国内机器人产业的爆发性发展态势，高校、职校等的课程设置滞后，反应速度过慢；二是大机器人厂商有技术壁垒，虽然提供相关培训，但存在品牌针对性过强、配套设施不足、培训网点有限等缺陷，难以形成系统的教学流程和人才培养体系。这些因素在阻碍着中国机器人产业的进一步发展。

本书就是致力于解决上述两个问题的产物——根据机器人相关企业需求设置课程内容，并开发了相关配套设施(英谷教学机器人和工业机器人实训系统)，试图形成系统的机器人教学流程，着力增强动手实操能力，以为中国机器人产业的发展输送更多人才。

本书是面向高等院校智能制造专业、机器人专业方向的标准化教材，包含四个方面的内容：机器人的发展历史和基础知识、机器人运动学及逆运动学分析与仿真、教学机器人编程及ABB工业机器人编程和仿真。这四个方面的知识合理分布于整套教材，章节间衔接流畅，由浅入深，理论讲解结合实践练习，让读者既能对机器人控制系统有一个整体清晰的认识，又能具备基础编程能力，提高学以致用和解决实际问题的能力。

本书由青岛英谷教育科技股份有限公司编写，参与本书编写工作的有刘伟伟、刘洋、王一军、金跃云、孙锡亮、金成学、张玉星、王燕等，青岛农业大学的连政国、黄新平、刘君，以及潍坊学院、曲阜师范大学、济宁学院、济宁医学院等高校的教师。本书在编写期间得到了各合作院校专家及一线教师的大力支持和协作，编者谨在此表示感谢。另外，在本书即将出版之际，编者要特别感谢给予我们开发团队以大力支持和帮助的领导及同事，感谢合作院校的师生给予我们的支持和鼓励，更要感谢开发团队每一位成员所付出的艰辛劳动。

由于编者水平所限，书中难免有错误或不当之处，读者在阅读过程中如有发现，可以通过邮箱(yinggu@121ugrow.com)与我们联系，以期不断完善。

本书编委会
2017 年 12 月

❖❖❖ 目 录 ❖❖❖

第1章 机器人概述

本章目标

- 了解机器人的发展历史。

- 掌握机器人的定义、分类、特点。

- 掌握机器人的结构组成。

- 掌握工业机器人的主要技术参数。

- 了解常见工业机器人及其应用场合。

机器人是能够自动执行任务的机械装置，它能够取代或协助人类进行某些工作，是人类社会科学技术发展的综合性产物。广义上，一切能够模拟人或者其他生物行为的机械结构均能称为机器人，而不管它是否具有人的形态。

1.1 机器人的起源与发展

"机器人"(Robot)一词出自原捷克斯洛伐克剧作家卡雷尔·凯培克的《罗萨姆的万能机器人》(1920)一书。书中讲述了一个名为 Robot 的机器人，它能够不吃饭、不知疲倦地工作。随后，"机器人"一词开始在世界范围内流传起来。

当时，机器人仅存在于科幻小说中，而并未与人们的日常生活和工作相结合，但这体现了人们的一种愿望：希望能够创造出一种机器来代替人们工作，尤其是那些重复枯燥的工作。

1.1.1 机器人的发展历史

从广义的机械结构概念来讲，机器人的起源最早可追溯到 3000 多年前。早在我国西周时期就流传着艺妓(歌舞机器人)的故事。此外，春秋时期的木鸟、东汉时期的记里鼓车、三国时期的木牛流马等广为人知的机械产品，也可以归类到早期机器人的范畴。图 1-1 为复原的三国木牛图。

图 1-1 根据史书记载复原的三国时期木牛图

同时，国外也有一些国家早早开始了此类机器人的研究，早年的古希腊，后来的日本、法国、瑞士等国家均有丰富的相关成果。

在日本的江户时代，出现了各式各样的机械娃娃(见图 1-2)，也被称作傀儡娃娃。通过内部的齿轮、发条等机械装置，这些娃娃有的可以行走和鞠躬，有的能够射箭，还有的可以前手翻下楼梯。这些娃娃通常用于娱乐。

图 1-2　日本的傀儡娃娃及其内部构造

　　第二次世界大战之后，各国的工业进入快速发展期，随之而来的是繁重的体力劳动和危险度极高甚至对人体有害的工作，创造出一种机器代替人进行这种工作的需求变得更为强烈。在这样的背景下，1947 年，美国研发出第一台遥控机械手，它能够代替工人完成核燃料的搬运和处理工作。

　　其后，随着电子技术的出现与发展，机器人技术逐渐受到重视。1962 年，美国 AMF公司生产出 VERSTRAN(万能搬运)机器人，它与 Unimation 公司生产的 Unimate(通用机械手)成为真正商业化的工业机器人。它们也被称为真正意义上的机器人，标志着机器人技术开始走向成熟。Unimate 机器人如图 1-3 所示。

图 1-3　1961 年的 Unimate 机器人

　　相对于前面论及的广义机器人，这些机器人可称为狭义机器人，即现代机器人。本书所称的机器人，除非特别说明，均指现代机器人。

　　从第一台工业机器人诞生到目前为止，机器人的发展过程可分为三个阶段。第一阶段为示教再现机器人(可简称示教机器人)。它是一个由计算机控制的多自由度的机器人，主要运用机器人的示教再现功能，先由用户操控机器人完成操作任务(在这个过程中，机器人存储每个动作的位姿、运动等参数，并自动生成完成此任务的程序)，然后，只需发送一个启动命令，机器人就可以精确地重复示教动作，完成全部操作步骤。

　　VERSTRAN 和 Unimate 都是示教再现机器人。

我国在 1977 年研制的第一台通用型工业机器人 JSS35，也是示教再现机器人，如图 1-4 所示。它的样子与 Unimate 机器人相似，可用于工件上下料和搬运，装上不同的专用工具还可用于焊接、喷漆及打磨毛刺等。JSS35 机器人曾用于二汽生产车间(中国第二汽车制造厂车身分厂，二汽后来改名为东风汽车公司)的点焊作业。

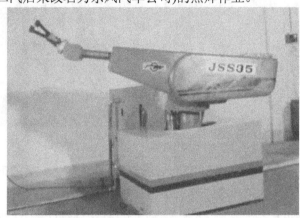

图 1-4　中国第一台示教再现机器人 JSS35

示教再现机器人的最大缺点是：只能重复单一动作，无法感知外界环境，不能向控制系统产生反馈信号。

1973 年 ASEA 公司(机器人四大家族之一 ABB 公司的前身)推出了 IRB 6 机器人，它是世界上第一台全电动微型处理器控制的机器人。IRB 6 的 S1 控制器使用了英特尔 8 位微处理器，内存容量为 16 KB。控制器有 16 个数字 I/O 接口，通过 16 个按键编程，并具有 4 位数的 LED 显示屏。此后，随着微电子技术及微型计算机(单片机)技术的发展，机器人逐渐向多传感器智能控制方向进化，其结构、控制系统及应用场景更加广泛。这也是机器人发展的第二个阶段——感知机器人。目前，大多数机器人还处于第二阶段。

第二代感知机器人对外界环境有一定的感知能力，具有听觉、视觉、触觉等感知功能。此类机器人在工作时，可以通过传感器感知外界环境，进而灵活调整自己的工作状态，以保证在适应环境的情况下完成相应工作。例如，具有视觉系统的机器人可以执行分拣任务，具有避障系统的机器人能够自动改变行进路径。青岛英谷教育科技股份有限公司自主研发的工业机器人实训系统 RI-A10，即可通过工业级别摄像头实现视觉分拣的功能，可扫描右侧二维码观看视频。

视觉分拣演示

近年来，随着计算机技术和人工智能的发展，智能化成为机器人新的发展方向。因此，在感知机器人的基础上诞生了第三代机器人——智能机器人。它能够依靠人工智能的深度学习、自然语言处理等技术对所获取的外界信息进行独立的识别、推理、决策，在不需要人为干预的情况下完成一些复杂的工作。这也是机器人发展的第三个阶段。

目前，我们常见的智能机器人通常用于家庭陪护、餐厅服务以及教育教学，它们一般具备人类的外形。但事实上，只要有一个高度发达的"大脑"，都可以称之为智能机器人，而不必拘泥于具体的形态，例如蛋形、动物形状，甚至仅仅是一个程序或者一个算法。而这也引起了人们对机器人的重新定义和分类。图 1-5 为几种常见的智能机器人。

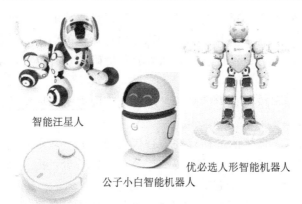

智能汪星人

优必选人形智能机器人

公子小白智能机器人

小米扫地机器人

图 1-5　智能机器人的各种形态

综上所述，机器人的三个发展阶段及其特点如表 1-1 所示。

表 1-1　机器人的三个发展阶段及特点

发展阶段	特　　点
第一阶段： 示教机器人	可精确地重复示教动作 无法感知环境 无法向控制系统反馈信号
第二阶段： 感知机器人	可通过传感器感知外界环境 可向控制系统反馈数据 可根据编程逻辑进行有限的互动
第三阶段： 智能机器人	有自主学习的能力 能够自主决策，完成复杂任务

1.1.2　机器人的定义和特点

到目前为止，机器人虽然尚未形成统一的定义，但国际上对于机器人的概念已逐渐趋于一致。总的来说，机器人被认定为是靠自身动力和控制能力来实现各种功能的一种机器，它接受人类的指挥，可以运行预先设定的程序，也可以根据人工智能技术制定的原则行动，进而协助或者取代人类工作。

国际标准化组织(ISO)对机器人的定义包括：

(1) 机器人的动作机构具有类似于人或其他生物体的某些器官的功能(肢体的感受等)。

(2) 机器人具有通用性，工作种类多样，动作程序灵活易变。

(3) 机器人具有不同程度的智能性，如记忆、感知、推理、决策、学习等。

(4) 机器人具有独立性，完整的机器人系统在工作时可以不依赖于人的干预。

我国科学家对机器人的定义是：机器人是一种自动化的机器，所不同的是这种机器具备一些与人或生物相似的智能，如感知能力、规划能力、动作能力和协同能力，是一种具有高级灵活性的自动化机器。

从以上机器人的定义可以看出，机器人主要是指具备传感器、智能控制系统和驱动系统这三个要素的机械结构，具有以下特点：

(1) 通用性：机器人在执行不同任务时，不需要修改其电气、机械特性。例如，在抓取不同形状的工件时，只需要更换机器人的末端执行器即可，而不需要更换机器人本体。

(2) 适应性：机器人可通过传感器感知外界环境确定自身位置，能够适应不同的外界环境。

(3) 可编程：机器人系统是柔性系统，即它允许根据不同环境条件进行再编程，特别适合于柔性制造系统。

(4) 拟人化：机器人产生的最初目的是替代人类完成一些重复而枯燥、危险性较高的工作，因此在结构上会包含类似人类行走、动作等功能部分，而且通过控制器、传感器等来模拟人类的大脑和感官，有极强的环境适应能力。

可见，机器人技术是一门综合性的技术，所涉及的领域包括控制、传感器、通信、机械等。机器人技术的发展必须依靠这些技术的发展，同时也会促进相关技术领域的发展。

未来，随着互联网技术和人工智能技术的发展，机器人仅通过智能控制系统便能够应用于社会的各个场景之中。随着机器人所涵盖范围的日趋广泛，其定义也可能会发生改变，一些之前并未被定义成机器人的设备，也将因为其更加智能而被纳入机器人的范畴，例如无人驾驶汽车、智能家电等。

再比如因人机围棋大战而名声大噪的 AlphaGo(见图 1-6)，只是一款谷歌开发的围棋类人工智能程序，通过深度学习算法，结合落子选择和棋局评估两个功能合作来下棋，却战胜了众多世界围棋冠军。未来 AlphaGo 还将与医疗结合，在医疗领域发挥重要作用。

图 1-6 计算机程序 AlphaGo

因此可以说，机器人的定义和特点也还在发展过程中，未来充满无数的想象和可能。

1.1.3 机器人的分类

机器人是 20 世纪人类最伟大的发明之一，在经历几十年的发展后，已取得了巨大的成就。目前，机器人的应用已不再局限于工业场景，而是涵盖了越来越多的技术领域。那么机器人应该如何分类呢？比较科学的方式是按照应用场景的不同来进行分类。

我国专家通常将机器人分为工业机器人、服务机器人和特种机器人三大类，如表 1-2 所示。下面加以详细说明。

表 1-2　我国的机器人分类

分类	说　明	示　例
工业机器人	特指用于工业领域的机器人，多数工业机器人的结构是仿照手臂、有不同关节数的机械手	
服务机器人	特指为人提供服务的机器人，比如扫地机器人、餐厅服务机器人以及医疗机器人等	
特种机器人	用于非制造业并服务于人类的有特殊用途的机器人，比如军事机器人、探险机器人、水下机器人等	

1．工业机器人

工业机器人是用于工业领域的多关节机械手或多自由度的机器装置。它可以接受操作者的指挥，也可以按照预先编写好的程序运行。自从第一台工业机器人问世以来，工业机器人技术及产品发展迅速，已逐渐成为柔性制造系统、智能工厂、计算机集成制造系统中不可或缺的高端智能装备。我们通过图 1-7 来看看几种常见的工业机器人。

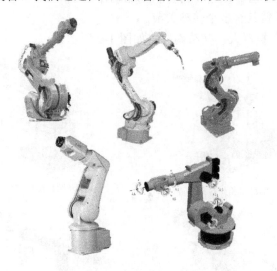

图 1-7　常见的工业机器人

工业机器人的种类繁多，分类方式也多种多样，比较常见的有按作业用途分类，按手臂的运动形式、关节结构类型以及按控制方式分类等。

按照作业用途，常见的工业机器人可分为五大类，如图 1-8 所示。

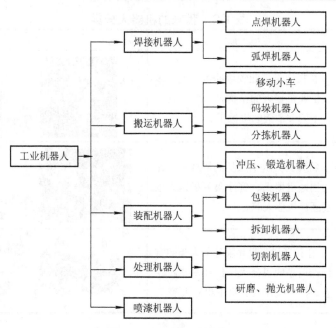

图 1-8 工业机器人分类

按手臂的运动形式，工业机器人又可分为四类：

(1) 直角坐标型：手臂沿三个直角坐标系移动。

(2) 圆柱坐标型：手臂可做升降、回转和伸缩动作。

(3) 球坐标型：手臂可做回转、俯仰和伸缩动作。

(4) 多关节型：手臂具有多个转动关节。

这四种类型的工业机器人，其结构样式如图 1-9 所示。

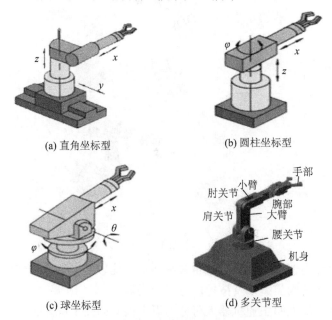

图 1-9 四种手臂运动形式

按照关节结构类型的不同，工业机器人也可以分为串联机器人和并联机器人。简单来说，串联机器人的关节轴之间会相互影响，其中一个轴的运动会改变其他关节轴的坐标原点。目前应用的大多数工业机器人均为串联机器人。串联机器人技术较为成熟，具有结构简单、易控制、成本低、运动空间较大等优点。图 1-7、图 1-9 所示皆为串联机器人，串联机器人也是最为常见的工业机器人。

并联机器人包括动平台和定平台两部分，之间至少使用两个独立的运动链连接，以并联的方式驱动，具有两个或两个以上自由度。相对于串联机器人来说，并联机器人技术发展较晚，但是具有精度高、速度快、承载能力强、工作空间小等优点，因此越来越多地被用于医疗、食品等生产流水线，并且特别适用于装箱整理环节。图 1-10 为国产新松 SRBD1600 并联机器人，它的最大负载可达 15 kg，拾放节拍高达 170 次/分，达到国际领先水平。

形象地说，串联机器人工作就像人一只手拿东西，而并联机器人工作就相当于人两只手一起搬运东西。以医药企业中输液袋装箱环节为例，由于输液袋的不定型，普通串联机器人难以完成

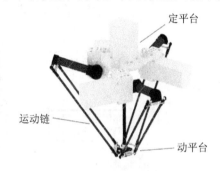

图 1-10 新松并联机器人

搬运任务，而并联机器人就可以做到准确抓取、灵活搬运，可有效提高工作效率，并且能够解决工人高强度工作影响产品质量的问题。

2. 服务机器人

服务机器人是指通过半自主或完全自主运作，为人类提供帮助(但不包含工业性操作)的机器人。服务机器人是机器人家族中的新成员，按工作领域不同可进一步分为个人/家庭服务机器人和专业服务机器人。

根据应用场景，服务机器人的详细分类如表 1-3 所示。

表 1-3 服务机器人的分类

一级分类	二级分类	详细类型
服务机器人	个人/家用机器人	家庭作业机器人
		娱乐休闲机器人
		残障辅助机器人
		住宅安全监视机器人
	专业服务机器人	场地机器人
		医用机器人
		物流机器人
		建筑机器人
		清洁机器人
		检查维护保养机器人

和工业机器人不同，服务型的机器人往往不需要一套标准化的工作流程，而是需要和人或者更复杂的环境互动，因此需要比工业机器人更加"智能"，具备一定的自主反应能

力，能够根据获取到的指令信息作出相应的反馈。图 1-11 为服务机器人示例。

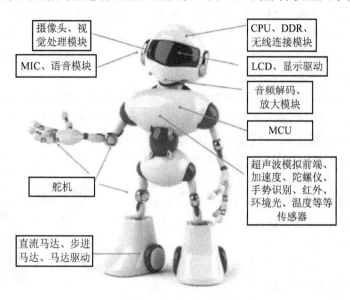

图 1-11　服务机器人示例

3. 特种机器人

特种机器人是指除工业机器人之外的、用于非制造业并服务于人类的有特殊用途的机器人，例如水下机器人、军用机器人、农业机器人等，详细分类见图 1-12。

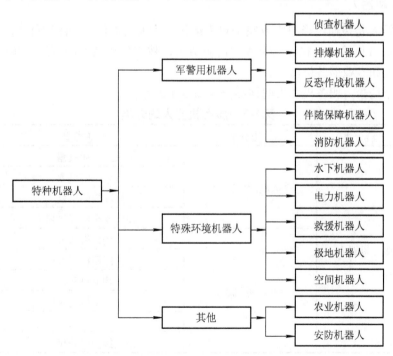

图 1-12　特种机器人分类

特种机器人在应对地震、洪涝和极端天气等自然灾害,以及矿难、火灾、安防等公共安全事件中,有极其重要的作用。在一些高危场所和特殊环境中,用特种机器人替代人可以减少很多不必要的伤亡。因此,近年来,军事应用机器人、极限作业机器人、应急救援机器人等特种机器人受到越来越多的关注,特种机器人逐渐成为各国政府重点投入资金研发的领域。

以上是我国的分类法。国际上习惯将机器人分为工业机器人和服务机器人两大类,其中服务机器人同样包括个人/家用机器人和专业服务机器人,而我国的特种机器人分类在国际上被归属于服务机器人中的专业服务机器人。

以 2006 年深度学习模型的提出为标志,人工智能迎来第三次浪潮。作为智能机器人核心要素之一的语音识别、面部识别等技术也有了新突破,使得机器人在动作、语言等方面的仿真度得以大幅度提升,进入更"人性化"的新阶段。

1.1.4 机器人的发展现状

当前,全球机器人市场规模持续扩大,呈现出良好而稳定的发展势头。

1. 市场规模

在工业机器人方面,随着德国的"工业 4.0"、美国的"工业互联网"以及中国的"中国制造 2025"等战略的提出,工业机器人不仅在传统的汽车、金属制品、电子、冶金铸造、橡胶及塑料等行业的应用越来越广泛,在食品、纺织、家用电器等行业也都有新的突破。工业机器人市场整体增速稳定。

随着在仿生结构、人工智能和人机协作等方面的技术突破,机器人在教育陪护、医疗康复、危险环境等领域的应用也越来越广泛,服务机器人、特种机器人市场规模同样以高速增长。

可以说,全球机器人产业目前正迎来新一轮爆发。

2015 年全球工业机器人销量同比增长 12%,而全球正在使用的工业机器人已超过 150 万台。据预测,到 2018 年,全球工业机器人总量将突破 230 万台,其中,140 万台在亚洲,占比超过一半。

国际机器人联盟(IFR)发布的调查报告认为,2017 年,全球机器人市场规模预计将达到 232 亿美元,其中,工业机器人为 147 亿美元,服务机器人为 29 亿美元,特种机器人为 56 亿美元,市场结构如图 1-13 所示。

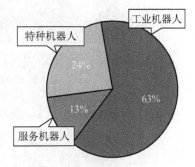

图 1-13 2017 年全球机器人市场结构

中国的机器人产业同样在蓬勃发展。

自 2013 年以来,我国已连续五年成为全球机器人第一大市场。2013 年是中国机器人产业发展史上具有里程碑意义的一年,这一年中国新增机器人超过 5 万台,首度超过日本成为全球机器人最大市场。2014 年,全球新增机器人 26 万台,其中中国市场有 6.4 万台,中国市场大概占到全球市场的 25%。2015 年,中国市场新增机器人约 8 万台,继续领跑全球市场。

与此同时,服务机器人的市场需求同样潜力巨大,特种机器人应用场景也得到显著扩展。在 2017 年 8 月 23 日召开的世界机器人大会上，中国电子协会发布了《中国机器人产业发展报告(2017 年)》。报告指出，2017 年中国机器人市场预计规模将达到 62.8 亿美元，2012—2017 年的平均增长率达到 28%。其中，工业机器人为 42.2 亿美元，服务机器人为 13.2 亿美元，特种机器人为 7.4 亿美元。

当前，我国的机器人市场正进入高速增长期。伴随着劳动力成本的增加以及政策的推动，"机器换人"成为国内诸多制造企业升级改造的重要手段。专家预测，未来 30 年，中国市场仍可能是全球机器人最大的市场，其原因在于美国、日本、欧洲的市场基本饱和，每年主要是一些升级换代产品，每万名产业工人机器人平均拥有量超过 300 台，而中国的工业化进入中后期，对机器人的大量需求才刚刚开始，每万名产业工人机器人平均拥有量还不足 30 台。

2. 国内外发展

机器人产业的发展需要深厚的工业基础和科技底蕴，和我国相比，美国、欧洲、日本的先发优势较为明显。瑞士 ABB、德国库卡(KUKA)、日本发那科(FANUC)和安川电机是传统工业机器人四大家族。

作为制造出世界第一台工业机器人的科技强国，美国的机器人发展在 20 世纪 70 年代后期到 80 年代进入了低迷时期，逐渐被日本、欧洲所超越。直到 20 世纪 80 年代后期，美国才开始重视工业机器人的研发和推广，并研发出了第二代感知机器人。由于机器人本体的利润少、技术水平低，美国的企业更加关注机器人软件技术的研发。美国机器人的技术更加全面、先进，适应性也很强。之后，美国在机器人软件方面一直保持着领先地位。

在 2011 年 6 月推出的"先进制造伙伴计划"中，美国明确指出要通过发展机器人重振制造业。近些年美国开始在机器人产业领域发力，百特、Adept 等企业已有资本向传统工业机器人四大家族发起挑战。工业机器人四大家族的详细情况见图 1-14。

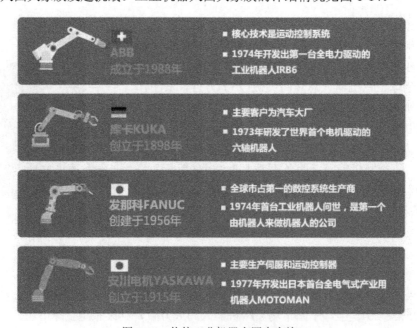

图 1-14　传统工业机器人四大家族

欧洲工业基础雄厚，德国库卡(KUKA)、瑞士 ABB 在世界机器人四大家族中各占一席。欧盟不仅投入巨资用于机器人技术研发，还于 2014 年 6 月推出了全球最大的民用机器人研发计划"SPARC"。同时，德国以"智能工厂"为重心的"工业 4.0"计划、英国首个官方机器人战略"RAS2020"，以及法国"机器人发展计划"，皆彰显了欧洲占领机器人产业制高点的决心。图 1-15 为 ABB 人机协作机器人 YuMi。

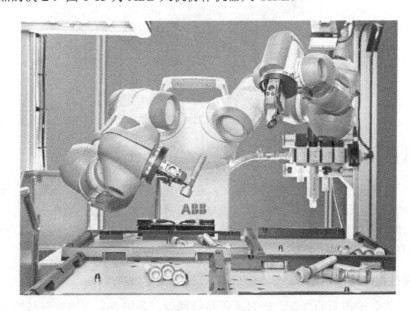

图 1-15　ABB 人机协作机器人 YuMi

20 世纪 80 年代，日本将机器人作为国家发展的重要战略，并在各个领域推广使用，为机器人产业的发展打下了良好基础。日本的机器人产品以工业机器人为主。如今世界机器人四大家族中，日本独占其二，发那科(FANUC)和安川电机在世界机器人市场的地位难以撼动。

近几年这些国际机器人巨头纷纷抢滩中国机器人市场，投资生产基地，竞争日趋激烈。其中 ABB 已把全球机器人事业总部以及两大生产基地之一放在了上海。

相对来说，我国的机器人研发起步较晚。在经过萌芽期、技术研发期之后，现在正处于产业化时期。虽然整体技术水平不如美、日、欧，但随着核心零部件国产化进程的不断加快，创新型企业大量涌现，部分技术已可形成规模化产品。目前，国内部分企业已经掌握了机器人开发的关键技术，并在某些领域具有明显优势，有些甚至达到或者接近世界先进水平。

2014 年，工信部发布《关于推进工业机器人产业发展的指导意见》，明确提出要培育3～5 家具有国际竞争力的龙头企业、8～10 个配套产业集群。

2016 年国产机器人销量高歌猛进，2016 年上半年我国实现国产机器人销量 1.97 万台，较上年增长 37.7%，实际销量比上年增长 70.8%。据中金公司预测，2017 年全年国产工业机器人有望超过 3.5 万台，同比增长 60%。

图 1-16 为国产新松双臂协作机器人。

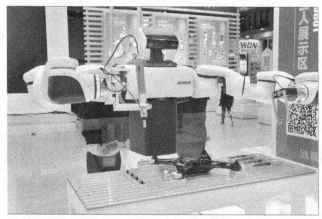

图 1-16 新松双臂协作机器人

1.1.5 机器人的发展趋势

机器人正逐渐应用到越来越多的行业中，包括 3D 打印、农业、装配、物流和仓储、生产制造、医药以及运输等领域都能看到机器人的身影，机器人产业的未来前景广阔。综合近几年全球机器人市场的规模、产品的增长以及机器人新技术的发展方向，我们认为未来机器人的发展会呈现以下趋势。

1. 政策扶持，增速明显

依托于人工智能技术的创新，新兴应用持续涌现，各国政府相继展开战略布局，纷纷出台机器人产业的相关政策，如我国的"中国制造 2025"、德国的"工业 4.0"、日本的"机器人新战略"、美国"先进制造伙伴计划"等，都将机器人作为重要的国家战略。

随着劳动力成本的持续增长，人口老化日益严重，未来不少国家将面临劳动力短缺的状况，人口红利也将随之消失。因此，"机器换人"将成为提高生产效率和补足劳力缺口等的解决方案。受此市场需求的影响，以及在政府的大力扶持和传统产业转型升级的拉动下，全球工业机器人市场将持续火爆，增长率会相对平缓。

国际机器人联盟对全球工业机器人在 2012 年到 2020 年间的销售量和增长率的预测如图 1-17 所示。

图 1-17 全球工业机器人销售额及增长率的预测

对于服务机器人，国际机器人联盟的预测是：未来三年，全球将会有逾 1500 万台服务机器人，20 年后，家中扫除、清洁的工作或老人的护理保健工作可能全由机器人取代。国际机器人联盟对全球服务机器人在 2012 年到 2020 年间的销售量和增长率的预测如图 1-18 所示。照此预测，服务机器人将成为整个机器人产业中下一个重要的增长点，增长率将持续上升。

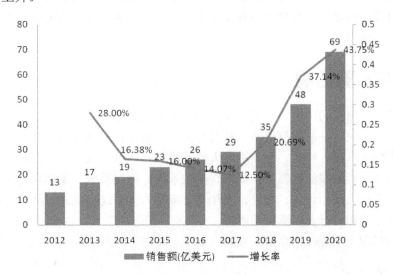

图 1-18　全球服务机器人销售额及增长率的预测

在特种机器人方面，随着性能的持续提升，不断催生出新兴市场，引起各国政府高度关注。据国际机器人联盟预测，至 2020 年，全球特种机器人市场规模将达到 77 亿美元，2016 年到 2020 年的年均增速达到 12%。

国内市场方面，随着我国工业转型升级及机器人生产成本的下降，"十三五"期间，机器人是重点发展对象之一，国内机器人产业正面临加速增长拐点。相对于服务机器人和商用机器人在国内市场还处于探索期，我国的工业机器人有了一定的发展基础，目前正进入全面普及的阶段。未来，工业机器人在中国的发展潜力相当巨大，预计未来五年，中国工业机器人密度将暴增三倍。

除了"中国制造 2025"计划外，我国政府还发布了"机器人产业发展规划(2016—2020 年)"，不仅将促使工业机器人市场持续增长，也将带动服务机器人、特种机器人市场快速增长。可以说，中国正在以机器人产业为动力飞速前进。

2．人性化，智能化

未来，机器人的发展将日趋人性化和智能化，对机器人的操作将会不断简化，轻型、协作、智能型机器人将成为重点研发对象。

从制造业应用角度来说，人机协作是工业机器人发展的新形态，是未来工业机器人进化的必然选择。在确保安全的前提下，人机协作机器人可以将人的认知能力与机器的高效率和存储能力有机结合起来，共同完成作业。人机协作机器人将成为全球各大机器人企业的下一个重点研发目标。

随着人工智能技术的不断成熟，未来智能机器人将拥有远高于人类的学习能力。它们能轻松掌握多国语言，拥有更灵活的类似人类的仿生关节和人造肌肉，其动作更加灵活，能模仿人的所有动作，还能掌握多项对人类有用的技能，如家庭清洁、医疗陪护等等。

归根结底，机器人是为人类服务的。随着机器人能力的提升，机器人也将逐步渗入到国家的一些重点领域，如国家安全、特殊环境服役、医疗辅助、科学考察等。一旦机器人步入智能化阶段，机器人产业将逐步遍及社会生产、生活各领域，成为新一轮产业革命，造就全新的社会形态。

1.2 机器人的结构

前面我们对机器人的历史、定义、分类、市场等情况进行了介绍，接下来我们介绍一下机器人的结构。虽然并非所有机器人都具有人的形态，但机器人通常具备一些人或生物的结构。纵观整个机器人行业，虽然机器人的种类繁多，其机械结构、控制结构的细节也有所不同，但是一台完整的机器人，都包含机械系统、控制系统、驱动系统和感知系统这四大系统——就像人体由运动、神经、消化、呼吸等八大系统构成的一样。有的机器人还包括人机交互系统和机器人环境交互系统。

下面分别对四大系统进行介绍。

1.2.1 机械系统

机器人的机械系统指的是机器人的本体，是机器人赖以完成任务的执行结构。机器人的机械系统通常是多个关节连在一起的机械连杆的集合体，可以形象地理解为机器人的骨骼结构。

根据应用场景的不同，机器人本体的形态也各不相同。比如工业机器人，通常只具备人的手臂的形态，有不同的关节个数，有的会增加可移动的底座。图 1-19 所示即为常见的工业机器人本体。

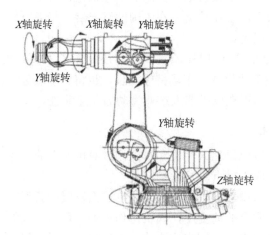

图 1-19 常见的工业机器人本体

相对于工业机器人，服务机器人和特种机器人的本体更加多样，例如前文提到过的扫地机器人、娱乐机器人、水下机器人、多足机器人等。图 1-20 是一个人形机器人的具体结构和组成。

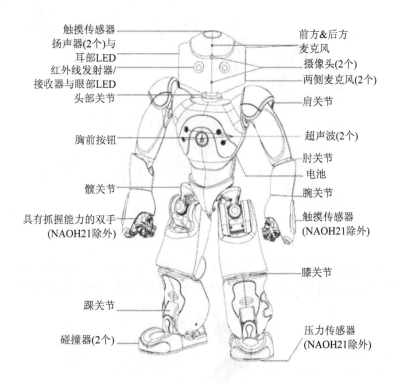

触摸传感器
扬声器(2个)与
耳部LED
红外线发射器/
接收器与眼部LED
头部关节

前方&后方
麦克风
摄像头(2个)
两侧麦克风(2个)
肩关节

胸前按钮

超声波(2个)
肘关节
电池
腕关节

髋关节

触摸传感器
(NAOH21除外)

具有抓握能力的双手
(NAOH21除外)

膝关节

踝关节

碰撞器(2个)

压力传感器
(NAOH21除外)

图 1-20　人形机器人结构示例

1.2.2　控制系统

如果说机械系统是机器人的骨骼或身体，那么控制系统就是机器人的大脑，是机器人的控制核心。它能够依据已有的编程指令和传感器采集的信息，帮助机器人完成指定运动或者决策。

机器人的控制系统通常由控制器、控制软件和运动控制单元组成，对于不同类型的机器人，控制系统的结构、功能有较大差别，控制器的设计方案也不一样。

比如工业机器人，其控制器通常是工控主板或者嵌入式主板和 PLC 控制器，控制软件多为机器人厂家根据自家的控制器开发的专用软件，而运动控制单元则多数直接用的是运动控制卡或直接运动控制器。工业机器人的控制系统因其特定的应用场景(制造业)，具有较为典型的特征。图 1-21 是典型工业机器人系统结构示意图。

服务机器人和特种机器人的情况可能更为复杂，其控制器可能是一台大型计算机，如 Alpha Go，也可能是通用的微处理器；而控制软件可能由厂家自主开发，也可能使用通用开源的机器人系统。比如某些扫地机器人就可以直接移植机器人操作平台 ROS 系统，从而实现路径规划；某些玩具机器人，则可以直接使用通用的微处理器，由厂家根据娱乐场景开发控制软件，从而实现人机对话、遥控动作等功能。

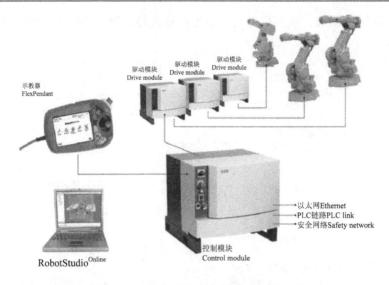

图 1-21 工业机器人系统结构示意图

青岛英谷教育科技股份有限公司研发的用于教学的机器人 UGR-SMIA，其控制器采用了通用的微处理器作为控制器，并将控制器与运动控制板集成到一起，如图 1-22 所示。

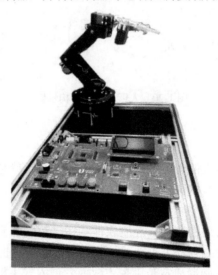

图 1-22 英谷教学机器人

对服务机器人和特种机器人而言，控制软件的任务是根据机器人的作业指令程序以及传感器反馈回来的信号，支配机器人的执行机构去完成规定的运动和功能。

根据控制原理，控制软件可分为程序控制、适应性控制和人工智能控制三种。这三种分类，代表了机器人对工作环境、人机交互的适应程度，也就是智能程度。

智能程度最低的是程序控制机器人，它只能按照设定的程序工作，不管条件有何变化，自己都不能对程序作相应的调整。如果要改变机器人所做的工作，必须由人对程序做相应的改变，因此可以说它是毫无智能的。

适应性控制机器人能根据环境或工作条件的变化，在一定范围内自行修改程序。只不过修改程序的原则是由人提前指定的，本质上仍然是一个有固定行为逻辑、由程序开发者控制的机器人。

真正智能的机器人，具有感觉、识别、推理和判断能力，同样可以根据条件的变化，在一定范围内自行修改程序。所不同的是，修改程序的原则不是由人，而是由机器人通过学习、总结经验来获得的。如 Alpha Go 在下围棋的时候，连它的开发团队都不知道它下一步会下到哪里。

智能机器人能通过学习，以最佳方式去解决问题，这是机器人发展的目标。

1.2.3　驱动系统

驱动系统即驱动器，是机器人的动力系统，一般由驱动装置和传动机构两部分组成。形象地说，驱动器相当于机器人的心血管系统。驱动器可以将电能、液压能、气压转换为机器人动力，并且通过联轴器、关节轴等部件带动连杆动作。

按驱动方式的不同，驱动装置可以分成电动、液压和气动三种类型。

◇　电动驱动系统

该系统利用电动机产生的力和力矩驱动机器人执行各种动作，具有能源简单、速度范围大、效率高、精度高等优点。通常情况下，电动驱动系统与减速装置共同作用驱动机器人动作。常见的电动驱动器包括直流伺服电机、交流伺服电机、步进电机等。

◇　液压驱动系统

该系统通过对液体施加压力来驱动机器人动作，具有推力大、体积小、调速方便等优点，但是存在成本高、不易维修等问题，常用于特大功率的机器人系统。

◇　气动驱动系统

该系统是在空气被压缩时，将气缸、马达或者其他装置中所存储的能量转化为机械能，进而驱动机器人动作。气动驱动具有结构简单、响应快、清洁等优点，但是存在功率小、噪音大、速度不易控制等缺点，多用于对控制精度要求较低的情况。

这三种驱动方式的优、缺点及用途如表 1-4 所示。

表 1-4　三种驱动方式比较分析

驱动方式	优　点	缺　点	用　处
电动驱动	能源简单，速度范围大，效率高，精度高	结构精密，成本较高	应用比较广泛
液压驱动	推力大，体积小，调速方便	成本高，不易维修	常用于特大功率的机器人系统
气动驱动	结构简单，响应快，清洁	功率小，噪音大，速度不易控制	多用于对控制精度要求较低的情况

1.2.4　感知系统

感知系统即传感器，形象地说，即相当于人的感觉器官。机器人感知系统是机器人与人、与控制系统实现相互操作的重要媒介。机器人通过视觉、触觉、力觉等传感器检测外界信息并作出相应的判断。随着传感技术的发展，越来越多的传感器将被应用于机器人领域，机器人感知系统将更加完善。

机器人传感器包括内部传感器和外部传感器。内部传感器主要用来检测机器人本身的状态，为机器人的运动控制提供必要的本体状态信息，如位置传感器、速度传感器等。外部传感器则用来感知机器人所处的工作环境或工作状况信息，又可分成环境传感器和末端执行器传感器两种类型。前者用于识别物体和检测物体与机器人的距离等信息，后者安装在末端执行器上，检测处理精巧作业的感觉信息。常见的外部传感器有力觉传感器、触觉传感器、接近觉传感器、视觉传感器等。图1-23为带有触觉传感器的机械手。

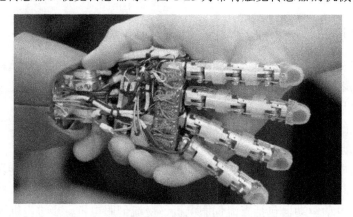

图 1-23　带有电子皮肤触觉传感器的机械手

目前，常见的机器人感知系统主要包括语音识别系统、距离识别系统、力觉识别系统、视觉识别系统。

◇　语音识别系统

机器人语音识别系统利用语音识别技术使得机器人能够"听懂"人类的语音指令。语音识别技术能够将人类的语音内容转换为计算机可读的二进制编码、字符序列等内容，使机器人控制器能够识别并判断语音指令从而作出响应。

◇　距离识别系统

机器人距离识别系统通过超声波传感器、激光传感器等非接触式距离测量方法探测机器人本身的位置。超声波传感器利用超声波来判断机器人相对特定物体的位置，特别适用于检测机器人自我定位、躲避障碍物等场合。相对超声波传感器来说，激光传感器具有速度快、精度大、量程大等优点。

◇　力觉识别系统

机器人力觉识别系统是指利用力传感器检测机器人关节或抓手处的受力情况。将力传感器置于机器人关节位置时，可通过检测弹性形变判断关节处所受力的大小，也可以检测机器人抓手处的负载力；尤其是在机器人夹取柔性工件时，掌控受力情况避免、破坏工件是最基本要求。

◇　视觉识别系统

机器人视觉识别系统是利用视觉算法模拟人的视觉功能，包括图像获取、图像处理、图像显示三部分。图像获取是指利用相机等输入设备获取被测物体的图像信息，并转化为能够被控制器接受的数据。这些数据会通过图像增强、数据编码等方法处理成容易被控制器识别分析的图像，最后控制器根据图像分析结果控制机器人执行一定的动作。

波士顿动力公司推出的轮式机器人(见图 1-24)身上就带有各种复杂的传感器。

图 1-24　波士顿动力轮式机器人 Handle

1.2.5　机器人与人工智能

机器人诞生已超过 60 年，其间经历了萌芽期、低迷期和实用期。如今，随着人工智能技术的发展，机器人又迎来了全新的发展机遇。

比喻而言，人工智能(AI)更像是一个高级大脑，而目前的机器人——自动化装置，相比而言则更像一个肢体系统或弱智能机器。人工智能，简单地说就是能够像人一样进行自感知、深度学习、独立思考和决策的智能程序或者系统。人工智能是涉及多学科的复杂系统性工程，前文提到的语音识别、视觉识别、深度学习等技术，都是人工智能的重要技术。下面介绍一下其核心和难点——机器深度学习和人工神经网络。

深度学习源于对人工神经网络的研究。人工神经网络(Artificial Neural Networks)是一种利用类似于大脑神经突触连接的结构进行信息处理的数学模型。在工程与学术界也常将其直接简称为神经网络或类神经网络。神经网络由大量的节点(或称神经元)和之间的相互连接构成。每个节点代表一种特定的输出函数，称为激励函数。每两个节点间的连接都代表一个对于通过该连接信号的加权值，称之为权重，这相当于人工神经网络的记忆。网络的输出根据网络的连接方式、权重值和激励函数的不同而不同。它的构筑理念是受到生物(人或其他动物)神经网络功能的运作启发而产生的。这种网络依靠系统的复杂程度，通过调整内部大量节点之间相互连接的关系，从而达到处理信息的目的，并具有自学习和自适应的能力。

通过模拟大脑的细胞网络和神经元在大脑皮层的活动，可以对数据进行进一步分析。这种通过获取大量数据来寻找人类大脑思考问题的规律习惯，被认为是当前人工智能的难点所在，也是未来发展的必然趋势。因为现实状况纷繁复杂，因此深度学习需要掌握新的算法。算法是一种新的总结和模仿人类思考与活动规律的方法，不同类型的模型使用不一样的算法。这种自学习和自适应的能力正是高级智能的关键所在。图 1-25 为在央视亮相并受到关注的弹琴机器人特奥。

图 1-25　亮相央视的弹琴机器人——意大利"钢琴家"特奥

传统机器人只能从事固定的工作，一切都是程序化的、可控的，新一代智能机器人则要求逐步适应人的思维特点，掌握人的思维规律和习惯，能够根据环境和复杂情境随机应变，在接受信息、分析信息、判断决策这个过程中做到一气呵成。

人工智能的飞速发展正在打开机器人发展的无限可能。机器人与人工智能相结合，将推动机器人的升级发展。近两三年火爆的服务机器人市场，服务机器人的多项技术都有赖于人工技能技术的突破——比如扫地机器人、餐厅服务机器人等。

目前人工智能大戏已经开启，从谷歌、Facebook、特斯拉、英特尔到国内的 BATJ(百度、阿里巴巴、腾讯、京东)都纷纷布局人工智能，并持续加大投入力度。我国政府也将之视为战略机遇，出台各种政策加以扶持。据乌镇智库统计，2016 年中国人工智能企业高达 709 个，跻身世界第二，仅次于美国，同时在技术专利上不断突破，人工智能申请专利数量达 15745 个，与美日两大技术创新强国并驾齐驱。2017 年 3 月，人工智能首次出现在政府报告中，同年 7 月，国务院发布了《新一代人工智能发展规划》(简称《规划》)，正式将人工智能提升至国家战略，设立了"至 2030 年人工智能核心产业规模超过 1 万亿元，带动相关产业规模超过 10 万亿元"的战略目标。《规划》还提出要在中小学阶段设置人工智能相关课程，推动人工智能领域一级学科建设，把高端人才队伍建设作为人工智能发展的重中之重，完善人工智能教育体系。

随着人工智能技术的不断成熟，未来人工智能将无处不在。而且人工智能完全可能主宰人类未来，如果第四次工业革命爆发，完全可能是人工智能扮演主导角色。

总的来说，人工智能将使得机器人更聪明，会让机器人产业焕发新的、难以想象的活力。未来，人工智能和机器人会有很多领域的结合，比如工业机器人与人工智能在制造业的结合，就形成了新型的生产模式——智能制造。

1.3　工业机器人

工业机器人是工业领域中机器人的统称。工业机器人是机器人产业的一个重要分支。世界上诞生的第一台机器人即为工业机器人。此后，机器人一度成为工业机器人的代名词，一提到机器人，人们首先想到的就是工业机器人。近年来，服务机器人和特种机器人市场发展势头良好，但仍然处于起步阶段，其市场份额、应用的广泛度仍然无法与发展成熟的工业机器人相比。

工业机器人是我国制造业转型升级的关键所在，"中国制造 2025"离不开大规模的机器人产业化。目前，我国每万名产业工人机器人平均拥有量不足欧、美、日、韩的一成，预示着它的广阔的应用前景。在我国，很长一段时间内，工业机器人仍将是机器人产业中的重要组成部分。因此，在这一节里我们将工业机器人单独拿出来做更详细的介绍。

自 20 世纪 60 年代诞生以来，工业机器人迅速发展，综合运用了计算机、控制原理、机械原理、传感器、人工智能等技术，逐渐适应了规模化制造中重复、单调的工作。

相对于市场上形态各异、功能复杂的服务机器人，工业机器人因其特定的应用场景，无论是结构、参数还是形态，都有其特殊性。下面我们将从结构、参数、应用等方面对其进行介绍。

1.3.1 工业机器人的结构

首先看结构。工业机器人可以是多关节的机械臂或多自由度的机器人。同其他机器人类似，工业机器人由机械系统、控制系统、驱动系统和感知系统组成。

如图 1-26 所示，工业机器人本体(机械系统)类似人的手臂和手腕。控制系统与驱动系统被集成到控制柜中，多数会配备示教器或示教盒。

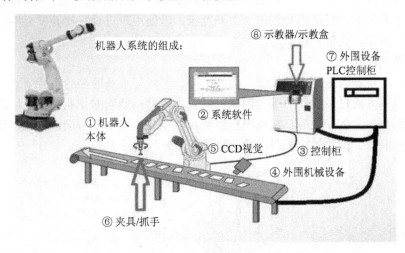

图 1-26　工业机器人的组成

下面重点介绍工业机器人的机器人本体和控制系统。

1．机器人本体

典型的工业机器人本体一般由手部(末端执行器)、腕部、臂部、腰部和底座构成，配上各种抓手与末端操作器后，可进行各种抓取动作和操作作业。各构成部分的作用如下：

(1) 底座：机器人结构的基础，起支撑作用，通常固定在机器人操作平台或者移动机构上。

(2) 臂部：机器人主体机构，是大臂和小臂的统称，用于支撑腕部和手部，使手部中心点能够按照特定的运动轨迹运动。

(3) 腕部：连接手臂和抓手的部分，用于调整抓手在空间的位置，更改抓手和所夹持工件的空间姿态。

(4) 手部：机器人抓取机构，用于抓取工件。可根据抓取方式分为夹持类和吸附类，也可以进一步细分为夹钳式、弹簧夹持式、气吸式、磁吸式等。

工业机器人本体由若干个关节组成，常用的工业机器人为 4～6 个关节。每个关节由一个伺服系统控制，多个关节的运动需要各个伺服系统协同工作。

工业机器人中应用最广泛的是六轴机械臂。它多采用关节式机械结构，具有 6 个自由度，其中 3 个用来确定末端执行器的位置，另外 3 个则用来确定末端执行装置的方向(姿势)。末端执行装置可以根据操作需要换成焊枪、吸盘、扳手等作业工具。

2．控制系统

工业机器人的控制系统主要用于控制机器人各关节的位置、速度和加速度等参数，从而使机器人的抓手以指定的速度按照指定的轨迹到达目标位置。它一般可分为控制器和控制软件两部分。

控制器指的是控制系统的硬件部分，它决定了机器人性能的优劣。控制器通常包括控制单元、运动控制器、存储单元、通信接口和人机交互模块等部分。

控制器是各大工业机器人厂商的核心技术，基本由厂商控制，而控制软件也是在控制器结构基础上开发的，仅向用户提供二次开发包，以便用户进行二次开发。控制软件的功能包括示教、感知、通信、存储等。

◇　示教功能

示教器是对机器人进行手动控制、程序编写、参数配置及监控的手持装置，是常用的机器人调试设备。通过示教器可手动控制机器人，调整机器人的作业位姿，修改并记录机器人的运动参数、工艺参数等，实现编程再现。以 ABB 机器人为例，示教器通常包括触摸屏、手动控制杆、紧急停止按钮、使动装置等部分，如图 1-27 所示。

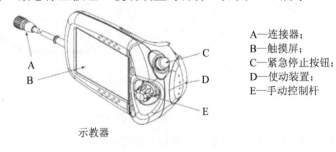

A—连接器；
B—触摸屏；
C—紧急停止按钮；
D—使动装置；
E—手动控制杆

示教器

图 1-27　ABB 机器人示教器

◇　通信功能

通信接口是机器人和其他设备进行信息交换的接口，通过通信接口、网络接口与外围设备通信，控制系统处理通信信息并给出相应控制指令。通信接口一般包括串行接口、并行接口等。网络接口包括以太网 Ethernet 接口和现场总线 Fieldbus 接口。Ethernet 接口允许机器人采用 TCP/IP 协议实现多台机器人间或机器人与计算机之间的数据通信；Fieldbus

接口支持 Devicenet、Profibus-DP、ABRemoteI/O 等现场总线协议。

◇ 感知功能

传感器就是机器人的感觉器官。为了提高机器人对环境的适应能力，大多数机器人已经包含了传感器接口，使机器人能够通过各种类型的传感器感知外界环境，结合不同的操作要求驱动机器人各关节动作。机器人的运动控制离不开传感器，常用的有工业摄像头、距离传感器、力传感器等。

◇ 存储功能

机器人的存储器可以是存储芯片、硬盘等硬件，主要用来存储作业顺序、运动路径、程序逻辑等，还能存储某些重要的数据和参数。

1.3.2 工业机器人主要技术参数

工业机器人有不同分类，每种分类机器人的应用场合各不相同。但是，描述工业机器人的主要技术参数基本一致，包括自由度、工作空间、定位精度与重复定位精度、最大工作速度、工作载荷等。

1. 自由度

自由度是指机器人所具有的独立坐标轴的数目，但不包括末端执行器的自由度，一般以驱动轴的直线移动、摆动或旋转动作的数目来表示。自由度能够反映机器人动作的灵活程度和活动范围。自由度越高，机器人的动作越灵活，活动范围越大，机械结构也越复杂，越难以控制。所以，应当根据应用要求来选择合适的自由度。

通常情况下，机器人每个关节对应一个自由度。自由度越高，机器人的动作越接近人类手臂，通用性越好。对于工业机器人来说，最为常用的一般为三轴、四轴、五轴和六轴机器人，要根据具体应用要求选择合适的轴数。比如，对灵活性要求不高但对速度要求较高的场合，三轴、四轴工业机器人更适用；而对于工作空间有限的场合，显然，六轴机器人更加适合。

目前，六轴工业机器人在工业领域中的应用更为广泛。如图 1-28 所示，六轴工业机器人的结构更接近人类手臂，通过移动末端执行器模拟人类手部动作，并使用不同功能的末端执行器可完成焊接、搬运、喷漆等任务。

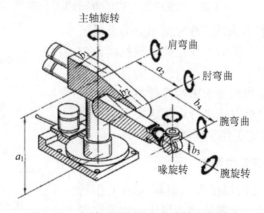

图 1-28　六轴工业机器人关节轴示意图

对于自由度高于 6 自由度的机器人，统称为冗余自由度机器人。常见的人机协作机器人就是七轴冗余自由度机器人。

目前，冗余自由度机器人无论是技术层面还是产品种类都不如传统工业机器人。但随着人类对于工业机器人要求的提高，冗余自由度机器人将在避障、克服奇异点、灵活性等方面发挥自身优势，更适合复杂多变的工作环境。

2. 工作空间

工作空间是指机器人手臂末端或者手部参考点所能达到的所有空间区域，也称运动半径、臂展长度等，与机器人各连杆长度及总体结构有关。手部参考点可以选择手部中心、手腕中心或者手指指尖，参考点位置不同，其工作空间的大小和形状也不同。这是需要特别注意的。

另外，工业机器人选型时所说的工作空间是指未安装末端执行器时机器人手臂末端所能到达的工作区域，是机器人选型的重要技术参数之一。而在实际应用中涉及的工作空间是指末端执行器所能到达的工作区域，并且随着末端执行器的不同而不同，它决定机器人能否到达指定位置完成工作任务。图 1-29 形象地显示出机器人 IRB 600 的工作空间。灰色球体是机器人工作区域的 3D 展示，也是机器人工具末端能够到达的范围。受限于其结构和各轴的转动角度(不是所有轴都能进行 360°的转动)，球体内部有不能到达的区域。

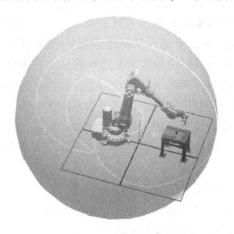

图 1-29　工业机器人 IRB 600 的工作空间

如图 1-30 所示，机器人的工作空间可分为灵活工作空间和可达工作空间。灵活工作空间是指机器人末端执行器能够以任意姿态、任何方向到达的目标点的集合；可达工作空间是指机器人末端执行器至少可以从一个方向上到达的目标点的集合。从定义上可以看出，灵活工作空间是可达工作空间的子集。

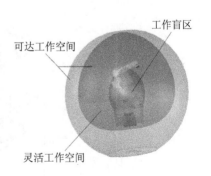

可达工作空间

工作盲区

灵活工作空间

图 1-30　工作空间划分

3. 定位精度与重复定位精度

定位精度与重复定位精度表示机器人的工作精度。定位精度是指机器人末端执行器到达的实际位置与目标位置之间的误差。重复定位精度是指在同样情况下，机器人重复到达相同目标位置时其实际位置的分散情况。

机器人的定位精度和重复定位精度与硬件系统和软件系统都有关系。对于工业机器人来说，其机械结构在制造、装配过程中会存在一定的误差，而且环境温度等因素也会对机器人的工作精度有所影响。而常用的离线编程技术的机器人仿真模型与实际模型也会存在误差，同样会对机器人的定位产生影响。对于一些对工作精度要求较高的场合，应当从本体结构、工作环境、软件编程等方面提高机器人的定位精度与重复定位精度。

4. 最大工作速度

最大工作速度是衡量机器人工作效率的指标之一，不同厂商、不同型号的机器人其最大工作速度也不同，并且最大工作速度的含义也不尽相同。有些工业机器人的最大工作速度是指主要自由度上的最大稳定速度，也有机器人厂商将手臂关节末端的最大合成速度定义为最大工作速度。

那么，机器人如何界定自己的速度呢？

在不同的领域，有不同的方法。比如在码垛/搬运领域，一般以每小时最多可搬运的次数来评价速度。例如 ABB IRB460 码垛机器人，1 小时最多可完成 2190 次。

工作时，机器人的工作速度介于 0 和最大工作速度之间。可根据不同工作场合对机器人工作效率的不同要求选择相应工作速度的机器人类型。例如，对于传送带分拣机器人来说，系统对其工作速度有较高要求，必须选择工作速度较快的机器人。

5. 工作载荷

工作载荷是指机器人在工作空间内的任何位姿上所能承受的最大重量，与机器人的运行速度及加速度的大小和方向有关。通常情况下，机器人的工作载荷是定义在高速运动的情况下的，同时也会考虑机器人末端执行器的重量。

事实上，在衡量机器人的工作特性时，也会考虑机器人本体重量、驱动方式、制动和惯性力矩、防护等级等参数，以便选择更适合不同应用场合的工业机器人。

下面介绍几种常见的工业机器人。

1.3.3 常见工业机器人及其应用

前面介绍过，在众多工业机器人设计厂商中，以瑞士的 ABB、德国的库卡、日本的发那科和安川电机最为出名，并称为工业机器人四大家族。机器人四大家族的机器人产品在市场上占据有利地位，在机器人制造、焊接等领域处于垄断地位。

下面介绍三种常见的机器人：焊接机器人、码垛机器人和搬运机器人。

1. 焊接机器人

焊接机器人是指用于焊接操作的工业机器人。它主要运用机器人的示教再现功能，先由用户操控机器人完成操作任务(在这个过程中，机器人存储每个动作的位姿、运动、焊接等参数，并自动生成完成此任务的程序)，然后，只需发送一个启动命令，机器人就可以精确地重复示教动作，完成全部操作步骤。

按工作方式可将焊接机器人分为点焊机器人和弧焊机器人。点焊机器人对控制精度要求较低，系统只需进行点位控制，并不关心焊钳在两点之间的运动轨迹。但是弧焊机器人对速度、稳定性、精度要求较高。图 1-31 是日本安川电机公司在 2007 年推出的 SSA2000 型超高速弧焊机器人，与普通弧焊机器人相比，能够降低 15%的周期时间。

图 1-31　安川 SSA2000 型超高速弧焊机器人

焊接机器人主要应用于汽车制造业，包括汽车底盘、座椅骨架、导轨等部分的焊接，能够极大地提高焊接质量，降低劳动成本，改善工人工作环境。

2. 码垛机器人

码垛机器人是指用来整理货物的机器人，可根据不同的应用场合对码垛机器人进行编程，提高机器人的工作效率。码垛机器人在空间中的运动与其他机器人有所不同，码垛机器人只需要控制货物在空间内平移或在平面内旋转，而不需要翻转货物，因此，四轴机器人即可完成基本的码垛功能。由于工作性质的不同，码垛机器人对机器人本体的负载能力、重定位精度、工作空间有较高要求。

图 1-32 所示为 ABB 推出的目前为止速度最快的紧凑型码垛机器人 IRB460，主要应用于生产线末端的高速码垛作业。值得注意的是，IRB460 码垛机器人是由 ABB 中国本地研发团队研发的产品，它的操作节拍最大可达 2190 次/小时，与同类机器人相比，运行速度提升了 15%，并且其占地面积只有一般码垛机器人的五分之四，特别适用于狭小空间内作业。

我国机器人产业虽然起步较晚，但是工业需求的增加强有力地刺激了我国工业机器人的快速发展。例如，随着中国制造业的迅猛发展，电商产业如火如荼，对码垛机器人的需求越来越大。进口码垛机器人价格较高，因此越来越多的电商企业开始选择价格较

图 1-32　ABB IRB460 码垛机器人

低，但稳定性好、安全耐用的国产机器人。以安徽埃夫特智能装备有限公司研发的 ER180-C204 型四轴码垛机器人为例(如图 1-33 所示)，其负载能力可达 180 kg，重复定位

精度达±0.4 mm，能够实现高速、稳定的码垛搬运功能。

图 1-33　国产埃夫特 ER180-C204 型四轴码垛机器人

3．搬运机器人

搬运机器人是指能够代替人类搬运货物的工业机器人。搬运机器人末轴上的法兰可以安装不同的末端执行器，以满足不同形状货物的搬运要求，被广泛应用于上下料、自动装配、冲压机自动生产线、集装箱搬运等场合，大大减轻了工人的劳动强度。

搬运机器人受负载能力的约束较大，日本发那科推出的重型搬运机器人 M-2000iA 的有效负荷可达 1200 kg，能够快速、准确地搬运大型工件，特别适用于大型工件的搬运、装配等。比如在汽车制造业中，使用 M-2000iA 可以迅速地搬运不同车型的汽车车身，最大程度地节省占地面积，并提高车间的柔性化程度。此外，M-2000iA 具有 4.7 m 的运动半径和 6.2 m 的上下活动范围，适合仓储物流工厂的搬运和码垛。此外，M-2000iA 手臂部分还具备 IP67 标准的耐环境性，能够做到防尘、防水，适合在铸造、锻造等恶劣作业环境下工作。图 1-34 为日本发那科 M-2000iA 重型搬运机器人。

图 1-34　发那科 M-2000iA 重型搬运机器人

1.3.4　工业机器人的发展前景

工业机器人是融合机械设计、电子技术、控制技术、计算机控制、传感器技术、人工智能等多种先进技术的自动化装备。自第一台工业机器人问世以来，工业机器人被广泛应用于现代制造业中，逐渐改变了传统制造业的生产模式，其水平高低成为衡量一个国家制造业综合实力的首要标准。

我国工业机器人起步较晚，产业规模和技术研发等方面与发达国家差距较大，一些高精度减速器、伺服电机、控制器等关键设备仍依赖进口。但是在国家的支持下，已经基本掌握了工业机器人的设计制造、软硬件控制设计、运动学和轨迹规划等技术，开发出了喷涂、焊接、转配、搬运等类型的工业机器人。

目前，我国工业机器人的使用主要集中在汽车工业和电子电器工业，弧焊机器人、电焊机器人、搬运机器人等在生产中被大量使用，但整体使用率依旧偏低。而随着"机器换人"计划的深入推进，我国工业机器人的应用领域将进一步拓宽，使用率将进一步提升，深入到工业的方方面面。

可以说，"中国制造 2025"深度依赖我国机器人产业的发展(重点发展 10 大领域，见图 1-35)，而我国机器人产业的发展又在很长一段时间内以工业机器人为核心。据工信部初步统计，我国生产机器人的企业超过 800 家，其中超过 200 家是机器人本体制造企业，大部分以组装和代加工为主，处于产业链的低端，产业集中度很低，总体规模小。与此相对的是中国机器人市场的持续增长。据国际机器人联盟预测，2018 年全球工业机器人总销量将达到约 40 万台，而中国工业机器人市场销量有望超越 15 万台而继续成为全球市场增长的最强劲驱动力。按照此预测，我国工业机器人销量将占全球总销量的 37.5%。这是一个惊人的数据，而就目前的发展趋势来看，这一数据还可能提升。

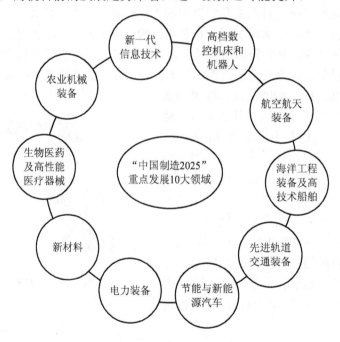

图 1-35　中国制造 2025 重点发展 10 大领域

历史表明，广泛的市场应用将带来技术的飞速提升。因此，虽然我国的工业机器人起步较晚，但随着应用的不断扩大以及国家的各种政策扶持，有望在未来进入国际先进行列。根据工信部规划，到 2020 年，我国将形成较为完整的工业机器人产业体系，高端市场占有率达到 45%以上。

如上所述，发展工业机器人是大势所趋，行业前景广阔。潜力和希望很大，但同时挑战也是十分明显的。目前该领域人才供求失衡的矛盾正日益凸显，一方面是机器人厂商、系统集成商以及汽车加工制造业等求贤若渴；另一方面是人才供给不足，难以满足企业用人需求。究其原因，主要有两点：一是相对于近年来国内机器人产业的爆发性发展态势，高校、职校等的课程设置仍然滞后，反应速度过慢；二是大机器人厂商设置技术壁垒，虽然提供相关培训，但存在品牌针对性过强、配套设施不足、培训网点有限等缺陷，难以形成系统的教学流程。

这一切都在阻碍着中国工业机器人产业的进一步发展。本书就是致力于解决上述两个问题的产物——课程设置由机器人产业相关企业需求出发，开发了相关配套设施英谷教学机器人和工业机器人实训系统，试图超越厂商设置的技术壁垒，形成系统的工业机器人教学流程，着力增强动手实操能力，为中国工业机器人产业的发展输送更多人才。目前这个产业及其相关岗位的人才缺口十分巨大，而且在可预见的未来这个需求还会持续增长，因此机器人及相关产业的就业前景十分广阔和向好，优秀人才在此将大有用武之地。

从技术层面，随着制造产业需求的变化，企业对柔性化生产要求的提高，工业机器人本身的性能必将不断提升，向着快速、稳定、高精度、高可行性的方向发展，更易于操作和维修。同时，工业机器人的机械结构也会发生变化，模块化、可重构化会逐渐取代原有的机械结构，设计组装将变得更加方便。此外，力觉、视觉、触觉等多传感器融合技术和虚拟现实技术等越来越多的新技术也会被应用到工业机器人身上，进一步增强机器人对外界环境的适应能力。

1.3.5　工业机器人的知识体系

未来，工业机器人必将是我国工业领域的主流角色。那么，研究工业机器人需要掌握哪些知识呢？工业机器人涉及电气、机械、计算机编程等多方面的知识，因此，相关的从业人员需要具备综合性的知识体系，而不能只是精通某一技术领域。

1. 机械专业知识

机器人存在的意义在于代替人类完成一系列动作，因此就会用到各种操作工具，如抓手、操作台，而驱动机器人完成指定动作的方式包括气动驱动、液压驱动、电动驱动等，这就要求机器人的研究、操作人员具备相应的机械专业知识，包括基本的机械读图能力、机械设计能力等。例如，针对不同形状的工件，需要设计对应的抓手，保证机器人能够抓起各种外形的工件。

2. 电气专业知识

电气专业知识是机器人知识体系的重要组成部分。机器人工作站中常用到光电传感器、限位传感器用于采集机器人工作现场的信息，而这些传感器的接线和应用都要求有一定的电气方面的知识。此外，在 PLC 控制系统中，只有具备良好电气专业知识的研究、操作人员，才能更好地设计出电气原理图，完成电气元器件的接线、PLC 编程等工作。

3. 计算机编程专业知识

程序语言是人与机器人沟通的重要媒介。工业机器人语言越来越向着计算机编程中的高级语言方向发展，具有与计算机高级语言相类似的指令和方法，如果机器人研究、操作人员具有一定的计算机编程基础，那么在机器人编程时就更加得心应手。以 ABB 工业机器人为例，其使用的 RAPID 编程语言就与 C 语言类似。在某些场合，我们常用 Matlab 中的机器人工具包对机器人进行分析和仿真，因此，Matlab 语言也是一种需要熟练掌握的编程语言。除此之外，像 Python 语言也是机器学习领域中会用到的编程语言。

　　本章我们主要介绍了机器人的相关概念及机器人应用的大致情况，下面我们将详细介绍和讲解两种典型机器人的控制、编程与应用实例，以便让读者快速掌握利用不同类型机器人实现具体作业的方法。

本 章 小 结

通过本章的学习，读者应当了解：

✧ 机器人被认为是靠自身动力和控制能力来实现各种功能的一种机器。它接受人类的指挥，可以运行预先定义的程序，也可以根据人工智能技术制定的原则行动，进而协助或者替代人类工作。

✧ 我国机器人专家通常将机器人分为工业机器人、服务机器人和特种机器人三大类，而国际上将特种机器人归入服务机器人。

✧ 并非所有的机器人都具有人的形态，但机器人通常具备一些人或生物的结构。一个完整的机器人，包含机械系统、控制系统、驱动系统和感知系统。有的机器人还包括人机交互系统和机器人环境交互系统。

✧ 如果说机械系统是机器人的骨骼或身体，那么控制系统就是机器人的大脑，是机器人的控制核心。它能够依据已有的编程指令和传感器的采集信息，帮助机器人完成指定运动或者决策。机器人的控制系统通常由控制器、控制软件和运动控制单元组成。

✧ 工业机器人有不同分类，每种分类机器人的应用场合各不相同，但描述工业机器人的主要技术参数基本一致，包括自由度、工作空间、定位精度与重复定位精度、最大工作速度、工作载荷、驱动方式等。

本 章 练 习

1. 简述机器人的发展历史。
2. 简述机器人的定义及分类。
3. 简述机器人的结构和各部件的作用。

第 2 章　教学机器人基础

本章目标

- 了解教学机器人实验平台的组成。

- 掌握教学机器人的控制系统组成。

- 了解教学机器人上位机软件的功能。

- 熟练使用上位机软件。

- 掌握控制系统的开发环境。

- 熟练使用开发环境创建模板。

- 熟练使用开发环境更新控制系统程序。

前一章讲过，由于一方面机器人产业飞速发展，另一方面人才供应量严重不足，因此目前我国机器人及周边产业相关岗位的人才缺口十分巨大。

究其原因，除了高校、职校的课程设置仍然滞后、跟不上发展形势外，大机器人厂商设置技术壁垒、配套设施不足、难以形成系统的教学流程是目前面临的很大难题。下面对此进一步说明。

首先，从硬件设计方面，机器人有很多生产厂家，其结构、控制自成体系，出于商业目的，各种参数并不对用户开放。这导致普通读者无法深入理解机器人的结构及控制特点。其次，软件编程方面，机器人控制系统多是厂商自主研发，并不对用户开放底层编程系统，用户仅能通过示教器或者仿真软件对机器人进行简单的编程操作，一定程度上影响了用户对机器人控制系统的深入理解。再次，教学针对性方面，虽然一些机器人厂商提供培训，但其培训和课程存在品牌针对性过强、网点有限等缺陷，也难以为该产业提供大批量标准化人才。

这一切都在阻碍着中国机器人产业的进一步发展。要解决机器人产业人才培养的问题，必须解决这些难题，增强其通用性。为此，青岛英谷教育科技股份有限公司自主设计研发了一款专门用于机器人教学的教学机器人实验平台——UGR-SMIA C100(简称教学机器人)。

该平台有如下特点：

(1) 硬件设计方面，教学机器人由一套仿照六轴工业机器人设计的机械手臂、控制系统、运动元件、箱体及配套上位机编程软件共同构成，具有小巧、便携等特点。该教学机器人具备工业机器人的基本结构，能够帮助读者理解工业机器人的关节结构、运动原理、运动方式等。而且，教学机器人采用以微处理器为核心的控制系统，方便读者在理解控制原理的基础上，更加深入地了解和掌握一般机器人控制系统的硬件设计及编程方法，对于一些想要搭建属于自己的小型机器人的读者也有一定帮助。

(2) 软件编程方面，教学机器人提供了丰富的硬件接口、常用的传感器，以及一套丰富的函数接口库，用以操作和学习。不仅如此，其原理图、控制系统和上层软件的源码等全部开源，形成了个简单易用的开发框架，是一个优秀的机器人开源项目。由于其接口丰富，且可进行扩展，读者可以很方便地进行学习和二次开发，节约开发成本和时间。

(3) 教学针对性方面，强调实操，聚焦于机器人编程中常遇到的技术难点。对机器人有兴趣的初学者，或有一定编程基础的编程人员，都可由教学机器人的使用入手，逐步学习如何对机器人进行编程控制。由于有丰富的函数库和大量实例，读者可以快速掌握机器人的运动、轨迹、存储记忆等功能，解决机器人编程中通常会遇到的技术难点，如多关节并行、轨迹精度提升、无法记忆常用动作等，便于迅速提高动手能力。

有关教学机器人的内容将分为两章：

本章将介绍教学机器人的硬件结构、操作方式、与上位机软件通信等内容，并详细讲解控制系统的编程环境的搭建。通过本章的学习，读者可以掌握常见机器人的结构和使用方法，以及如何利用上位机软件对机器人进行各种动作设置，以实现自己所预想的移动、搬运、抓取等功能。

第 3 章将介绍舵机控制原理、教学机器人控制系统编程方法，以及多关节运动控制的源码。通过第 3 章的学习，读者可以掌握机器人底层编程方法，通过编程控制教学机器人实现更加复杂的功能。

通过本章及下一章的学习，我们希望读者能够掌握完整的机器人系统架构，掌握以微处理器为核心的机器人控制系统的构建及控制方法，从而在深入学习和掌握机器人知识的时候，起到事半功倍的作用。

2.1　教学机器人实验平台

教学机器人实验平台的主体是一个六轴机械手臂，通过对控制系统进行编程，可以控制机械手臂六个轴的转动，从而实现手臂的伸缩、上下和旋转等动作。手臂的末端是一个机械抓手(也叫手抓或手爪)，通过抓手的开合，可以抓取并移动工件。

实验平台整体样貌如图 2-1 所示。当机械臂处于图中位置时，底盘舵机的角度是 180°，手爪向前时底盘舵机的角度是 90°。虽然实验中使用的底盘舵机角度范围是 0°～180°，但由于实验箱位置有限，所以机械臂的实验区域在底盘舵机的 90°～180°范围内。

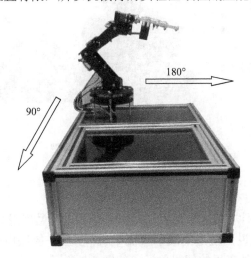

图 2-1　教学机器人实验平台整体样貌

下面对教学机器人实验平台(以下简称教学机器人)的各构成部分进行介绍。

2.1.1　机械臂

机器人的机械臂通常由以下几部分组成：

(1) 运动元件：驱动手臂运动的部分，一般为油缸、气缸、齿条、凸轮、舵机等。

(2) 导向装置：保证手臂的正确方向及承受由于工件的重量所产生的弯曲和扭转的力矩。

(3) 手臂：起着连接和承受外力的作用。油缸、导向杆、控制件等零部件都安装在手臂上。

此外，根据机械抓手的运动和具体工作的要求，管路、冷却装置、行程定位装备和自动检测装置等，一般也都装在手臂上。所以手臂的结构、工作范围、承载能力和动作精度都直接影响机械抓手的工作性能。

教学机器人的机械臂结构相对简单，运动元件采用的是舵机，并且没有导向装置。机械臂共有六个舵机、一个转动底盘、两个 U 形支架、一个抓手。其详细结构如图 2-2 所示。本次实验用舵机的转角范围是 0°～180°。

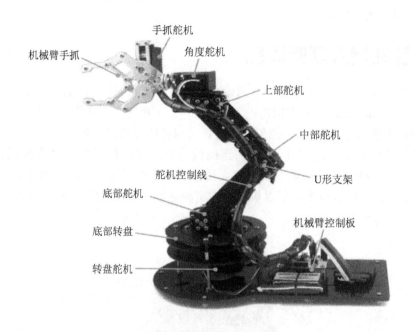

图 2-2　教学机器人机械臂结构图

2.1.2　运 动 元 件

教学机器人的运动元件安装在机械臂关节处，使用的是数字舵机 LD-20MG。

舵机(Servo)，简单地说，就是集成了直流电机(马达)、控制电路和减速器(齿轮组)等并封装在一个便于安装的外壳里的伺服单元，如图 2-3 所示。

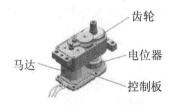

图 2-3　舵机示意图

伺服马达内部包括了一个小型直流马达、一组变速齿轮组、一个反馈可调电位器及一块电子控制板。其中，高速转动的直流马达提供了原始动力，带动变速(减速)齿轮组，使之产生高扭力的输出，齿轮组的变速比愈大，伺服马达的输出扭力也愈大，也就是说越能承受更大的重量，但转动的速度也愈低。舵机的运行结构如图 2-4 所示。

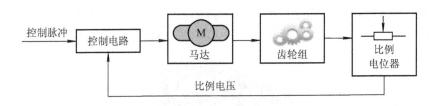

图 2-4　舵机的运行结构

舵机一般都有最大旋转角度(比如 180°)。舵机与普通直流电机的区别主要在于，直流电机是一圈圈转动的；舵机只能在一定角度内转动，不能一圈圈转。普通直流电机无法反馈转动的角度信息，而舵机可以。两者的用途也不同，普通直流电机一般是整圈转动作动力用，舵机是控制某物体转动一定角度用(比如机器人的关节)。

下面进一步介绍舵机。

1．几种常用舵机

舵机的形状和大小很多，大致可分为三种，如图 2-5 所示。

图 2-5　多种舵机

最右边的是常见的标准舵机，中间两个小的是微型舵机，最左边的是大扭力舵机。这几种舵机都是三线控制。

制作机器人常用的舵机有以下几种，而且每种的固定方式也不同，如果从一个型号换成另一个型号，整个机械结构都需要重新设计。

第一种是 MG995 舵机(见图 2-6)，优点是价格便宜，齿轮为金属的，耐用度也不错，通常用来做六足机器人或简单的机械臂。其缺点是扭力比较小，所以负载不能太大，如果做双足机器人之类的，这款舵机不是很合适，因为腿部受力太大。

图 2-6　MG995 舵机

第二种是 SR-403P 舵机(见图 2-7)，因 MG995 做双足机器人抖动得太厉害，于是产生了此款舵机。用 SR-403P 做双足机器人可有效防止抖动，其优点是扭力大，全金属齿轮，价格低。

图 2-7　SR-403P 舵机

第三种是数字舵机 AX-12+(见图 2-8)，这是久经考验的机器人专用舵机。它使用 RS485 串口通信，价格稍高。

图 2-8　AX-12+舵机

2．模拟舵机和数字舵机

舵机可以分为数字舵机(Digital Servo)和模拟舵机(Analog Servo)。数字舵机和模拟舵机在基本的机械结构上是完全一样的，最大区别体现在控制电路上。数字舵机的控制电路比模拟舵机的多了微控制器(MCU)，用于分析接收机的输入信号，并控制马达转动。

数字舵机和模拟舵机最大的差别在于处理接收机的输入信号的方式不同。相对于模拟舵机 50 脉冲/秒的 PWM 信号解调方式，数字舵机使用信号预处理方式，将频率提高到 300 脉冲/秒。因为频率高的关系，数字舵机动作更精确。

舵机需要一个外部的脉宽调制信号来告诉舵机需要转动的角度，控制脉冲周期为 20 ms，脉宽为 0.5～2.5 ms，对应−90°～+90°的位置。输入脉冲宽度与舵机转动角度如表 2-1 所示。

表 2-1　输入脉冲宽度与舵机转动角度

输入正脉冲宽度(周期为 20 ms)	舵机转动角度
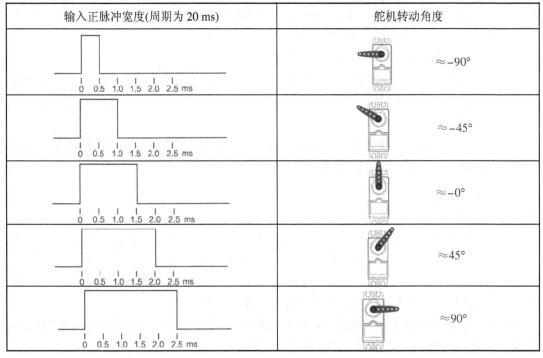	≈−90°
	≈−45°
	≈−0°
	≈45°
	≈90°

　　数字舵机的优点很明显，但是价格通常较贵。在选择舵机时还需要注意以下几个重要参数：

　　(1) 转速：转速由舵机在无负载的情况下转过 60°所需时间来衡量，常见舵机的速度一般为 0.11～0.21 s/60°。

　　(2) 扭矩：可以理解为在舵盘上距舵机轴中心水平距离 1 cm 处，舵机能够带动的物体重量。舵机扭矩的单位是 kg·cm。

3．舵机信号线

　　标准的舵机有三条控制线，分别为电源线、地线及控制信号线。如图 2-9 所示，中间红色的是电源线，下面黑色的是地线。电源线和地线用于提供内部的直流马达及控制线路所需的能源，电压通常介于 4～6 V 之间。上面的一根线是控制信号线，一般为白色，有的舵机为橘黄色。

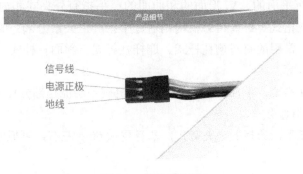

图 2-9　舵机控制线

舵机的控制信号为周期是 20 ms 的脉宽调制(PWM)信号，其中脉冲宽度为 0.5～2.5 ms，相对应舵盘的位置为−90°～90°，呈线性变化。也就是说，给舵机提供一定的脉宽，它的输出轴就会保持在一个相对应的角度上，直到给它提供一个另外宽度的脉冲信号，它才会改变输出角度到新的对应位置上。

舵机内部有一个基准电路和一个比较器。基准电路产生周期 20 ms、宽度 1.5 ms 的基准信号。比较器将外加信号与基准信号相比较，判断出方向和大小，从而产生电机的转动信号。

由此可见，舵机是一种位置伺服的驱动器，转动范围不能超过 180°，适用于那些需要角度不断变化并可以保持的驱动当中，比方说机器人的关节等。

2.1.3 执行单元

机械臂的执行单元是与物件接触的部件，通常称之为抓手。抓手是用来抓持工件(或工具)的部件，根据被抓持物件的形状、尺寸、重量、材料和作业要求而有多种结构形式，如夹持型和吸附型等。抓手的运动机构，可以使手部完成各种转动(摆动)、移动或复合运动来实现规定的动作，改变被抓持物件的位置和姿势。

吸附式抓手主要由吸盘等构成，它是靠吸附力(如吸盘内形成负压或产生电磁力)吸附物件，相应的吸附式手部有负压吸盘和电磁盘两类。

对于轻小片状零件、光滑薄板材料等，通常用负压吸盘吸料。造成负压的方式有气流负压式和真空泵式。

对于导磁性的环类和带孔的盘类零件，以及网孔状的板料等，通常用电磁吸盘吸料。电磁吸盘的吸力由直流电磁铁和交流电磁铁产生。

用负压吸盘和电磁吸盘吸料，其吸盘的形状、数量、吸附力大小，根据被吸附的物件形状、尺寸和重量而定。

夹持式抓手由手指(或称手爪)和传力机构所构成。手指是与物件直接接触的构件，常用的手指运动形式有回转型和平移型。回转型手指结构简单，制造容易，故应用较广泛。

平移型应用较少，其原因是结构比较复杂，但平移型手指夹持圆形零件时，工件直径变化不影响其轴心的位置，因此适宜夹持直径变化范围大的工件。

手指结构取决于被抓取物件的表面形状、被抓部位(是外廓或是内孔)和物件的重量及尺寸。常用的指形有平面的、V 形面的和曲面的；手指有外夹式和内撑式；指数有双指式、多指式和双手双指式等。而传力机构则通过手指产生夹紧力来完成夹放物件的任务。传力机构型式较多，常用的有滑槽杠杆式、连杆杠杆式、斜面杠杆式、齿轮齿条式、丝杠螺母弹簧式和重力式等。

此外，根据特殊需要，手部还有勺式(如浇铸机械手的浇包部分)、托式(如冷齿轮机床上下料机械手的手部)等形式。

教学机器人的抓手，选择的是夹持式，本身重量 66 g 左右，可抓取 500 g 的物体，如图 2-10 所示。

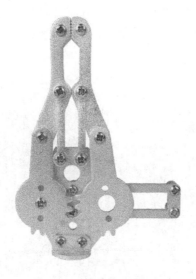

图 2-10 教学机器人的抓手

教学机器人抓手的材质是硬铝合金，重量约 66 g(不含舵机)，爪子极限张角距离是 54 mm，爪子整体长度(爪子闭合时的整体极限长度)为 108 mm，如图 2-11 所示。

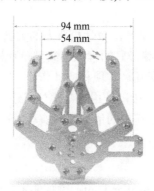

图 2-11 教学机器人抓手开合状态对比

抓手部位的舵机，与普通关节处的舵机不同。抓手在抓住物体时，舵机持续处于输出状态，因此抓手的角度一直不能达到预期的闭合角度，也就是说，舵机一直处于堵转状态。当舵机因外力堵转时，舵机内部减少驱动工作电流或者停止工作，从而解决舵机因堵转导致的高温烧毁驱动的问题。教学机器人的抓手选择的是数字舵机 LDX335，优点是扭力大、虚位小并且耐烧。

2.1.4 控制方式

教学机器人的控制系统是以单片机为核心的控制系统，它将单片机嵌入到机器人运动控制器，通过对单片机编程，实现对机器人运动的控制。

教学机器人选择的单片机型号为 STM32F103RB，其编程环境为 Keil 公司的 Keil MDK。图 2-12 为嵌入单片机的教学机器人运动控制器，称为舵机控制板。舵机控制板是教学机器人的"大脑",负责驱动多路舵机,从而协调教学机器人各关节的动作,并处理外围设备或传感器信号的信息。教学机器人扩展的传感器就是感官系统,负责采集外界环境信息。

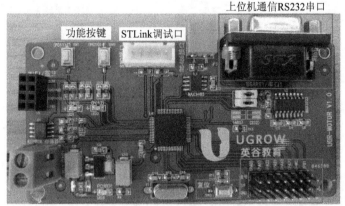

图 2-12 教学机器人运动控制器

图 2-13 中器件的功能如下:

(1) 单片机:STM32F103RB 型号,教学机器人的大脑。

(2) STLink 调试口:用来将编译好的程序下载到单片机上。

(3) 功能按键:用来与用户交互,实现相应动作。

(4) 上位机通信 RS232/RS485 接口:用来与上位机通信,实现上位机指令。

(5) 舵机连接插针:用来连接舵机的信号线,实现对舵机的控制。

2.1.5 控制单元

STM32 系列 MCU(Micro Controller Unit,微控制器,也称为单片机)由意法半导体(ST)公司设计和制造,内嵌 Cortex-M3 内核以及丰富外设,是目前基于 CM3 内核的 ARM 处理器中数量和影响较大的产品。它拥有一系列的 32 位产品,具有高性能、实时功能、数字信号处理、低功耗和低电压操作特性,同时还具有高度集成和易于开发的特点。

ST 公司目前发布的 STM32 MCU 共分五个系列,STM32L1、STM32F0、STM32F1、STM32F2 和 STM32F4。教学机器人选用的是 STM32F1 系列。该系列是一个主流的 MCU 系列,可以满足工业、医疗和消费电子市场的各种应用需求。该系列包含五个产品线,它们之间引脚、外设和软件相互兼容,这五个产品线为:

(1) 超值型 STM32F100。该系列最高主频为 24 MHz,集成了电机控制和 CEC 功能。

(2) 基本型 STM32F101。该系列最高主频为 36 MHz,具有高达 1 MB 的片上闪存。

(3) USB 基本型 STM32F102。该系列最高主频为 48 MHz,具有全速 USB 模块。

(4) 增强型 STM32F103。该系列最高主频为 72 MHz,具有高达 1 MB 的片上闪存,集成电机控制、USB 和 CAN 模块。

(5) 互联型 STM32F105/107。该系列最高主频为 72 MHz,具有以太网 MAC、CAN

以及 USB 2.0 OTG 功能。

教学机器人所选用的 MCU 型号为 STM32F103RB，是一个 64 引脚、中容量的增强型产品。

在 STM32 系列 MCU 的开发中，常常提到 STM32 固件库。所谓固件库，是 ST 公司针对 STM32 系列 MCU 发布的一组函数库。这些函数库包含一些通用的 API(Application Programming Interface，应用程序编程接口)，用以访问 Cortex 内核及一些专用的外设。该固件库还包括每一个外设的驱动描述和应用实例。通过固件库可以实现代码复用，大大减少用户编程的时间，从而降低开发成本。

下面介绍如何操作教学机器人。

2.2　教学机器人操作

教学机器人控制系统预装了出厂程序，设备上电后，演示程序会自动运行。

1. 准备工作

教学机器人箱体下面自带电源接头，可直接接入 220 V 电源。但是在给设备上电之前，还需要进行一系列的准备工作。

(1) 检查舵机连接线。根据表 2-2 检查有没有连接对。

表 2-2　舵机信号线与控制板插针连接表

底盘	下部舵机	中部舵机	上部舵机	角度舵机	抓手舵机
PA6	PA3	PA7	PA2	PA1	PA0

接线时白色信号线插在插针的信号线部分，黑色信号线插在插针的地线部分。接线时注意不要插反，否则容易烧坏舵机。

(2) 检查 RS232 与 RS485 的跳线帽是否选择了 485。

(3) 检查 RS485 接口是否连接了 485 转换器，转换器是否连到了电脑上。

(4) 打开电脑上位机软件。

教学机器人准备工作可通过扫描右侧二维码观看视频。

教学机器人准备工作

2. 注意事项

(1) 机械臂延长线如果发生脱落，连接时注意颜色对应插入。

(2) 在操作机械臂动作的过程中，如果长时间使舵机处于堵转状态，可能会烧坏舵机，所以要注意让舵机在一个合理的范围内动作。

(3) 如果舵机的插线和控制板的插针脱落，请及时插入，接线位置见表 2-2。

2.3　上位机控制程序

上位机控制程序是英谷教育专门为教学机器人开发的上位机软件，可以运行在普通计算机上。通过串口或 RS485 接口，上位机软件可以发送控制指令到教学机器人，控制教学机器人各关节的动作。要想使用上位机控制程序控制机械臂正常运动，需要用一根 USB 转串口线连接电脑和机械臂控制板。USB 转串口线如图 2-13 所示。

图 2-13　USB 转串口线

将 USB 转串口线的 USB 端插到电脑的 USB 口中，将串口一端插到舵机控制板的串口端上。控制板上电后，可以通过查看电脑中的设备管理器，了解是否可以使用 USB 转串口线进行通信。正常情况下，如果之前安装过 USB 转串口驱动或者系统可以自动安装驱动，驱动成功后，会在设备管理器的端口项中，找到一个 COMX 选项(由于使用的 USB 口不同，COM 的号可能不同)，如图 2-14 所示。出现这种情况，就可以正常通信了。

图 2-14　USB 转串口驱动成功

如果没有安装过驱动，显示如图 2-15 所示，则需要安装 USB 转串口驱动。

在网上下载 USB 转串口驱动后，如果是 exe 可执行程序的版本，则可以直接安装。如果不是 exe 可执行程序的版本，可通过以下步骤进行安装：

(1) 打开设备管理器，找到未成功驱动的设备，如图 2-15 中带有问号的设备。

图 2-15 USB 转串口未驱动

（2）右键点击该设备，选择属性。然后选择驱动程序选项卡，点击更新驱动程序按钮。

（3）在弹出窗口中点击浏览计算机以查找驱动程序软件按钮，选择下载的驱动程序文件夹，点击下一步。

（4）根据提示安装驱动程序。

通过以上操作完成驱动安装后即可安装上位机软件。如果下载的驱动程序和电脑不匹配，可能需要重新下载驱动程序，重新尝试安装。

2.3.1 上位机程序安装

要使用上位机控制程序，需要在电脑上安装 .net4.0 框架，如果电脑上已经安装了 .net4.0 框架或者更高的版本，可以忽略本节。在本书配套的教学资源中找到【舵机控制软件_安装目录】文件夹，该文件夹下有两个目录，如图 2-16 所示。

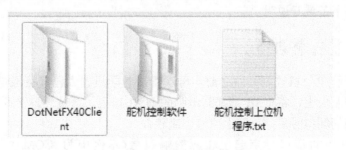

图 2-16 上位机控制程序安装包

安装上位机程序的步骤如下：

(1) 安装.net4.0 框架。打开 DotNetFX40Client 文件夹，找到 dotNetFx40_Client_x86_x64.exe 文件，该文件是.net4.0 框架的安装包，双击进行安装。

(2) 安装汉化包。在同一个文件夹下找到 dotNetFx40LP_Client_x86_x64zh-Hans.exe 文件，该文件是.net4.0 框架的汉化包，双击进行安装。

(3) 使用舵机控制软件。打开【舵机控制软件】文件夹，双击舵机控制工具 .exe 文件，就可以打开上位机控制程序。

2.3.2 上位机控制软件界面

上位机控制软件的界面如图 2-17 所示。

图 2-17 上位机控制软件界面

在左上角的端口号下拉框内，选择上节安装驱动成功后新出现的端口号。单击【打开串口】按钮，即可正常使用软件。

软件界面上各区域按钮实现的功能如下：

❖ 精确定位：拖动滑块或者调整角度数值可以控制各舵机的转动角度。

❖ 组合控制：点击按钮，可以启动机械臂对应的动作。

❖ 组合动作：通过调整机械臂各舵机的角度，完成多个动作的设计，将这些动作组合起来形成动作组，以实现动作目标。

这些功能在下节展开说明。

2.3.3 上位机控制功能

在使用机械臂上位机控制程序之前，再次确认教学机器人已经接通电源，并将 USB 转串口线插到控制板上，将 USB 端插到电脑的 USB 口上。通过设备管理器，确认电脑里已经安装好对应的端口号后，打开上位机控制软件。

在控制软件中将端口号点选至相应的端口号(本例中为 COM3)，波特率选择为 115200，点击【打开串口】按钮。如果不打开串口，界面上的其他按钮是无效的。

通过上位机控制程序可以实现控制一个或多个舵机的功能，也可以实现启动控制板中写好的动作组和自己设计的机械臂动作的功能。

上位机控制程序的操作界面如图 2-18 所示，我们将它的三个主要功能区域标示出来。

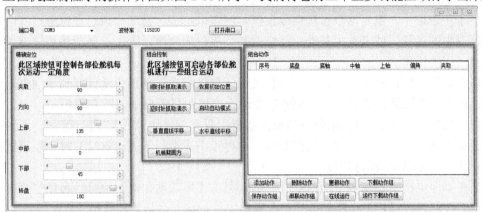

图 2-18　上位机控制程序三大区域

下面详细介绍一下上位机控制程序的三个主要功能。

1. 精确定位

教学机器人有六个关节，分别由六个舵机控制。精确定位功能指的是针对单个舵机的精确运动控制。可以通过拖动滑块，或者输入角度数值来控制各舵机的转动角度。

需要注意的是，在调整夹取舵机的角度时，需要关注教学机器人的抓手部件。如果抓手已经打开至最大角度或者关闭，就不要继续调整它的角度以免造成堵转，长时间堵转会造成电流过载而烧坏舵机。

2. 组合控制

组合控制指的是舵机控制板中已经编辑好的动作组。通过点击对应按钮，可以启动机械臂执行该组动作。组合控制有七个可选按钮：

(1) 顺时针抓取演示：在底盘舵机 90°的位置放置一个工件，机械臂会从这个位置将工件抓起来，放置到底盘舵机 180°的位置。

(2) 恢复初始位置：将机械臂各个舵机恢复到初始角度。

(3) 逆时针抓取演示：在底盘舵机 180°的位置放置一个工件，机械臂会从这个位置将工件抓起来，放置到底盘舵机 90°的位置。

(4) 启动自动模式：将启动控制板中的一套演示动作。

(5) 垂直直线平移：底部舵机会转到 90°角的方向，机械臂抓手会沿着 90°角的方向前后平移。

(6) 水平直接平移：底部舵机会转到 90°角的方向，然后机械臂手爪会在垂直于当前方向左右水平移动。

(7) 机械臂画方：机械臂抓手会移动到工作区域的某个固定位置，以这个位置为起点画出一个方形。

3．组合动作

通过组合动作，可以形成一个动作组。

先使用精确定位，将机械臂调整到想要的位置，再点击【添加动作】，各舵机的角度就会显示在表格中。重复这个过程完成设置，就可以形成一套动作组。在这个过程中，可以删除选中的动作，或者选中某动作，修改某个舵机的角度，点击更新动作按钮就可以实现修改动作的操作。

形成动作组后，点击【保存动作组】按钮，可以将动作组形成文件存到本地电脑中，也可以点击【在线运行】按钮，机械臂就会运行表格中显示出来的所有动作。

可以将动作组下载到控制板中(当前控制板中只存储一组动作组)进行运行，下载时上位机会将表格中的所有动作存储到控制板上。再点击【运行下载动作组】时，控制板就会运行存储在控制板中的动作组。

当在本地电脑中存储多个动作组时，可以点击【串联动作组】按钮，选择想要串联的动作组文件，就可以将多个动作组显示在表格中，形成一套新的动作组。

2.3.4　上位机通信演示

下面通过教学机器人的舵机控制板和计算机上的上位机控制软件，来分别演示如何进行通信。

1．舵机控制板通信

在舵机控制板上有四个按键，其中两个按键有特殊作用，按动按键会有不同的效果。

(1) 按动 PC11 按键，查看机械臂动作。机械臂会将所有舵机恢复到中点位置。

(2) 按动 PC10 按键，机械臂将会演示舵机控制板中存储的动作组。这个动作组写在舵机控制板的代码里，所以想要修改这套动作组，就需要修改舵机控制板的程序代码，也就是要对教学机器人的控制系统——舵机控制板进行编程，这也是第 3 章我们将要学习的内容。

2．上位机控制实验

在上位机控制界面的精确定位区域，拖动滑块或填写数值，查看对应舵机的角度变化和角度范围。拖动滑块时注意速度不要太快，速度太快程序和机械臂可能会反应不过来，达不到预期效果。

点击组合控制区域的按钮，按照上一节介绍的方法，查看机械臂动作和进行抓取实验。这一部分的功能也都写在代码中，想要修改相关动作，需要修改对应的 C 语言程序代码。

利用组合动作，可以设计一套抓取工件的动作，步骤如下：

(1) 点击【删除动作】按钮清空组合动作表格。如果有多条动作则需多次点击。

(2) 将机械臂的各个舵机角度都调整到 90°。点击【添加动作】按钮，将该动作添加到表格中。

(3) 将抓手舵机角度调整到 55°，也就是打开抓手。点击【添加动作】按钮，将该动作添加到表格中。

(4) 将机械臂各舵机角度调整到如表 2-3 所示。点击【添加动作】按钮，将该动作添加到表格中。

表2-3 动作1各舵机角度

底盘	下部舵机	中部舵机	上部舵机	角度舵机	抓手舵机
90°	140°	60°	110°	90°	55°

(5) 将抓手的舵机角度调整到 120°，也就是关闭抓手。点击【添加动作】按钮，将该动作添加到表格中。

(6) 将机械臂各舵机角度调整到如表 2-4 所示。点击【添加动作】按钮，将该动作添加到表格中。

表2-4 动作2各舵机角度

底盘	下部舵机	中部舵机	上部舵机	角度舵机	抓手舵机
130°	120°	90°	110°	90°	120°

(7) 将机械臂各舵机角度调整到如表 2-5 所示。点击【添加动作】按钮，将该动作添加到表格中。

表2-5 动作3各舵机角度

底盘	下部舵机	中部舵机	上部舵机	角度舵机	抓手舵机
130°	140°	70°	110°	90°	120°

(8) 将抓手的舵机角度调整到 55°，也就是打开抓手。点击【添加动作】按钮，将该动作添加到表格中。

(9) 点击【保存动作组】按钮，将该套动作组保存到本地电脑中。

(10) 将工件放置在第(4)步抓手可以抓取到的位置。点击【在线运行】按钮，机械臂会按照之前的设计将工件从第(4)步位置转移到第(7)步位置。

(11) 点击【下载动作组】按钮，将动作组下载到控制板中的 Flash 中。

(12) 点击【运行下载动作组】按钮，可以看到机械臂会重复运行刚才的动作。(如果点击【运行下载动作组】按钮没有反应，可能是动作没有下载成功，可重复上一步骤后重试。)

(13) 点击【串联动作组】按钮，选中刚才保存的动作组文件，可以看到表格中重复显示刚才设计的那套动作。

(14) 点击【在线运行】按钮，机械臂会运行两遍刚才设计的动作。

设计抓取工件动作组

上述过程，可通过扫描右侧二维码观看视频。读者也可以自己重新设计动作，实现对教学机器人的操作控制。

2.4 开发环境搭建

在上位机通信演示的实验中，上位机的功能实现多数是传递一个指令给教学机器人，教学机器人的舵机控制板来执行相应的动作。也就是说，其主要功能是由写入舵机控制板的程序来实现的。

前文曾提过，对舵机控制板进行编程，实际上是对舵机控制板的型号为 STM32F103RB 的单片机进行编程。这需要特殊的编程开发环境，本书选取的是一个较新的版本 MDK 5.01。

与之前的版本相比，MDK 5.01 有两个新特性：代码动态检测和代码补全。MDK 5 以前的版本只会在编译的时候报错或警告，而 MDK 5.01 能即时检查代码的语法错误并显示出来。代码补全功能则需要 VC++ 2010 开发库的支持。代码补全功能可以大大提高编程速度，减少语法错误。但对于初学者而言，还是应该多写完整的代码，这样更容易加深对整个程序的理解。

MDK 5.01 还新增了两个功能：RTE 和 Pack Installer。RTE(Run-Time Environment，实时环境)功能是对实时环境的管理，用户可以使用已创建好的驱动文件包，也可以创建自己的驱动文件包，同时还支持自动更新，如果驱动包发布者更新驱动包，用户每次打开 RTE，点击一下更新即可检测。Pack Installer(包安装器)功能则是对 MDK 的精简。MDK 5.01 将不会安装所有芯片的软件支持包，而是通过 Pack Installer 让用户自己选择所使用的芯片支持包进行安装。Pack Installer 可以独立在 MDK 之外运行。

开发环境的搭建需要进行软件的安装和设置，以及仿真器的驱动，读者可通过扫描右侧二维码观看详细视频。

开发环境搭建

2.4.1　MDK 安装步骤

MDK 5.01 开发环境的安装步骤如下：

1. 选择安装文件

在本书配套的教学资源中找到【Keil MDK 5.01 官方原版】文件夹，找到安装文件 mdk501.exe，双击打开，如图 2-19 所示。

图 2-19　安装文件

2．进行安装设置

(1) 在弹出的【Setup MDK-ARM V5.01】窗口中，单击【Next】按钮，进行下一步安装，如图 2-20 所示。

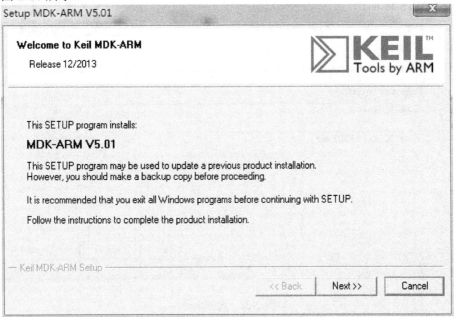

图 2-20   安装窗口

(2) 选中复选框【I agree to all the terms of the preceding License Agreement】，同意服务条款，并单击【Next】按钮继续安装，如图 2-21 所示。

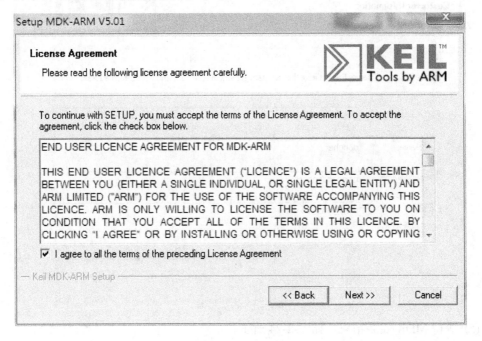

图 2-21   用户许可

(3) 不更改默认安装路径，单击【Next】按钮继续安装，如图 2-22 所示。

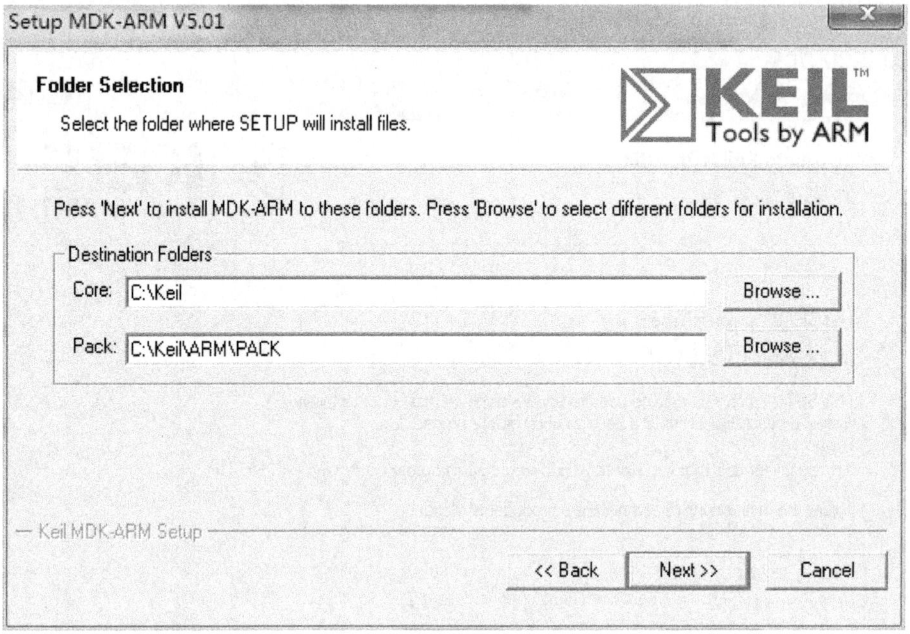

图 2-22　选择路径

(4) 根据个人情况填写客户信息，并单击【Next】按钮继续安装，如图 2-23 所示。

图 2-23　客户信息

(5) 等待 MDK 安装结束，如图 2-24 所示。

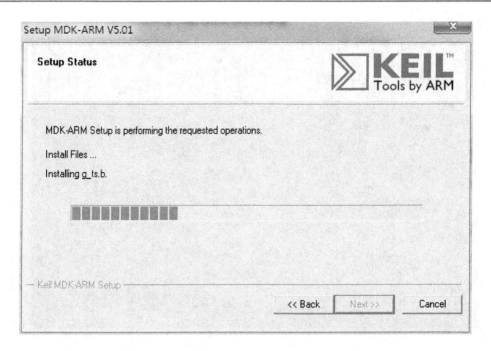

图 2-24　安装 MDK-ARM

（6）弹出【Pack Unzip：ARM CMSIS 3.20.4】窗口，继续安装 ARM CMSIS，如图 2-25 所示。

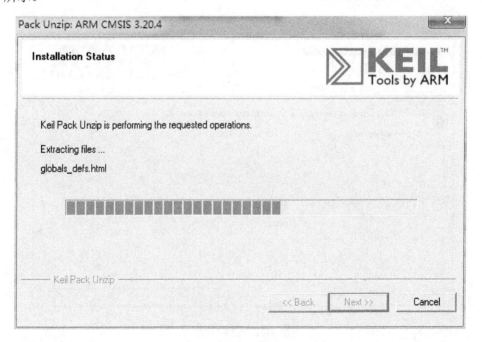

图 2-25　安装 ARM CMSIS

（7）弹出【InstallULINK.exe】窗口，等待 ULINK 驱动安装结束，如图 2-26 所示。

图 2-26　安装 ULINK 驱动

(8) ULINK 驱动安装完成后，弹出【Setup MDK-ARM V5.01】窗口，单击【Finish】按钮，完成安装，如图 2-27 所示。

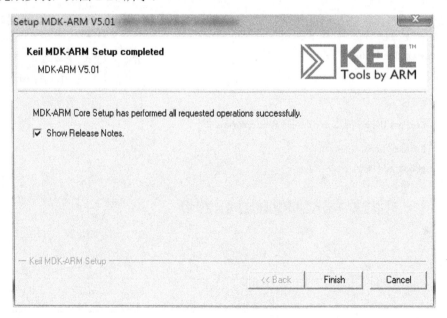

图 2-27　安装完成

2.4.2　安装芯片支持包

MDK 安装结束后，会弹出【Pack Installer】窗口，进行芯片支持包的安装，如图 2-28

所示。

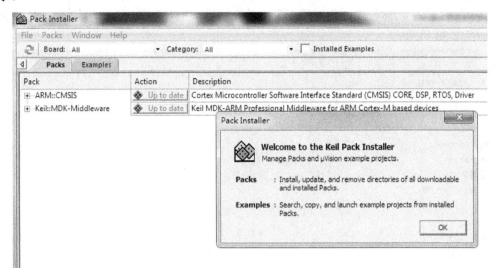

图 2-28 Pack Installer

由于教学机器人的单片机是属于 STM32F1xx 系列的芯片，因此需要安装 STM32F1xx _DFP 支持包。在安装过程中需要连网。

在本书配套的资料中也提供了 STM32F1xx_DFP 支持包，如图 2-29 所示，直接双击打开，即可导入。

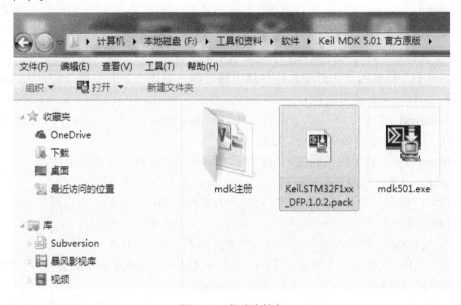

图 2-29 芯片支持包

2.4.3 创建程序模板

使用 MDK 5.01 进行 STM32F1xx 系列芯片的开发有其共同点，因此在开始进行开发之前，需要创建一个程序模板，实现一些共通的、基础的功能。

创建程序模板的具体步骤如下：

(1) 在 F 盘，创建一个【程序模板】文件夹，用来放各种类型的工程文件。建好的文件夹如图 2-30 所示。

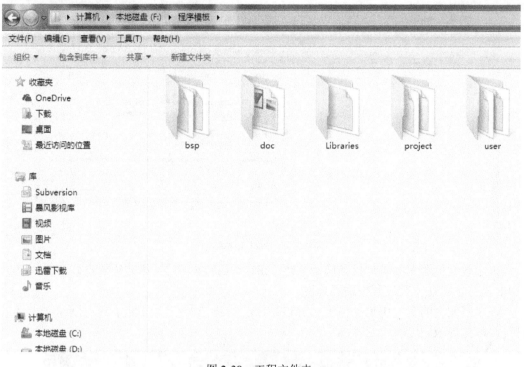

图 2-30　工程文件夹

根据工程需要，在【程序模板】中建立五个子文件夹：

① project：用来存放工程信息，包括工程名称、编译产生的临时信息、生成的二进制文件等。

② libraries：用来存放第三方提供的接口函数库(包括源码和接口)，一般不需要修改，如 ST 标准库函数 ucGui、lwip、USB 等。

③ bsp：用来存放板级代码包，包括板级驱动程序、主控芯片接口文件等。

④ user：用来存放用户级代码包，包括 main 函数、各模块应用代码等。

⑤ 说明：包含一个 word 文件，文件内容为工程的功能、结构、所占用的资源、版本信息及修改记录等。

其中，"project" 和 "说明" 文件夹下的文件均不出现在 MDK 的项目目录中。

(2) 在 MDK 主界面，选择菜单【Project】→【New Uvision Project】，然后将工程保存在 F:\程序模板\Project 目录下，工程名为 template。

接下来会弹出一个【Options for Target 'template'】窗口，此处选择【STM32F103RB】芯片，如图 2-31 所示。

如果没有出现此芯片，说明芯片支持包没有正确安装。可以单击菜单栏的 ▨ 按钮打开包安装器 Pack Installer，重新进行芯片支持包 STM32F1xx_DFP 的安装。

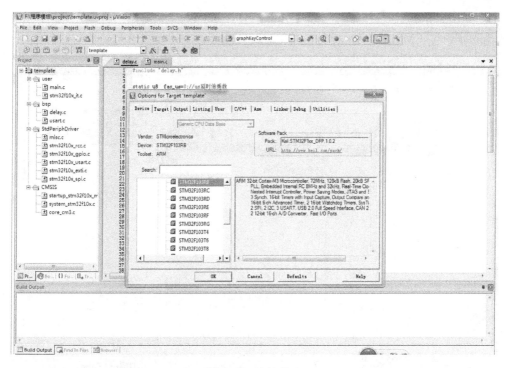

图 2-31　选择芯片

(3) 选择 STM32F103RB 芯片后，会弹出【Manage Run-Time Environment】窗口，如图 2-32 所示，直接点击取消按钮即可。

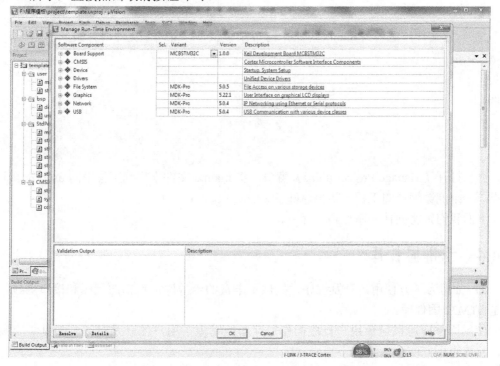

图 2-32　【Manage Run-Time Environment】窗口

(4) 单击菜单栏的 按钮，打开【Manage Project Items】窗口，新建几个组，命名为 stdPeriphDriver、CMSIS、user 和 bsp，如图 2-33 所示。

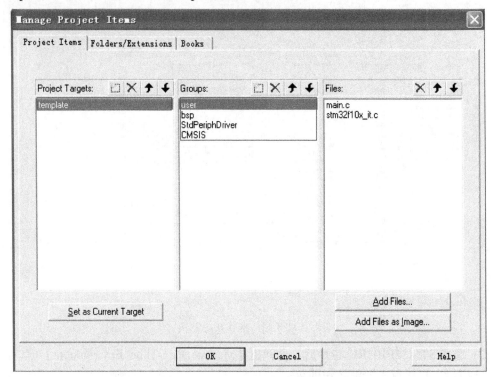

图 2-33　工程分组

(5) 新建文件，命名为 main.c，保存到 user 目录下。main.c 文件内容如下：

```c
int main(void)
{
  while(1)
  {
  }
}
```

再次打开【Manage Project Items】窗口，将 main.c 文件添加到工程中的 user 分组下。这样，一个能够编译的工程就初步建好了。

下面我们来将固件库添加到工程中。

2.4.4　使用固件库

ST 公司为了方便用户开发程序，提供了丰富的函数库，包括源代码和接口函数，也就是 STM32 固件库。

使用固件库可以避免用户直接操作寄存器，缩短了用户的开发时间，并且更容易上手，移植也更方便。

本书中所使用的例程均使用 ST 公司的固件库 V3.5 版本。读者也可在 ST 官网下载到最新版本的固件库，但需要注意的是，一个项目中的固件库文件版本应保持一致。

　　要添加固件库，首先要将固件库源文件存储在工程文件夹下的 Libraries 目录中，然后将相应的源文件添加到对应的分组 StPeriphDriver 和 CMSIS 下。

　　另外，还需要将对应的头文件路径添加到项目中。在菜单栏点击 按钮，弹出 MDK 的选项设置页。打开 C/C++选项卡，点击【Include Paths】后面的按钮(右边方框内)将路径添加进去，如图 2-34 所示。

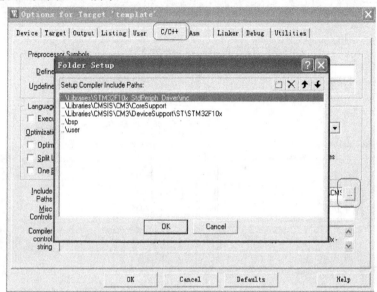

图 2-34　路径添加

然后将固件库文件添加到项目中，如图 2-35 所示。

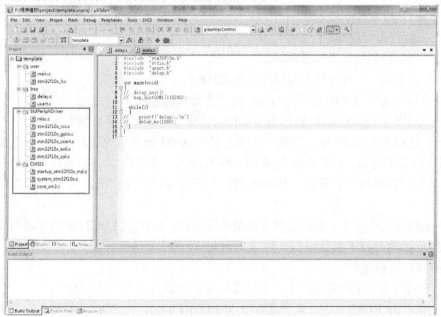

图 2-35　工程文件

2.4.5 MDK 选项设置页

在菜单栏点击 按钮，打开 MDK 的选项设置页。相关配置页如下：

◇ Target 选项卡

Target 选项卡如图 2-36 所示。

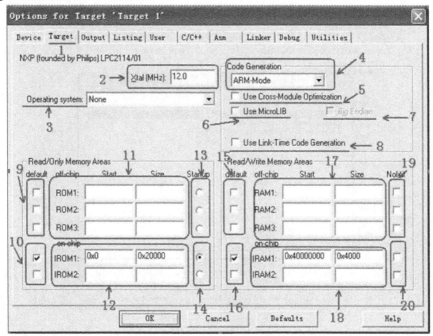

图 2-36 Target 选项卡

图 2-36 中部分编号含义如下：

1——选择硬件目标设置选项卡。

2——指定控制板使用的晶振频率。

3——在应用中可以选择实时操作系统(RTOS)。

4——指定选择 ARM 或者 Thumb 模式进行代码生成。

5——利用 Cross-Module 优化为全局代码优化创建一个链接反馈文件。

6——使用 MicroLIB 库。为进一步改进基于 ARM 处理器的应用代码密度，RealView MDK 采用了新型 MicroLIB C 库(标准的 ISO C 库的一个子集)，并将其代码镜像降低到最小以满足微控制器应用的需求。MicroLIB C 库可自动优化代码，大大降低编译后的代码量。

7——选择大端模式。编译器默认都是小端模式，NXP 的 LPC2114 处理器只支持小端模式，所以该项变成了灰色。三星的 S3C2440 既支持大端模式也支持小端模式，这样的处理器该项就可以选择了。

8——利用交叉模块优化创建一个链接反馈文件以实现全局代码优化。

11——片外 ROM 设置，最多支持 3 块 ROM(Flash)，在 Start 一栏输入起始地址，在 Size 一栏输入大小。若是有多片片外 ROM，需要在 13 区域设置其中一个作为启动存储块，程序从该块启动；有几块 ROM 需要选中对应的 9 区域几项。

12——片内 ROM 设置。设置方法同片外 ROM，只是程序的存储区在芯片内集成。

17——片外 RAM 设置。基本同片外 ROM，只是若选中 19、20 区域后，对应的 RAM 不会被默认初始化为 0。

18——片内 RAM 设置。设置方法与片外 RAM 相同，只是数据的存储区域在芯片内集成。

◆　C/C++选项卡

C/C++选项卡也是重要的配置选项，如图 2-37 所示。

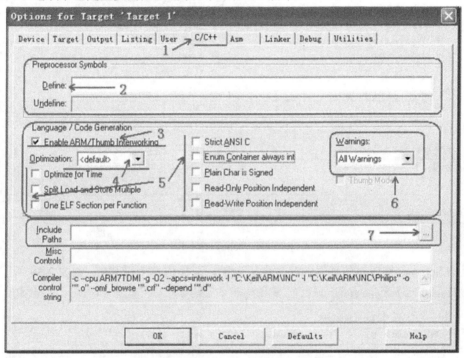

图 2-37　C/C++选项卡

图 2-37 中各部分编号含义如下：

1——选择 C/C++选项卡。

2——定义预处理符号。

3——使能/禁止 ARM 状态与 Thumb 状态交互。为了更好地优化存储空间，请使能该选项。

4——设置优化级别，共 4 级。Level 0 为不优化，Level 3 为最高级别优化。一般选择 default，即 Level 2 级优化。

5——附加的优化选项。

6——输出警告信息设置。为了更好地检查程序，设置成 All Warnings 即可。

7——头文件路径设置。

◆　Debug 选项卡和 Utilities 选项卡

这两个选项卡是用来配置与仿真调试相关的信息的，将仿真器选择为在项目中使用的

ST-Link 仿真器，如图 2-38 所示。

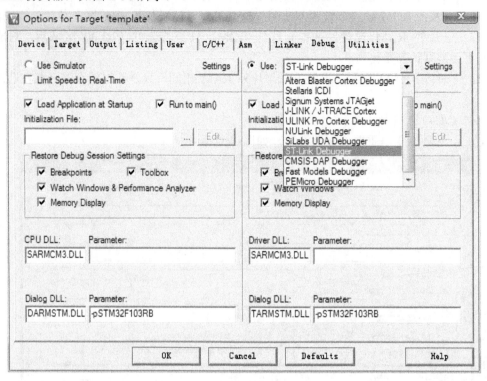

图 2-38　Debug 选项卡

点击 Settings 按钮对仿真器的参数进行设置。选择仿真接口 SW，如图 2-39 所示。

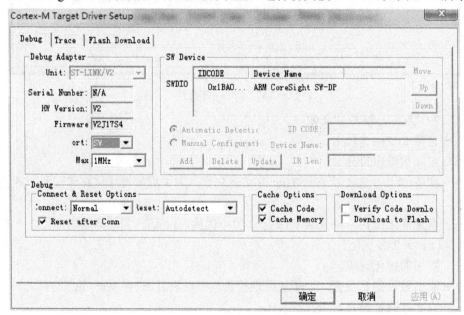

图 2-39　ST-Link Debugger 选项

然后选择芯片，STM32F1 系列的中容量产品如图 2-40 所示。

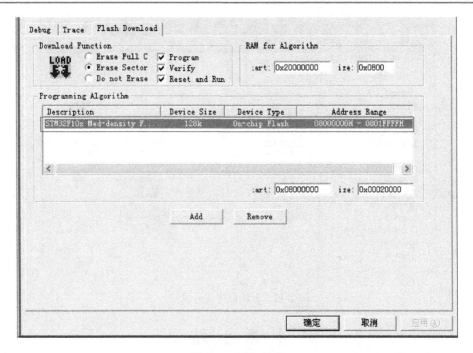

图 2-40　添加芯片

在 Utilities 选项卡中只需选择 ☑ Use Debug Driver 就可以使用我们刚才在 Debug 页中的设置了。至此，程序模板创建成功。以后的项目，均可以直接复制使用此模板。

2.4.6　仿真器 ST-LINK 的连接和驱动

本次实验使用 ST-LINK 仿真器进行调试，需要一根 USB 转 ST-LINK 线，如图 2-41 所示。

将 USB 端插入到电脑上，将 ST-LINK 仿真器连接到舵机控制板上。如果电脑上没有安装过驱动，需要安装 ST-LINK 驱动程序才能使用。在本书配套的教学资源中找到 ST-LINK V2 驱动程序.exe，如图 2-42 所示。

安装驱动程序时，注意使用的 ST-LINK 版本，需要安装对应的驱动程序。

单击 MDK 软件菜单栏的下载按钮 ，可以将代码正常地下载到舵机控制板，或者通过单击仿真调试按钮 ，进入到代码的硬件仿真。

下一章我们将学习舵机控制原理、教学机器人控制系统编程方法，以及多关节运动控制的源码等。通过这些学习，读者可以掌握机器人底层编程方法，可通过编程控制教学机器人实现更加复杂多样的功能。

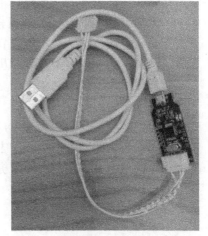

图 2-41　USB 转 ST-LINK 连接线

图 2-42　驱动程序文件位置

本 章 小 结

通过本章的学习，读者应当了解：

- ✧ 教学机器人具备机器人的基本元件和机构，其主体是一个六轴机械手臂，通过对控制系统进行编程，可以控制机械手臂的六个轴进行转动，从而实现手臂的伸缩、上下移动和旋转等动作。手臂的末端是一个机械抓手，通过抓手的开合，可以抓取并移动工件。
- ✧ 教学机器人的控制系统是以单片机为核心的控制系统，它将单片机嵌入到机器人运动控制器，通过对单片机编程，实现对机器人运动的控制。教学机器人运动控制器，称为舵机控制板。舵机控制板是教学机器人的"大脑"，它负责协调教学机器人各关节的动作，并处理外围设备或传感器的信息。
- ✧ 上位机控制程序是为教学机器人开发的软件，它可以运行在普通计算机上。通过串口或 RS485 接口，上位机软件可以发送控制指令到教学机器人，控制教学机器人各关节的动作。
- ✧ 开发环境的安装较为简单，但是还需要安装芯片支持包，来支持相应型号的单片机，即舵机控制板的主控芯片。在编程的过程中，初学者可以采用固件库编程的方式，利用厂家提供的函数，大幅度减少开发时间，增加代码的可移植性。

本 章 练 习

1. 简述教学机器人的主要构成，以及各部件的作用。
2. 写出上位机控制软件的几个主要功能。
3. 简述开发环境 MDK 的安装步骤。

第 3 章 教学机器人编程

本章目标

- 掌握舵机控制信号的参数。

- 掌握单片机产生舵机信号的方法。

- 掌握单片机控制舵机的编程方法。

- 了解多舵机并行的优点。

- 了解控制系统常用外设和接口的编程方法。

- 了解机器人与上位机通信的接口和协议的处理。

上一章介绍了教学机器人的硬件结构、操作方式、与上位机软件通信、编程环境的搭建等内容，本章将介绍教学机器人关节动作的控制原理及其控制系统的编程方法。通过对教学机器人的编程、演示，读者可以了解机器人的控制信号及原理，掌握其控制系统编程方法，并学习机器人与上位机的通信协议处理等内容。

3.1　PWM 控制信号

教学机器人通过六路舵机来控制机器人六个关节的动作。舵机的主要组成部分为伺服电机，其中包含伺服电机控制电路+减速齿轮组，最早用于船舶上以实现其转向功能。由于可以通过程序连续控制其转角，舵机被广泛应用于智能小车以及机器人各类关节运动中。

前文提过，舵机的伺服系统由控制信号线传送的可变宽度的脉冲来进行控制。脉冲的参数有最小值、最大值和频率。一般而言，舵机的基准信号都是周期为 20 ms(毫秒)、宽度为 1.5 ms 的。这个基准信号定义的位置为中间位置。舵机有最大转动角度，中间位置的定义就是从这个位置到最大角度与最小角度的量完全一样。

最重要的一点是，不同舵机的最大转动角度可能不相同，但是其中间位置的脉冲宽度是一定的，那就是 1.5 ms。

具体的参数还需要参考产品的技术参数，而教学机器人 UGR-SMIA C100 的舵机参数符合上述描述。

PWM(脉冲宽度调制)，是利用单片机的数字输出来对模拟电路进行控制的一种非常有效的技术。通过对电路开关器件的通断进行控制，使输出端得到一系列幅值相等的脉冲，用这些脉冲来代替正弦波或所需要的波形，也就是说，输出的是一个方波信号。

根据冲量相等效果相同的原理，PWM 波形和正弦半波是等效的。在 PWM 波形中，各脉冲的幅值是相等的，要改变等效输出正弦波的幅值时，只要按同一比例系数改变各脉冲的宽度即可，如图 3-1 所示。

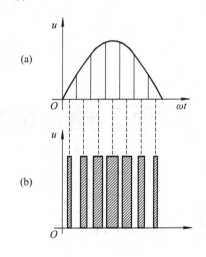

图 3-1　PWM 输出波形

PWM 输出方波的频率由定时器的时钟频率和 ARR 预分频器决定。方波信号中正脉冲的持续时间与信号周期的比值叫作占空比，其计算公式是 T_H/T，也就是 CCR/ARR × 100%，如图 3-2 所示。

利用 PWM 输出比较模式，可以输出固定频率的方波。前面提过，舵机控制信号是一个周期

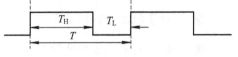

图 3-2　PWM 输出方波

为 20 ms 的脉冲信号，该脉冲的高电平部分一般为 0.5～2.5 ms，也即 T = 20 ms、T_H 在 0.5～2.5 ms 的 PWM 信号。

教学机器人的单片机选择的是 ST 公司的 STM32F103RB 芯片，STM32 单片机的高级定时器和通用定时器都可以产生 PWM 信号。每个通用定时器有四个通道(对应四个引脚)，可以输出四路 PWM 信号。由于教学机器人有六个关节，因此需要使用六个定时器

通道来控制。经过分析和设计，教学机器人选择使用通用定时器 TIM2 和 TIM3 的六个通道。这六个定时器通道与其所控制关节舵机的对应关系如表 3-1 所示。

表 3-1　定时器与舵机对应表

底盘	下部舵机	中部舵机	上部舵机	角度舵机	抓手舵机
定时器 3 的一通道	定时器 2 的四通道	定时器 3 的二通道	定时器 2 的三通道	定时器 2 的二通道	定时器 2 的一通道

通过对单片机 STM32F103 芯片的编程，可以控制这两个定时器的六个通道，从而控制教学机器人的六个关节。

下面介绍控制系统的编程。

3.2　控制系统编程

教学机器人的控制系统所使用的主控芯片是 STM32F103RB，并在开发过程中使用 ST 公司提供的函数固件库进行开发。集成开发环境使用 KEIL 公司的 MDK 的最新版本 MDK 5.01。

3.2.1　单片机基础

单片机是一种集成电路芯片，是采用超大规模集成电路技术把具有数据处理能力的中央处理器 CPU、随机存储器 RAM、只读存储器 ROM、多种 I/O 口和中断系统、定时器/计数器等功能(可能还包括显示驱动电路、脉宽调制电路、模拟多路转换器、A/D 转换器等电路)集成到一块硅片上构成的一个小而完善的微型计算机系统，在工业控制领域广泛应用。

教学机器人的单片机型号是 STM32F103RB。作为一个 Cortex-M3 内核的芯片，它比传统的 8051 等单片机更复杂，资源也更丰富。STM32F103RB 单片机含有常用的接口和外设，如能够产生 PWM 脉冲的定时器，与控制器上的存储芯片通信的 IIC、SPI 接口，存储程序和程序运行数据的内部存储器等。

1. 单片机简介

STM32F103RB 单片机有 64 个引脚，每个引脚有固定的引脚编号与名称，如图 3-3 所示。这 64 个引脚按照引脚性质可以分为两种。

(1) 通用的输入输出引脚，简称 GPIO 口。在 51 单片机中也称为 IO 口。IO 口是单片机最基本的外设功能，可以作为输出引脚 OUT，输出高低电平；也可以作为输入引脚 IN，获得外接线路的高低电平。多个 GPIO 口以英文字母排序，如 GPIOA、GPIOB、GPIOC、GPIOD、GPIOE 等。

通过输出高低电平，以及获取输入端的高低电平，单片机可以实现与外设的数据交换，进而实现较为复杂的通信和控制。

在 STM32 芯片中，每个通用输入输出口(GPIO 口)都包含 16 个引脚，如 GPIOA，包含了名称为 GPIOA0～GPIOA15 的 16 个引脚，一般简写为 PA0～PA15。但是，芯片并不一定包含完整的 GPIO 口，比如在 STM32F103RB 芯片中，如图 3-3 所示，通用 GPIO 引脚有 GPIOA、GPIOB、GPIOC 和 GPIOD 的 PD0～PD2，共计 51 个引脚。

(2) 特殊功能引脚，如复位引脚、电源引脚、接地引脚等。每个引脚的功能是固定的，设计时需根据芯片要求接入电源(3.3 V 电平)或接地。

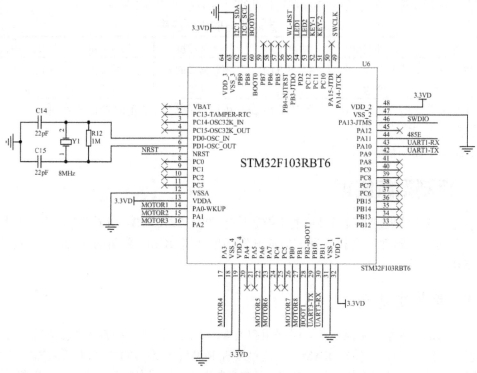

图 3-3　STM32F103RBT6 原理图

2．技术手册

STM32 系列单片机有很多型号，对教学机器人的控制系统进行编程，有几个重要的文档是一定要了解的。

(1)《CM3 权威指南》：主要讲解了 Cortex-M3 内核的原理和实现。

(2)《STM32 中文参考手册》：使用最频繁的文档，详细讲解了 STM32 系列芯片的接口、外设的原理、使用方法和寄存器。

(3)《STM32F103RB 芯片的芯片手册》：了解所选芯片的引脚、功能、性能等。

(4)《STM32F10xxx Cortex-M3 编程手册》：需要注意的是其中的系统寄存器。

(5)《STM32F10xxx 闪存编程手册》：主要讲解了怎么对程序存储器进行操作。

其中，参考手册、编程手册注重功能和操作方式，而芯片手册更注重量化指标，如时序、允许的最大最小值等。

3．舵机引脚

前文讲过，舵机的连接线是三根，分别是 5 V、GND 和 PWM 信号线。根据表 3-1 舵机与定时器通道的对应关系，再查询 STM32F103RBT6 的芯片手册，可以得到舵机位置与单片机引脚的对应关系，如表 3-2 所示。

表 3-2　舵机位置与单片机引脚对应关系

底盘舵机	下部舵机	中部舵机	上部舵机	角度舵机	抓手舵机
PA6	PA3	PA7	PA2	PA1	PA0

3.2.2　定时器的 PWM 输出模式

教学机器人中舵机的操作方法是使用单片机中的定时器产生 PWM 脉冲，切换不同的占空比，使舵机转换角度。

PWM 输出模式是 STM32 通用或高级定时器的输出比较模式的一个特殊应用。PWM 输出模式可以产生 PWM 脉冲信号，而通过修改定时器的寄存器值，可以配置 PWM 信号的周期及 PWM 信号的占空比，从而控制舵机旋转到对应的角度。

根据舵机的控制原理，可知需要产生的 PWM 信号的周期为 20 ms。

1．STM32 的定时器通道

使用 STM32 的定时器产生所需的 PWM 脉冲，并切换不同的占空比，可以使舵机转换相应的角度。由《STM32 中文参考手册》可知，STM32F1xx 的定时器有三种：高级控制定时器(TIM1 和 TIM8)、通用定时器(TIMx)和基本定时器(TIM6 和 TIM7)。

由于教学机器人的舵机控制板上的舵机信号线为 PA0～PA3、PA6～PA7，都属于 GPIOA 引脚，通过查看芯片手册中的引脚定义可知 PA0～PA3 对应的是 TIM2(即定时器 2)的通道 1 到通道 4，PA6～PA7 对应的是 TIM3 的通道 1 和通道 2(芯片手册 18～19 页)。

由于使用的是 TIM2 和 TIM3 定时器，属于通用定时器(通用定时器包括 TIM2、TIM3、TIM4 和 TIM5)。STM32 的通用定时器由一个通过可编程预分频器驱动的 16 位自动装载计数器构成，主要部分是一个 16 位计数器和相关的自动重装载寄存器。计数器时钟由预分频器分频得到。所以定时器最重要的是三个寄存器：计数器寄存器 (TIMx_CNT)、预分频器寄存器(TIMx_PSC)和自动重装载寄存器(TIMx_ARR)。

通用定时器的功能模式有以下几种：

(1) 计数器模式：是定时器的基本功能，就是计数器的值随时间间隔加 1 或减 1，当和装载寄存器值相等时触发定时器中断。时间间隔由预分频器决定。

(2) 输入捕获模式：当选定的输入引脚发生选定的脉冲触发沿(上升沿或下降沿)的时候，该计数器的值 TIMx_CNT 将被保存，同时产生中断。该功能最常应用于测量一个外来脉冲的脉宽。

(3) 输出比较模式：当 CCRx 寄存器中设定的值与定时器的计数值相等时，相关引脚发生电平跳变，同时产生中断。该功能常应用于产生一个一定脉宽的 PWM 波形。

定时器一般是通过软件设置而启动，STM32 的每个定时器也可以通过外部信号触发而启动，还可以通过另外一个定时器的某一个条件被触发而启动。这里所谓"某一个条件"可以是定时到时、定时器超时、比较成功等许多条件。这种通过一个定时器触发另一个定时器的工作方式称为定时器的同步，发出触发信号的定时器工作于主模式，接受触发信号而启动的定时器工作于从模式。

STM32 通用定时器的功能比较复杂，之后的章节主要介绍产生 PWM 信号相关的功能，其他模式功能不再多介绍。有兴趣的读者可以直接参考《STM32 中文参考手册》第 253 页"通用定时器"一章。

2．寄存器配置

使用通用定时器的输出比较模式来输出控制舵机的周期为 20 ms 的 PWM 信号，需要配置通用定时器的几个寄存器。

(1) 控制寄存器(TIMx_CR1)。该寄存器共有 16 位，各位由程序写入 1 或 0 来控制描述，如图 3-4 所示。

15	14	13	12	11	10	9	8	7	6	5	4	3	2	1	0
保留						CKD[1:0]		ARPE	CMS[1:0]		DIR	OPM	URS	UDIS	CEN
						rw	rw	rw	rw	rw	rw	rw	rw	rw	rw

位15:10	保留，始终读为0
位9:8	CKD[1:0]：时钟分频因子 这2位定义在定时器时钟(CK_INT)频率、死区时间和由死区发生器与数字滤波器(ETR, Tlx)所用的采样时钟之间的分频比例。 00—$t_{DTS}=t_{CK\_INT}$； 01—$t_{DTS}=2 \times t_{CK\_INT}$； 10—$t_{DTS}=4 \times t_{CK\_INT}$； 11—保留，不要使用这个配置
位7	ARPE：自动重装载预装载允许位。 0—TIMx_ARR寄存器没有缓冲； 1—TIMx_ARR寄存器被装入缓冲器
位6:5	CMS[1:0]：选择中央处理对齐模式。 00—边沿对齐模式。计数器依据方向位(DIR)向上或向下计数。 01—中央对齐模式1。计数器交替地向上和向下计数。配置为输出的通道(TIMx_CCMRx寄存器中CCxS=00)的输出比较中断标志位，只在计数器向下计数时被设置。 10—中央对齐模式2。计数器交替地向上和向下计数。配置为输出的通道(TIMx_CCMRx寄存器中CCxS=00)的输出比较中断标志位，只在计数器向上计数时被设置。 11—中央对齐模式3。计数器交替地向上和向下计数。配置为输出的通道(TIMx_CCMRx寄存器中CCxS=00)的输出比较中断标志位，在计数器向上和向下计数时被设置。 注：在计数器开启时(CEN=1)，不允许从边沿对齐模式转换到中央对齐模式
位4	DIR：方向。 0—计数器向上计数； 1—计数器向下计数。 注：当计数器配置为中央对齐模式或编码器模式时，该位为只读
位3	OPM：单脉冲模式。 0—在发生更新事件时，计数器不停止； 1—在发生下一次更新事件(清除CEN位)时，计数器停止
位2	URS：更新请求源。 软件通过该位选择UEV事件的源。 0—如果使能了更新中断或DMA请求，则下述任一事件产生更新中断或DMA请求： •计数器溢出/下溢 •设置UG位 •从模式控制器产生的更新 1—如果使能了更新中断或DMA请求，则只有计数器溢出/下溢才产生更新中断或DMA请求
位1	UDIS：禁止更新。 软件通过该位允许/禁止UEV事件的产生。 0—允许UEV。更新(UEV)事件由下述任一事件产生： •计数器溢出/下溢 •设置UG位 •从模式控制器产生的更新 具有缓存的寄存器被装入它们的预装载值。(译注：更新影子寄存器) 1—禁止UEV。不产生更新事件，影响寄存器(ARR、PSC、CCRx)保持它们的值。如果设置了UG位或从模式控制器发出了一个硬件复位，则计数器和预分频器被重新初始化
位0	CEN：使能计数器。 0—禁止计数器； 1—使能计数器。 注：在软件设置了CEN位后，外部时钟、门控模式和编码器模式才能工作。触发模式可以自动地通过硬件设置CEN位

图 3-4　控制寄存器

根据寄存器描述可知，需要将 TIMx_CR1 的最低位，也就是计数器使能位置 1，才能使能定时器，使定时器开始工作。

(2) 预分频寄存器(TIMx_PSC)。该寄存器用设置对时钟进行分频，然后提供给计数器，作为计数器的时钟。其各位描述如图 3-5 所示。

15	14	13	12	11	10	9	8	7	6	5	4	3	2	1	0
						PSC[15:0]									
rw	rw	rw	rw	rw	rw	rw	rw	rw	rw	rw	rw	rw	rw	rw	rw

位15:0	PSC[15:0]：预分频器的值。 计数器的时钟频率(CK_CNT)等于f_{CK_PSC}/(PSC[15:0]+1)。 PSC包含了每次当更新事件产生时，装入当前预分频器寄存器的值；更新事件包括计数器被TIM_EGR的UG位清"0"或被工作在复位模式的从控制器清"0"

图 3-5　预分频寄存器

这里，定时器的时钟来源有四个：

① 内部时钟(CK_INT)。

② 外部时钟模式 1：外部输入脚(TIx)。

③ 外部时钟模式 2：外部触发输入(ETR)。

④ 内部触发输入(ITRx)：使用 A 定时器作为 B 定时器的预分频器(A 为 B 提供时钟)。

这些时钟，具体选择哪个，可以通过 TIMx_SMCR 寄存器的相关位来设置。这里的 CK_INT 时钟是从 APB1 倍频得来的，除非 APB1 的时钟分频数设置为 1，否则通用定时器 TIMx 的时钟是 APB1 时钟的 2 倍，当 APB1 的时钟不分频的时候，通用定时器 TIMx 的时钟就等于 APB1 的时钟。这里还要注意的就是，高级定时器的时钟不是来自 APB1，而是来自 APB2 的。

(3) TIMx_CNT 寄存器。该寄存器是定时器的计数器，存储了当前定时器的计数值。

(4) 自动重装载寄存器(TIMx_ARR)，如图 3-6 所示。该寄存器在物理上实际对应着 2 个寄存器：一个是程序员可以直接操作的，另外一个是程序员看不到的，这个看不到的寄存器在《STM32 中文参考手册》里被叫作影子寄存器。事实上真正起作用的是影子寄存器。根据 TIMx_CR1 寄存器中 APRE 位的设置，APRE=0 时预装载寄存器的内容可以随时传送到影子寄存器，此时两者是连通的；而 APRE=1 时，在每一次更新事件(UEV)时，才把预装在寄存器的内容传送到影子寄存器。

15	14	13	12	11	10	9	8	7	6	5	4	3	2	1	0
						ARR[15:0]									
rw	rw	rw	rw	rw	rw	rw	rw	rw	rw	rw	rw	rw	rw	rw	rw

位15:0	ARR[15:0]：自动重装载的值。 ARR包含了将要装载入实际的自动重装载寄存器的值。 当自动重装载的值为空时，计数器不工作

图 3-6　自动重装载寄存器

(5) 捕获/比较模式寄存器(TIMx_CCMR1/2)。该寄存器总共有 2 个：TIMx_CCMR1 和 TIMx_CCMR2。TIMx_CCMR1 控制 CH1 和 CH2，而 TIMx_CCMR2 控制 CH3 和 CH4。该寄存器的各位描述如图 3-7 所示。

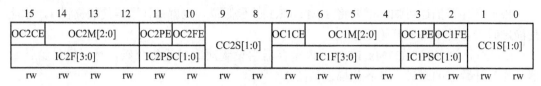

15	14	13	12	11	10	9	8	7	6	5	4	3	2	1	0
OC2CE	OC2M[2:0]			OC2PE	OC2FE	CC2S[1:0]		OC1CE	OC1M[2:0]			OC1PE	OC1FE	CC1S[1:0]	
	IC2F[3:0]			IC2PSC[1:0]					IC1F[3:0]			IC1PSC[1:0]			
rw	rw	rw	rw	rw	rw	rw	rw	rw	rw	rw	rw	rw	rw	rw	rw

图 3-7 捕获/比较模式寄存器

捕获/比较模式寄存器的有些位在不同模式下功能不一样,所以在图 3-7 中,我们把寄存器分了 2 层,上面一层对应输出,下面一层则对应输入。关于该寄存器的详细说明,请参考《STM32 中文参考手册》第 288 页的 14.4.7 一节。

这里需要说明的是模式设置位 OCxM,此部分由 3 位组成,总共可以配置成 7 种模式,我们使用的是 PWM 模式,所以这 3 位必须设置为 110/111。这两种 PWM 模式的区别就是输出电平的极性相反。

(6) 捕获/比较使能寄存器(TIMx_CCER)。该寄存器控制着各个输入输出通道的开关,该寄存器的各位描述如图 3-8 所示。

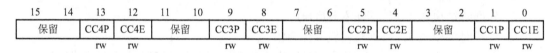

15	14	13	12	11	10	9	8	7	6	5	4	3	2	1	0
保留		CC4P	CC4E	保留		CC3P	CC3E	保留		CC2P	CC2E	保留		CC1P	CC1E
		rw	rw			rw	rw			rw	rw			rw	rw

图 3-8 捕获/比较使能寄存器

该寄存器比较简单,我们这里只用到了 CC2E 位,该位是输入/捕获 2 输出使能位,要想 PWM 从 IO 口输出,这个位必须设置为 1。关于该寄存器更详细的介绍请参考《STM32 中文参考手册》第 292 页,14.4.9 一节。

(7) 捕获/比较寄存器(TIMx_CCR1~TIMx_CCR4)。该寄存器总共有 4 个,对应 4 个输出通道 CH1~CH4。因为这 4 个寄存器都差不多,我们仅以 TIMx_CCR1 为例介绍。该寄存器的各位描述如图 3-9 所示。

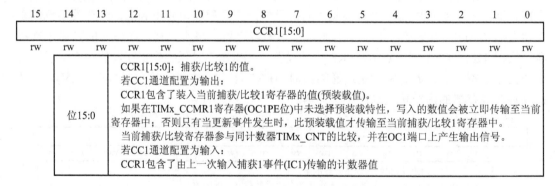

15	14	13	12	11	10	9	8	7	6	5	4	3	2	1	0
CCR1[15:0]															
rw	rw	rw	rw	rw	rw	rw	rw	rw	rw	rw	rw	rw	rw	rw	rw

位15:0	CCR1[15:0]:捕获/比较1的值。 若CC1通道配置为输出: CCR1包含了装入当前捕获/比较1寄存器的值(预装载值)。 如果在TIMx_CCMR1寄存器(OC1PE位)中未选择预装载特性,写入的数值会被立即传输至当前寄存器中;否则只有当更新事件发生时,此预装载值才传输至当前捕获/比较1寄存器中。 当前捕获/比较寄存器参与同计数器TIMx_CNT的比较,并在OC1端口上产生输出信号。 若CC1通道配置为输入: CCR1包含了由上一次输入捕获1事件(IC1)传输的计数器值

图 3-9 捕获/比较寄存器

在输出模式下,该寄存器的值与 CNT 的值比较,根据比较结果产生相应动作。因此,我们通过修改这个寄存器的值,就可以控制 PWM 的输出脉宽。本章使用的是 TIM2 的 1~4 通道,所以需要修改 TIM2_CCRx 以实现脉宽控制。

3.2.3 舵机控制编程

要实现舵机的控制,需要使舵机控制板输出周期为 20 ms 的 PWM 信号,并通过调整占空比(即高电平在整个周期中的持续时间)来调整舵机的角度。

下面在程序模板的代码基础上，逐步实现这一功能。

1. 运行模板程序

复制前文中创建的程序模板(本书配套教学资源中也有提供)，更名为 control1，并打开目录 project 下的 template.uvproj。

由于使用了 ST 公司的固件库，因此在相应芯片(STM32F103RB)启动时执行的汇编文件(startup_stm32f10x_md.s)中，芯片已在 main 函数执行前调用了系统初始化函数(SystemInit)来启动单片机系统，初始化闪存接口并设定时钟频率为 72 MHz。系统初始化完成后，启动文件将自动查找并执行 main 函数。

在 main.c 文件中，编写 main 函数及所需的头文件如下：

```
#include    "stm32f10x.h"
#include    "stdio.h"
#include    "usart.h"
#include    "delay.h"

int main(void)
{
        //延时初始化，提供两个毫秒、微秒级别的延时函数
①      delay_init();
        //串口初始化，将串口 1 的波特率配置为 115200，可用此波特率与电脑相连
②      bsp_InitCOM1(115200);

③      while(1)
        {
                //使用 printf 向串口 1 输出调试信息
④              printf("每隔 1 秒输出此信息...\n");
                //延时 1 秒
⑤              delay_ms(1000);
        }
}
```

首先，代码包含了两个头文件 stm32f10x.h 和 stdio.h。其中，stm32f10x.h 文件是 ST 公司固件库 V3.5 及以后版本统一使用的库函数头文件，它规范了代码的命名和库函数各文件的使用方式。使用 ST 公司的固件库必须包含此头文件。stdio.h 是 C 语言标准库的标准输入输出函数，使用 printf 函数必须包含此头文件。

本书中的代码编程，全部采用模块化的方式。以模板提供的延时模块为例，包含两个文件 delay.c 和 delay.h，即代码 C 文件和头文件。C 文件中包含了函数的定义和具体实现，头文件中则包含了相应函数的声明。若要在其他文件，如 main.c 文件中使用 delay.c 文件中的函数，则必须在 main.c 文件中包含 delay.h 文件。其他模块的使用也是如此，模块的头文件与 C 文件存储的路径相同，并隐式包含在项目工程中(不需要像 C 文件一样添

加到项目工程)。

模板中已将 usart.c 与 delay.c 文件添加到工程中,因此在 main.c 文件中直接包含相应头文件 usart.h 和 delay.h 即可。

在 main.c 文件中定义 main 函数,其返回值类型为 int,参数类型为 void(表示无传递参数)。①处的代码行调用了延时模块 delay.c 文件中的初始化函数 delay_init( ),这个函数利用芯片的滴答时钟实现了两个毫秒、微秒级别的延时函数。②处的代码行调用了串口模块 usart.c 文件中的串口初始化函数,将串口 1 的波特率配置为 115200,可用此波特率通过串口连接线与电脑相连。③处的代码行使用了迭代结构 while,使 main 函数始终循环执行 while 代码块的语句。

④、⑤处的代码即为 while 迭代结构的代码块,其中,printf 函数在 C 语言中本是输出信息到屏幕上。但本项目的 usart.c 文件对 printf 函数进行了重定向处理,使之将信息定向输出到串口 1 上。因此,这两个语句,通过调用延时函数和输出函数,实现每隔一秒输出一个调试信息到串口的功能。

本书代码中的编号①~⑤,起到标记代码位置、解释代码功能的作用。在实际编写程序时不需要输入。在此说明,以下不再赘述。

编译后,通过仿真器将工程下载到舵机控制板上,即可通过"工具与资料"文件夹中提供的串口调试工具 SSCOM3.2 来查看输出信息,如图 3-10 所示。

图 3-10　输出信息

以上实验的过程和结果,可通过扫描右侧二维码观看视频。

运行模板程序

2．定时器初始化

新建 PWM 模块(即 pwm.c 文件和 pwm.h 文件),保存到 control1\bsp 文件夹下,并将 pwm.c 文件添加到项目工程的 bsp 目录中。由于对定时器的操作使用了固件库中的 stm32f10x_tim.c 文件,因此还需要将 stm32f10x_tim.c 文件添加到项目工程的 StdPeriphDriver 目录下。

在 pwm.c 文件中对控制六路舵机的定时器 2 和定时器 3 进行初始化。初始化定时器的步骤如下：

(1) 要使用 TIM2 和 TIM3，必须先开启 TIM2 和 TIM3 的时钟(通过 APB1ENR 设置)。

(2) 设置 TIM2 和 TIM3 的 ARR 和 PSC。在开启了 TIM2 和 TIM3 的时钟之后，要设置 ARR 和 PSC 两个寄存器的值来控制输出 PWM 的周期。

(3) 设置定时器为 PWM 模式(默认是冻结的)。

(4) 使能 TIM2 和 TIM3 的各通道输出，使能 TIM2 和 TIM3。

(5) 在完成以上设置之后，需要开启 TIM2 和 TIM3 的相关通道输出。

(6) 修改 TIMx_CCR2 来控制占空比。

通过以上六个步骤，就可以控制定时器 TIM2 和 TIM3 的相应通道输出 PWM 信号，从而控制舵机动作。

根据以上步骤，在 pwm.c 文件中编写这两个定时器的初始化函数。

```
#include "pwm.h"
//TIM3 PWM 部分初始化
//PWM 输出初始化
//arr：自动重装值
//psc：时钟预分频数
void TIM3_PWM_Init(u16 arr,u16 psc)
{
        GPIO_InitTypeDef GPIO_InitStructure;
        TIM_TimeBaseInitTypeDef   TIM_TimeBaseStructure;
        TIM_OCInitTypeDef   TIM_OCInitStructure;

        RCC_APB1PeriphClockCmd(RCC_APB1Periph_TIM3, ENABLE);  //使能定时器 3 时钟
        RCC_APB2PeriphClockCmd(RCC_APB2Periph_GPIOA| RCC_APB2Periph_AFIO, ENABLE);
            //使能 GPIO 外设和 AFIO 复用功能模块时钟

        GPIO_InitStructure.GPIO_Pin = GPIO_Pin_6 | GPIO_Pin_7; //TIM_CH1,2
        GPIO_InitStructure.GPIO_Mode = GPIO_Mode_AF_PP;   //复用推挽输出
        GPIO_InitStructure.GPIO_Speed = GPIO_Speed_50MHz;
        GPIO_Init(GPIOA, &GPIO_InitStructure);//初始化 GPIO

        /*初始化 TIM3 */
        //设置在下一个更新事件装入活动的自动重装载寄存器周期的值
        TIM_TimeBaseStructure.TIM_Period = arr;
        //设置用来作为 TIMx 时钟频率除数的预分频值
        TIM_TimeBaseStructure.TIM_Prescaler =psc;
        //设置时钟分割:TDTS = Tck_tim
        TIM_TimeBaseStructure.TIM_ClockDivision = 0;
        //TIM 向上计数模式
```

```
        TIM_TimeBaseStructure.TIM_CounterMode = TIM_CounterMode_Up;
        TIM_TimeBaseStructure.TIM_RepetitionCounter=0x0000;
        //根据 TIM_TimeBaseInitStruct 中指定的参数初始化 TIMx 的时间基数单位
        TIM_TimeBaseInit(TIM3, &TIM_TimeBaseStructure);

        /*初始化 TIM3 Channel2 PWM 模式*/
        //选择定时器模式:TIM 脉冲宽度调制模式 2
        TIM_OCInitStructure.TIM_OCMode = TIM_OCMode_PWM2;
        //比较输出使能
        TIM_OCInitStructure.TIM_OutputState = TIM_OutputState_Enable;
        TIM_OCInitStructure.TIM_OutputNState = TIM_OutputState_Disable;
        //输出极性:TIM 输出极性为高电平
        TIM_OCInitStructure.TIM_OCPolarity = TIM_OCPolarity_Low;
        TIM_OCInitStructure.TIM_OCNPolarity = TIM_OCPolarity_High;
        TIM_OCInitStructure.TIM_OCIdleState=TIM_OCIdleState_Set;
        TIM_OCInitStructure.TIM_OCNIdleState=TIM_OCIdleState_Reset;

        //根据 T 指定的参数初始化外设 TIM3 OC1
        TIM_OC1Init(TIM3, &TIM_OCInitStructure);
        //根据 T 指定的参数初始化外设 TIM3 OC2
        TIM_OC2Init(TIM3, &TIM_OCInitStructure);
        //使能 TIM3 在 CCR1 上的预装载寄存器
        TIM_OC1PreloadConfig(TIM3, TIM_OCPreload_Enable);
        //使能 TIM3 在 CCR2 上的预装载寄存器
        TIM_OC2PreloadConfig(TIM3, TIM_OCPreload_Enable);
        TIM_Cmd(TIM3, ENABLE);   //使能 TIM3
}

//TIM2 四路 PWM 初始化
//PWM 输出初始化
//arr: 自动重装值
//psc: 时钟预分频数
//////////////////////
void TIM2_PWM_Init(u16 arr,u16 psc)
{
        GPIO_InitTypeDef GPIO_InitStructure;
        TIM_TimeBaseInitTypeDef   TIM_TimeBaseStructure;
        TIM_OCInitTypeDef   TIM_OCInitStructure;

        RCC_APB1PeriphClockCmd(RCC_APB1Periph_TIM2, ENABLE);   //使能定时器 2 时钟
```

```
RCC_APB2PeriphClockCmd(RCC_APB2Periph_GPIOA  | RCC_APB2Periph_AFIO, ENABLE);
    //使能 GPIO 外设和 AFIO 复用功能模块时钟

GPIO_InitStructure.GPIO_Pin =
    GPIO_Pin_0|GPIO_Pin_1|GPIO_Pin_2|GPIO_Pin_3;
GPIO_InitStructure.GPIO_Mode = GPIO_Mode_AF_PP;  //复用推挽输出
GPIO_InitStructure.GPIO_Speed = GPIO_Speed_50MHz;
GPIO_Init(GPIOA, &GPIO_InitStructure);//初始化 GPIO

/*初始化 TIM2*/
//设置在下一个更新事件装入活动的自动重装载寄存器周期的值
TIM_TimeBaseStructure.TIM_Period = arr;
//设置用来作为 TIMx 时钟频率除数的预分频值
TIM_TimeBaseStructure.TIM_Prescaler =psc;
//设置时钟分割:TDTS = Tck_tim
TIM_TimeBaseStructure.TIM_ClockDivision = 0;
//TIM 向上计数模式
TIM_TimeBaseStructure.TIM_CounterMode = TIM_CounterMode_Up;
TIM_TimeBaseStructure.TIM_RepetitionCounter=0x0000;
//根据 TIM_TimeBaseInitStruct 中指定的参数初始化 TIMx 的时间基数单位
TIM_TimeBaseInit(TIM2, &TIM_TimeBaseStructure);

/*初始化 TIM2 Channel2 PWM 模式  */
//选择定时器模式:TIM 脉冲宽度调制模式 2
TIM_OCInitStructure.TIM_OCMode = TIM_OCMode_PWM2;
//比较输出使能
TIM_OCInitStructure.TIM_OutputState = TIM_OutputState_Enable;
TIM_OCInitStructure.TIM_OutputNState = TIM_OutputState_Disable;
//输出极性:TIM 输出极性为高电平
TIM_OCInitStructure.TIM_OCPolarity = TIM_OCPolarity_Low;
TIM_OCInitStructure.TIM_OCNPolarity = TIM_OCPolarity_High;
TIM_OCInitStructure.TIM_OCIdleState=TIM_OCIdleState_Set;
TIM_OCInitStructure.TIM_OCNIdleState=TIM_OCIdleState_Reset;

//根据 T 指定的参数初始化外设 TIM OC1
TIM_OC1Init(TIM2, &TIM_OCInitStructure);
//根据 T 指定的参数初始化外设 TIM OC2
TIM_OC2Init(TIM2, &TIM_OCInitStructure);
//根据 T 指定的参数初始化外设 TIM OC3
TIM_OC3Init(TIM2, &TIM_OCInitStructure);
```

```
//根据 T 指定的参数初始化外设 TIM OC4
TIM_OC4Init(TIM2, &TIM_OCInitStructure);

//使能 TIM 在 CCR1 上的预装载寄存器
TIM_OC1PreloadConfig(TIM2, TIM_OCPreload_Enable);
//使能 TIM 在 CCR2 上的预装载寄存器
TIM_OC2PreloadConfig(TIM2, TIM_OCPreload_Enable);
//使能 TIM 在 CCR3 上的预装载寄存器
TIM_OC3PreloadConfig(TIM2, TIM_OCPreload_Enable);
//使能 TIM 在 CCR4 上的预装载寄存器
TIM_OC4PreloadConfig(TIM2, TIM_OCPreload_Enable);

TIM_Cmd(TIM2, ENABLE);   //使能 TIM2
}
```

上述代码中使用的函数，均是固件库中的 stm32f10x_tim.c 文件所提供的，且注释比较详细，因此不再一一赘述。

控制舵机的 PWM 信号周期是 20 ms，所以定时器频率 F 需设置为 50 Hz。当前使用 STM32 芯片的主频是 72 MHz，根据计算定时器频率的公式：

F=72M/[(ARR+1)*(PSC+1)]

可以得到定时器的 ARR 和 PSC 寄存器可分别设置为 14400-1 及 100-1。

在 main 函数中调用初始化函数时，调用参数如下：

```
TIM2_PWM_Init(14400-1,100-1);//50Hz
TIM3_PWM_Init(14400-1,100-1);
```

在 main.c 文件中增加上述语句，完成对定时器的初始化。

```
#include  "stm32f10x.h"
#include  "stdio.h"
#include  "usart.h"
#include  "delay.h"
#include  "pwm.h"

int main(void)
{
    //延时初始化，提供两个毫秒、微秒级别的延时函数
    delay_init();
    //串口初始化，将串口1的波特率配置为115200，可用此波特率与电脑相连
    bsp_InitCOM1(115200);

    //初始化定时器2和定时器3，产生50Hz的PWM方波
    TIM2_PWM_Init(14400-1,100-1);//50Hz
    TIM3_PWM_Init(14400-1,100-1);
```

```
while(1)
{
        //使用printf向串口1输出调试信息
        printf("每隔1秒输出此信息...\n");
        //延时1秒
        delay_ms(1000);
    }
}
```

3．软件仿真

定时器初始化完成后，需要确认定时器是否已经能够定时输出 PWM 波形。此时，可以在 MDK 环境下使用软件仿真来查看定时器的输出情况，而不需要再架设示波器或者逻辑分析仪之类的仪器。教学机器人使用的单片机是 STM32F103RBT6，可以正常使用软件仿真调试。

设置 MDK 软件仿真的步骤如下：

(1) 打开工程选项卡，如图 3-11 所示。

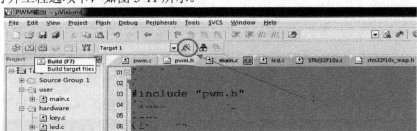

图 3-11　打开工程选项卡

(2) 根据自己使用的芯片设置主频，如图 3-12 所示。

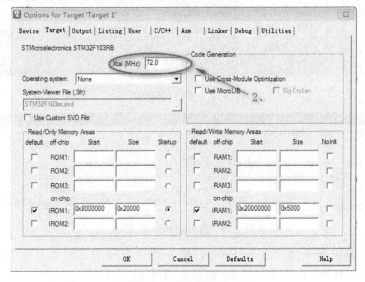

图 3-12　设置芯片主频

(3) 在选项卡中选择软件仿真，如图 3-13 所示。需要注意的是软件仿真部分最下面的两个 Parameter 文本框，如果这两个文件框中的内容填写不正确，可能会导致查找不到引脚的信号。

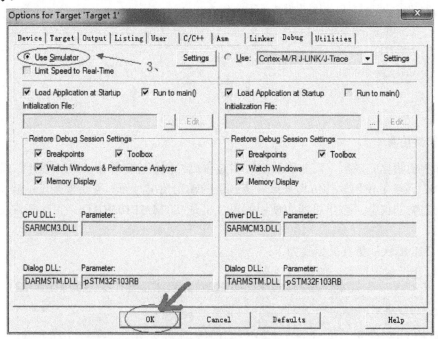

图 3-13　选择软件仿真

(4) 设置完成后可以进行仿真，并打开逻辑分析界面，如图 3-14 和图 3-15 所示。

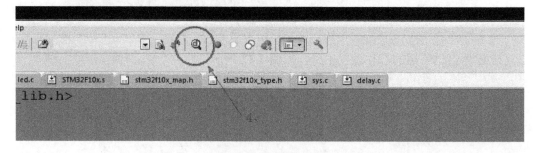

图 3-14　进行代码仿真

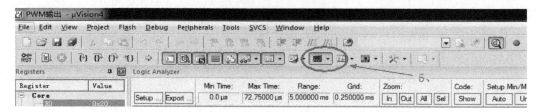

图 3-15　打开逻辑分析界面

(5) 打开引脚设置界面，点击 Setup，输入想要查看的定时器对应引脚，比如想看 PA1，就可以输入 PORTA.1，如图 3-16 和图 3-17 所示。

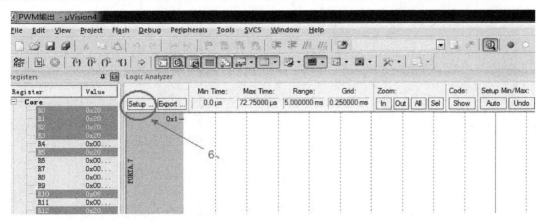

图 3-16　打开引脚设置界面

图 3-17　添加要分析的引脚

（6）设置完成后，就可以运行程序。运行程序时，需要启动主任务函数。运行程序后就应该可以看到波形了，如果还看不到，就在图 3-18 左侧灰色部分选中引脚号，然后点击右键，选择波形输出方式为位(BIT)，应该就可以看到了，如图 3-19 所示。

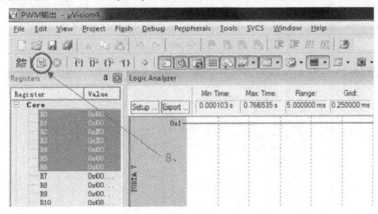

图 3-18　开始运行程序

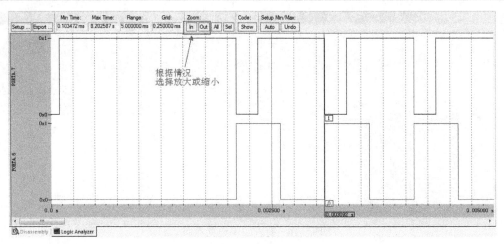

图 3-19　查看波形

定时器初始化及仿真的视频，可通过扫描右侧二维码观看。

4．舵机角度控制

定时器实验

舵机的角度是通过更改 PWM 信号的占空比来控制的。而定时器产生的 PWM 信号的占空比由 CCR 寄存器的值决定。周期是 20 ms，而占空比的计算公式为 CCR/ARR，2.5 ms 的高电平意味着占空比为 2.5/20，则 CCR 的数值为 2.5/20×14400=1800。也就是说要想得到 180°的角，给定时器中的 CCR 寄存器的值应该是 1800，中点位置 90°角 1.5 ms 的高电平需要给定时器中 CCR 寄存器的值就应该是 1.5/20×14400=1080。

教学机器人有六个舵机，分别由两个定时器的六个通道进行控制。新建 action 模块(即 action.c 文件和 action.h 文件)保存到 control1\user 文件夹下，并将 action.c 文件添加到项目工程的 user 目录中，如图 3-20 所示。

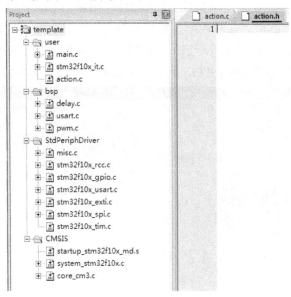

图 3-20　项目工程目录

在 action.c 文件中编写修改占空比的函数 DJ_Change_Angle( )：

```
//舵机匹配通道
①void DJ_Change_Angle(
②      u8 channel, TIM_TypeDef * timer, u16 actionPwm)
{
      switch(channel){
            case 1:
③                  TIM_SetCompare1(timer,actionPwm);
                  break;
            case 2:
                  TIM_SetCompare2(timer,actionPwm);
                  break;
            case 3:
                  TIM_SetCompare3(timer,actionPwm);
                  break;
            case 4:
                  TIM_SetCompare4(timer,actionPwm);
                  break;
            default:
                  break;
      }
}
```

①处的代码定义了名为 DJ_Change_Angle 的函数，void 代表没有返回值。

②处的代码是函数 DJ_Change_Angle 所定义的三个传递参数，分别是通道号、定时器以及寄存器 CCR 的值。调用此函数时传递的这三个参数，可以确定具体修改哪个寄存器的第几通道的 CCR 寄存器值，由此可以更改该通道所对应舵机的角度，从而控制该舵机的转动。

③处调用了固件库 stm32f10x_tim.c 文件中的 TIM_SetCompareX 函数，其功能是设置 CCR 寄存器的数值。

以将中部舵机转动至 90°为例。由于舵机的脉冲范围是 0.5 ms～2.5 ms，所对应的角度值为 0°～180°，因此 90°所对应的是中点的脉冲值 1.5 ms。而根据占空比计算公式可算出，1.5 ms 的高电平宽度所对应的 CCR 寄存器值为 1.5/20 × 14400=1080。又根据定时器与舵机对应表 3-1，控制中部舵机的是 TIM3 的二通道，所以使舵机转动至 90°需调用 DJ_Change_Angle 函数，且其传递参数为

```
DJ_Change_Angle(2,TIM3,1080);
```

5．舵机初始位置

为使教学机器人各关节有较大活动空间，一般会在程序启动后将舵机的位置转动至中点(也就是 90°角的位置)。因此，DJ_Change_Angle 函数的调用是在 main 函数中、while

语句之前。

在 main.c 文件中调用 action.c 文件中的 DJ_Change_Angle 函数，叫作函数的外部调用。需要先在外部文件，即 main.c 文件中声明此函数。为了方便管理，将 action.c 文件中可以被外部调用的函数的声明统一放到 action.h 文件中。需要使用这些函数的文件时，只要包含 action.h 头文件，即可调用这些函数。

编写 action.h 头文件如下：

```
#ifndef _ACTION_H_
①#define _ACTION_H_
#include "stm32f10x.h"

②void DJ_Change_Angle(u8 channel,TIM_TypeDef * timer,u16 actionPwm);

#endif
```

①处的代码，是不带参数的宏定义的用法。定义的_ACTION_H_，作用是防止头文件被重复包含。

②处是 DJ_Change_Angle 函数的声明。

修改 main.c 文件，将中部舵机置于 90°角位置。

```
#include    "stm32f10x.h"
#include    "stdio.h"
#include    "usart.h"
#include    "delay.h"
#include    "pwm.h"
#include    "action.h"

int main(void)
{
    //延时初始化，提供两个毫秒、微秒级别的延时函数
    delay_init();
    //串口初始化，将串口1的波特率配置为115200，可用此波特率与电脑相连
    bsp_InitCOM1(115200);

    //初始化定时器2和定时器3，产生50Hz的PWM方波
    TIM2_PWM_Init(14400-1,100-1);//50Hz
    TIM3_PWM_Init(14400-1,100-1);

    //舵机中点
    DJ_Change_Angle(2,TIM3,1080);

    while(1)
```

```
    {
            //使用printf向串口1输出调试信息
            printf("每隔1秒输出此信息...\n");
            //延时1秒
            delay_ms(1000);
    }
```

代码编译成功后，下载到控制板上运行，查看运行结果。可通过扫描右侧二维码观看视频。

舵机控制实验

3.2.4　代码优化

代码优化是指对代码进行功能、代码量、稳定性等方面的优化改进的过程。通过对代码的优化，可以减少代码量，提高程序稳定性，并使代码的逻辑更清晰，更容易让人理解。

1．优化舵机转速

在上一节中，程序通过调用 action.c 文件中的函数 DJ_Change_Angle( )实现了控制中部舵机转动的功能。将程序下载并运行后会发现，舵机从当前位置转到一个新的位置是需要响应时间的。如果转动角度过大，转动速度过快，会对机械臂的稳定性造成影响。要解决此问题，可以写一个新的函数，将中部舵机从当前位置一点点地转动到新的位置，具体代码如下：

```
void servo_action_base(u16 start,u16 end)
{
        int action_offset = 8;
④      u16 actionTmp = start;//得到起始位置

        //循环转动舵机
①      for(⑤;actionTmp!=end;⑥)
②      {
⑧              DJ_Change_Angle(2,TIM3,actionTmp);
                //角度逐渐变小
                if(start >= end)
                {
                        if(actionTmp - action_offset>=end)
⑦                              actionTmp -= action_offset;
                        else
                                actionTmp = end;
                }
                else //角度逐渐变大
                {
```

```
                    if(actionTmp + action_offset<=end)
                        actionTmp += action_offset;
                else
                        actionTmp = end;
            }
        //加延时，等待舵机响应
        delay_ms(10);
③   }
}
```

①处的代码，是简化的迭代结构 for 循环。由于变量在 for 语句之前被初始化(④处的语句)，因此在⑤处不需要再次初始化，以空语句"；"代替即可。同理，在⑥处省略了更新循环变量，这种情况下，一般会在循环语句(②、③之间的语句)中处理循环变量的更新。

⑦处的变量 action_offset 决定了舵机每次转动的最小角度。舵机转动时，并非如上节一样直接转到最终位置，而是每次转动 action_offset 角度，直到达到最终位置 end 后停止转动，从而达到慢慢转动舵机的目的。

2．优化舵机控制函数

上面的函数(⑧处)在 for 循环语句中调用 DJ_Change_Angle(2,TIM3,actionTmp)语句时传递的是 TIM3 的第 2 通道，因此，此函数只能转动中部舵机。如果要控制其他舵机，就需要将定时器和通道号作为参数进行传递，如 DJ_Change_Angle 函数一样。但通过使用 DJ_Change_Angle 函数会发现，在控制不同舵机时，需要不时查询舵机与定时器通道的对照表。

比如要控制底盘舵机，需要通过查表 3-1 得知控制底盘舵机的是定时器 3 的一通道，才能将"TIM3，1"这两个参数传递到函数中。同时，在其他程序员阅读这段程序时，也要通过"TIM3，1"这两个参数，反推出所控制的舵机，才能知道这行语句的具体功能。为了解决这个问题，更直观地表现函数与舵机的对应关系，增加程序的可读性，可以使用枚举来优化代码。

首先在 action.h 文件中定义一个枚举类型 DJ_NUMBER，用来记录教学机器人六个关节所对应舵机的名称。将枚举类型定义在头文件中，则在其他包含了此头文件的文件中可以直接使用该类型定义变量。

```
//舵机号
typedef  enum DJ_NUMBER{
        TABLE_ANGLE=0,//底部转盘
        BRACKET_BOTTOM,//底部舵机
        BRACKET_MID,//中部舵机
        BRACKET_TOP,//上部舵机
        CLAW_ANGLE,//手爪角度
        CLAW_STATUS//手爪状态
}DJ_NUMBER;
```

同时，使用 typedef 关键字将枚举类型定义成别名，即可使用该别名直接进行变量声明，例如：

DJ_NUMBER CtrlType；//定义 DJ_NUMBER 类型的变量 CtrlType

其次，在 action.c 文件中定义一个结构体，用来记录各个舵机当前的 PWM 值、对应的定时器和定时器通道号。同时，通过结构体中的一个枚举类型变量 number，将舵机名称与该舵机的定时器、通道号和 PWM 值联系起来。

```
typedef struct DJ_PARAM{
        enum DJ_NUMBER number;
        u16 pwm;
        TIM_TypeDef * timer;
        const u8 channel;
}DJ_PARAM;
```

再次，在 action.c 文件中声明一个全局的 DJ_PARAM 结构体数组，并初始化该数组。之后若舵机转动，相应的 PWM 值也应存到此全局数组中。

```
#define SERVONUM 6 //舵机数量

//给各个舵机一个初始的 PWM 值
struct DJ_PARAM DJ_Param[SERVONUM]={
        {TABLE_ANGLE,1080,TIM3,1},    //底部转盘舵机，初始 PWM 值 1080，定时器 3 通道 1
        {BRACKET_BOTTOM,1080,TIM2,4},
        {BRACKET_MID,1080,TIM3,2},
        {BRACKET_TOP,1080,TIM2,3},
        {CLAW_ANGLE,1080,TIM2,2},
        {CLAW_STATUS,1080,TIM2,1}
};
```

变量 number 为枚举类型 DJ_NUMBER，因此取值为 0～5，与数组索引相同，故可用此数组元素来代表舵机相关参数。例如 DJ_Param[TABLE_ANGLE]即可用来表示底部转盘舵机的相关参数。

因为舵机角度变化有两种可能，从小到大，或者是从大到小，所以在 action.c 文件中定义两个函数，用来增减角度值。

```
u8 ServoAngleOffset = 8; //全局变量，舵机角度偏移量

//舵机增加角度
u16 djAddAngle(u16 actionPwm,u16 upLimit){
        if(actionPwm + ServoAngleOffset <upLimit)
                return actionPwm+ServoAngleOffset;
        else
                return upLimit;
}
```

```
//舵机减少角度
u16 djReduceAngle(u16 actionPwm,u16 downLimit){
        if(actionPwm-ServoAngleOffset > downLimit)
                return actionPwm-ServoAngleOffset;
        else
                return downLimit;
}
```

最后，定义一个操作各个舵机的通用函数，其参数仅有两个：想要操作的舵机枚举变量和占空比值。

```
/*基础动作，每一个动作由舵机分解处理
        参数1：舵机号，参数2：占空比值
*/
void action_basic(DJ_NUMBER number,u16 actionPwm)
{
        u16 actionPwmOld=DJ_Param[number].pwm;

    //定义函数指针
        u16 (*pdf_DJ_ChangeAngle)(u16 actionPwm,u16 limit);

    //为了使舵机转动的更加平稳，可以将转动偏移量设置的再小点
        ServoAngleOffset = 4;

        if(actionPwmOld==actionPwm) {
                DJ_Change_Angle(DJ_Param[number].channel,
            DJ_Param[number].timer,actionPwmOld);
                return;
        }

        if(actionPwmOld < actionPwm) {
        //调用增加角度函数
                pdf_DJ_ChangeAngle=djAddAngle;
        }
        else {
                //调用减小角度函数
                pdf_DJ_ChangeAngle=djReduceAngle;
        }

    //循环转动舵机
```

```
        for(actionPwmOld=pdf_DJ_ChangeAngle(actionPwmOld,actionPwm);
            actionPwmOld!=actionPwm;
        actionPwmOld=pdf_DJ_ChangeAngle(actionPwmOld,actionPwm))
        {
        DJ_Change_Angle(DJ_Param[number].channel,DJ_Param[number].timer,
                        actionPwmOld);
            delay_ms(10);
        }
        DJ_Param[number].pwm=actionPwm;
}
```

　　函数修改完毕，可在 main 函数中调用，并检验其功能。将 action_basic( )函数的声明添加到头文件 action.h 中：

```
#ifndef _ACTION_H_
#define _ACTION_H_
#include "stm32f10x.h"
#include "delay.h"

//舵机号
typedef   enum DJ_NUMBER{
        TABLE_ANGLE=0,//底部转盘
        BRACKET_BOTTOM,//底部舵机
        BRACKET_MID,//中部舵机
        BRACKET_TOP,//上部舵机
        CLAW_ANGLE,//手爪角度
        CLAW_STATUS//手爪状态
}DJ_NUMBER;


//void DJ_Change_Angle(u8 channel,TIM_TypeDef * timer,u16 actionPwm);
void action_basic(DJ_NUMBER number,u16 actionPwm);
#endif
```

　　在 main.c 文件中包含 action.h 文件，并用 action_basic( )函数替代 DJ_Change_Angle( )函数，代码如下：

```
//省略部分头文件
#include   "action.h"

int main(void)
{
    //延时初始化，提供两个毫秒、微秒级别的延时函数
```

```
    delay_init();
    //串口初始化，将串口1的波特率配置为115200，可用此波特率与电脑相连
    bsp_InitCOM1(115200);

    //初始化定时器2和定时器3，产生50Hz的PWM方波
    TIM2_PWM_Init(14400-1,100-1);//50Hz
    TIM3_PWM_Init(14400-1,100-1);

    //舵机中点
    //DJ_Change_Angle(2,TIM3,1080);
    action_basic(BRACKET_MID,1080);
    while(1)
    {
        //使用printf向串口1输出调试信息
        printf("每隔1秒输出此信息...\n");
        //延时1秒
        delay_ms(1000);
    }
}
```

代码编译成功后，下载到控制板上运行，查看运行结果。可通过扫描右侧二维码观看视频。

舵机速度优化

3. 优化角度计算

上述代码已完成基本功能，但每次转动时仍需要先根据角度计算PWM 值，然后传入 action_basic( )函数。如果能直接传入角度值，则更为直观。因此，在 action.c 文件中增加一个空函数，其参数为舵机名称编号及转动的角度值，代码如下：

```
/*基础动作，每一个动作由舵机分解处理
    参数1：舵机号，参数2：舵机角度值
*/
void action_basic_angle(DJ_NUMBER number,u32 angle)
{

}
```

此函数可通过调用 action_basic( )函数来实现舵机转动，但由于参数不同，还需要把角度值转换为 PWM 值。转换过程为先将角度值转换成 PWM 信号的脉冲值，再将此脉冲值转换为占空比值（即定时器的 CCR 寄存器的取值）。

在 action.c 文件中增加两个转换函数。一个是将角度值转换成舵机的脉冲值，函数代码如下：

```
#define SERVO_SIGN_MAX 2500   //脉冲信号最大值
```

```
#define SERVO_SIGN_MIN 500   //脉冲信号最小值

/*
        将角度值转换为舵机的脉冲值
*/
u32 angle2signal(u16 a)
{
        return ((SERVO_SIGN_MAX-SERVO_SIGN_MIN)*a/180.0+SERVO_SIGN_MIN);
}
```

角度值转换成脉冲值之后，再将脉冲值转换成占空比值，函数代码如下：

```
#define TIM_PERIOD 14400   //定时器自动装载值

/*
        将高电平信号时长转换为定时器当前频率下的定时器值
        比如高电平信号时长为 1.5ms，1.5/20*14400 = 1800
*/
u32 signal2TIM(u32 pulseNum)
{
        return pulseNum/20*TIM_PERIOD/1000;
}
```

根据上述两个转换函数，补全 action_basic_angle( )函数，通过将角度值转换为占空比值传入给 action_basic( )函数，实现舵机的转动，代码如下：

```
/*基础动作，每一个动作由舵机分解处理
        参数1：舵机号，参数2：舵机角度值
*/
void action_basic_angle(DJ_NUMBER number,u32 angle)
{
        action_basic(number,signal2TIM((angle2signal(angle))));
}
```

将 action_basic_angle( )函数的声明添加到 action.h 文件中：

```
#ifndef _ACTION_H_
#define _ACTION_H_
#include "stm32f10x.h"
#include "delay.h"
//省略…

//void action_basic(DJ_NUMBER number,u16 actionPwm);
void action_basic_angle(DJ_NUMBER number,u32 angle);
```

```
#endif
```

通过以上代码的优化，可以看到，教学机器人的运行更加快速和稳定。当实现教学机器人功能(如存储、人机交互等)后，再次查看这些代码，可能仍能找到可以优化改进之处。由此可见，持续性地对代码进行优化是很有必要的，并且，优化代码相当于在不改变代码基本功能的基础上，对代码进行整体性的精简、重构，可以加深程序员对程序整体性的把握，这对编程水平的提高很有帮助。

3.2.5　舵机转动演示

上述函数测试成功后，在 main 函数中调用即可实现对六个舵机不同角度的转动。下面将通过修改代码，实现让中部舵机在 0°和 90°之间来回转动的功能，具体步骤如下：

(1) 打开 main.c 文件。在 main 函数上面，定义一个新的函数，函数内容如下所示(BRACKET_MID 是 DJ_NUMBER 枚举变量的中部舵机)：

```
void ActionMidServo()
{
        action_basic_angle(BRACKET_MID,90);
        delay_ms(1000);
        action_basic_angle(BRACKET_MID,0);
        delay_ms(1000);
        action_basic_angle(BRACKET_MID,90);
        delay_ms(1000);
        action_basic_angle(BRACKET_MID,0);
}
```

(2) 在 main 函数里调用 action_basic( )函数，将机械臂恢复到初始位置，然后延时 1000 ms，再调用刚定义好的函数，代码如下：

```
#include    "stm32f10x.h"
#include    "stdio.h"
#include    "usart.h"
#include    "delay.h"
#include    "pwm.h"
#include    "action.h"

void ActionMidServo()
{
        action_basic_angle(BRACKET_MID,90);
        delay_ms(1000);
        action_basic_angle(BRACKET_MID,0);
        delay_ms(1000);
        action_basic_angle(BRACKET_MID,90);
```

```
        delay_ms(1000);
        action_basic_angle(BRACKET_MID,0);
}


int main(void)
{
        //延时初始化，提供两个毫秒、微秒级别的延时函数
        delay_init();
        //串口初始化，将串口1的波特率配置为115200，可用此波特率与电脑相连
        bsp_InitCOM1(115200);

        //初始化定时器2和定时器3，产生50Hz的PWM方波
        TIM2_PWM_Init(14400-1,100-1);//50Hz
        TIM3_PWM_Init(14400-1,100-1);
        //舵机中点
        action_basic(BRACKET_MID,1080);
        delay_ms(1000);

        ActionMidServo();
        while(1)
        {
                //使用printf向串口1输出调试信息
                printf("每隔1秒输出此信息...\n");
                //延时1秒
                delay_ms(1000);
        }
}
```

(3) 按 F7 键或者点击 Build 按钮，对修改好的代码进行编译。确定编译成功后，点击下载或仿真按钮，将代码下载到开发板中，运行后查看舵机转动效果。可通过扫描右侧二维码观看视频。

舵机转动演示

3.2.6 多舵机并行

需要用到多个舵机时，可以连续调用 action_basic_angle( )函数。修改上例中的 ActionMidServo( )函数，改为连续转动多个舵机至中点位置。代码如下：

```
void ActionMidServo()
{
        action_basic_angle(TABLE_ANGLE,90);//转动底盘舵机至中点
        delay_ms(1000);
```

```
        action_basic_angle(BRACKET_BOTTOM,0); //底部舵机
        delay_ms(1000);
        action_basic_angle(BRACKET_MID,90); //中部舵机
        delay_ms(1000);
        action_basic_angle(BRACKET_TOP,0); //上部舵机
}
```

上述代码可以实现多个舵机位置的转动，但是其转动有先后。从代码角度来说，哪个舵机的转动函数写在前面，就会先转动哪个，后转动的有至少 1 s 的时间差。作为教学机器人启动时置舵机到中点位置，是可以的。但在某些对时间要求比较严格的场景，往往需要将舵机同时进行转动。

下面仿照前文转动舵机的函数，在 action.c 文件中定义两个新的函数 action_basic_parallel( )和 action_basic_parallel_angle( )，来实现六个舵机的并行转动。这个函数实现较为繁琐，根据注释，理解其思路即可。

定义完成后，将函数的声明加入到 action.h 文件中。代码如下：

```
#include "action.h"
#include "stdlib.h"   //使用了求绝对值的 abs()函数需包含此头文件


/*...省略部分宏定义*/

/*下面定义的是定时器在当前频率下的占空比数值，是根据公式计算得出
        比如中点位置高电平时长为1.5 ms，定时器的值为1.5/20*14400=1080
        其中14400是定时器初始化时，定时器更新事件装入活动的自动重装载寄存器周期的值
*/
#define SERVO_OFFSET_MAX 1800   //舵机偏移量的最大值
#define SERVO_OFFSET_MIN 360     //舵机偏移量的最小值
#define SERVO_OFFSET_MID 1080   //舵机偏移量的中间值
#define SERVO_OFFSET 80   //舵机偏移量
typedef enum {FALSE = 0, TRUE = !FALSE} bool;

/*...省略前文部分代码*/
/*
        函数功能:并行执行所有舵机动作
        参数:各个舵机pwm值，填写的顺序和DJ_NUMBER枚举顺序一致，个数为6
*/
void action_basic_parallel(u32* actionPwm)
{
        u16 actionPwmOld[SERVONUM]={0};
        u8 Count = 0; //按位记录各个关节是否已经到位
        u16 (*pdf_DJ_ChangeAngle)(u16 actionPwm,u16 limit);
```

```
int i = 0;
u16 offsetCount = 0;
u16 ServoOffset[6] ={0};
if(actionPwm == 0)
        return;

//保证所有舵机动作同时完成
for(i = 0;i<SERVONUM;i++)
{
        if(DJ_Param[i].pwm!=actionPwm[i])
        {
                offsetCount = abs(actionPwm[i]-DJ_Param[i].pwm)/100;
                if(offsetCount<1)
                        ServoOffset[i] = 1;
                else
                        ServoOffset[i] = offsetCount;
        }
}

while(TRUE)
{
        for(i = 0;i<SERVONUM;i++)
        {
                actionPwmOld[i]=DJ_Param[i].pwm;
                //当条件不满足时，不进行角度调整
                if(actionPwm[i]>SERVO_OFFSET_MAX||
                        actionPwm[i]<SERVO_OFFSET_MIN)
                {
                        Count=Count|(1<<i);
                        continue;
                }
                if(actionPwmOld[i]==actionPwm[i]) {
                        DJ_Change_Angle(DJ_Param[i].channel,
                                DJ_Param[i].timer,actionPwmOld[i]);
                        Count=Count|(1<<i);
                        continue;
                }
                ServoAngleOffset = ServoOffset[i];
                if(actionPwmOld[i]<actionPwm[i]) {
```

```
                        pdf_DJ_ChangeAngle=djAddAngle;
                }
                else {
                        pdf_DJ_ChangeAngle=djReduceAngle;
                }
                actionPwmOld[i]=
                        pdf_DJ_ChangeAngle(actionPwmOld[i],actionPwm[i]);
                DJ_Change_Angle(DJ_Param[i].channel,
                        DJ_Param[i].timer,actionPwmOld[i]);
                DJ_Param[i].pwm=actionPwmOld[i];
        }
        //各位关节都已经活动到位则退出
        if(Count ==0x3f)
        {
                ServoAngleOffset = 8;
                return;
        }
        delay_ms(10);
    }
}
/*

    函数功能：并行执行所有舵机动作
    参数：各个舵机目标角度值，填写的顺序和DJ_NUMBER枚举顺序一致，个数为6
*/
void action_basic_parallel_angle(u32* actionAngle)
{
    int i = 0;
    u32 anglePwm[SERVONUM]={0};
    if(actionAngle == 0)
        return;
    for(i = 0;i<SERVONUM;i++)
    {
        anglePwm[i] = signal2TIM((angle2signal(actionAngle[i])));
    }
    action_basic_parallel(anglePwm);
}
```

3.2.7　舵机并行演示

下面演示通过修改代码并行转动多个位置的舵机，实现机械臂两个位置来回转动的功能，具体步骤如下：

(1) 打开 main.c 文件，删除函数 ActionMidServo( )。

(2) 在 main 函数上面，定义一个新的函数，函数内容如下：

```c
void ActionServos()
{
    u32 pwmParallel1[6]= {180,135,45,135,90,90};
    u32 pwmParallel2[6]= {90,135,135,180,0,55};

    action_basic_parallel_angle(pwmParallel1);
    delay_ms(1000);
    action_basic_parallel_angle(pwmParallel2);
    delay_ms(1000);
    action_basic_parallel_angle(pwmParallel1);
    delay_ms(1000);
    action_basic_parallel_angle(pwmParallel2);
}
```

(3) 在 main 函数里调用 action_basic( ) 函数，将机械臂恢复到初始位置，然后延时 1000 ms，再调用刚定义好的函数：

```c
#include    "stm32f10x.h"
#include    "stdio.h"
#include    "usart.h"
#include    "delay.h"
#include    "pwm.h"
#include    "action.h"

void ActionServos()
{
    /*省略代码*/
}

int main(void)
{
    //延时初始化，提供两个毫秒、微秒级别的延时函数
    delay_init();
    //串口初始化，将串口1的波特率配置为115200，可用此波特率与电脑相连
    bsp_InitCOM1(115200);
```

```
//初始化定时器2和定时器3，产生50Hz的PWM方波
TIM2_PWM_Init(14400-1,100-1);//50Hz
TIM3_PWM_Init(14400-1,100-1);
//舵机中点
action_basic(BRACKET_MID,1080);
delay_ms(1000);

ActionServos();
while(1)
{
        //使用printf向串口1输出调试信息
        printf("每隔1秒输出此信息...\n");
        //延时1秒
        delay_ms(1000);
}
}
```

(4) 按 F7 键或者点击 Build 按钮，对修改好的代码进行编译。确定编译成功后，点击下载或者仿真按钮，将代码下载到开发板中，运行后查看舵机转动效果。可通过扫描右侧二维码观看视频。

舵机并行演示

3.3 外设与接口

外设指的是教学机器人单片机的外部设备，如存储器、显示屏、摄像头、各种传感器等。这些外设根据其所在的位置，也可分为两种：一种是直接被集成到教学机器人控制器上的外设，如存储芯片、位置传感器、霍尔传感器、显示屏等；另一种是在控制器之外，安装到教学机器人本体的外设，如摄像头等。

接口指的是教学机器人单片机与外设通信的接口，常用的有 SPI 接口，I^2C 接口、485 接口等。本节主要介绍单片机的状态显示、按键交互，以及如何通过接口来访问、控制外设。

3.3.1 指示灯

指示灯是硬件设计中常用的器件，用来指示程序运行的各种状态，如数据通信、故障指示等。

本次实验中指示灯使用的是发光二极管(简称 LED)。它的作用是在控制板和上位机通信时进行频闪操作。要实现该功能，需要使用 GPIO 的输出功能，利用输出高低电平来控制 LED 灯的灭和亮。原理图如图 3-21 所示。

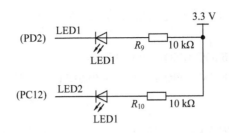

图 3-21　LED 原理图

如图 3-21 所示，终端设备上用来控制 LED 灯的有两个引脚——PD2 和 PC12。本次实验使用的 LED 对应端口是 PC12。当 LED 两端电压压差达到指定值(1.6 V 或更高)时，就会导通发光。因此，让 LED 灯亮，只需要将 PC12 输出低电平(0)就可以了。LED 驱动文件位于./HARDWARE/led.c 中。

1. 函数分析

要实现输出功能，先来分析需要实现的函数：

(1) 初始化函数：用来对引脚进行配置，使它可以输出高低电平。

(2) 点亮 LED 灯和灭掉 LED 灯的函数。

2. 实现函数功能

下面调用固件库的函数来实现这几个函数。因为在模板中已经添加了固件库 GPIO 的外设文件 stm32f10x_gpio.c，所以直接使用其中的函数就可以。

◇　STM32 芯片引脚初始化的流程

(1) 打开 GPIOC 的时钟。

(2) 配置 PC12 为推挽输出模式、引脚速率为 50 MHz。

(3) 调用初始化函数，用第(2)项的参数初始化 PC 口。

◇　STM32 输出高低电平的函数

(1) GPIO_ResetBits：将 GPIO 对应位置 0，输出低电平，LED 灯亮。

(2) GPIO_SetBits：将 GPIO 对应位置 1，输出高电平，LED 灯灭。

具体代码如下：

```
//初始化 PC12 为输出口，并使能这个口的时钟
//LED IO 初始化
void LED_Init(void)
{
 GPIO_InitTypeDef   GPIO_InitStructure;
 RCC_APB2PeriphClockCmd(RCC_APB2Periph_GPIOC, ENABLE);      //使能端口时钟
 GPIO_InitStructure.GPIO_Pin = GPIO_Pin_12;                 //端口配置
 GPIO_InitStructure.GPIO_Mode = GPIO_Mode_Out_PP;          //推挽输出
 GPIO_InitStructure.GPIO_Speed = GPIO_Speed_50MHz;
 GPIO_Init(GPIOC, &GPIO_InitStructure);
}
```

操作 LED 灯亮灭是通过两个宏定义实现的，这两个宏定义需要写在 Led.h 中：

```
//LED 端口定义
#define LED0 {GPIO_WriteBit(GPIOC, GPIO_Pin_12, Bit_SET);}
#define LED1 {GPIO_WriteBit(GPIOC, GPIO_Pin_12, Bit_RESET);}
```

3．实现输出功能

上述操作基本实现了点亮 LED 灯的函数，后续内容要在 main 函数里调用它。要调用一个函数，需要在文件里包含此函数的声明。将 Led.c 中所有可能被外部调用的函数声明都放到 Led.h 文件中，同时，需要让 main.c 文件包含 Led.h。

函数声明如下：

```
//LED 端口定义
#define LED0 {GPIO_WriteBit(GPIOC, GPIO_Pin_12, Bit_SET);}
#define LED1 {GPIO_WriteBit(GPIOC, GPIO_Pin_12, Bit_RESET);}


void LED_Init(void);//初始化
```

在实践中，通常会让 LED 灯以每秒一次的频率闪烁，以便判断程序是否在正常运行。

在模板中提供了一个 delay 延时模块专门用来提供延时函数。其中，delay_ms 可以用来提供毫秒级别的延时，delay_us 可以提供微秒级别的延时。延时的具体参数可参考源代码。使用这两个函数，同样要包含对应的头文件 delay.h。完成后的代码和界面如图 3-22 所示。

```
389  int main(void)
390 ⊟{
391      SystemInit();  //系统初始化 72M
392      delay_init(72);      //延时初始化
393      NVIC_Configuration();
394      TIM2_PWM_Init(TIM_PERIOD-1,TIM_PRESCALER-1);//50Hz,
395      TIM3_PWM_Init(TIM_PERIOD-1,TIM_PRESCALER-1);
396
397      uart1_init();
398      LED_Init();
399
400      I2C_EE_Init();
401      KEY_Init();
402
403      delay_ms(200);
404
405      while(1)
406 ⊟     {
407          delay_ms(1000);
408          LED0
409          delay_ms(1000);
410          LED1
411      }
412      //主任务函数调用
413 //    MainTask((void * )0);
414
415      return 0;
416
417  }
418
```

图 3-22　LED 实验函数

编译通过后，下载到终端设备运行，观察指示灯是否按设计的时间闪烁。扫描右侧二维码可观看演示视频。

指示灯演示

3.3.2　按键

本次实验控制板上共有三个按键，其中一个按键是硬件复位按键，不需要驱动；另外两个按键分别连接到 PC10 和 PC11 口，按动这两个按键会分别启动两个机械臂的动作组。通过连接按键的两个引脚，可以采集到按键的输入状态。按键原理图如图 3-23 所示。按键的定义及其驱动函数位于./HARDWARE/key.c 中。

图 3-23 中，这两个引脚分别是 PC10、PC11。当按键按下时，PCx 引脚与地直接相连，电压为 0(低电平)；当没有按下按键时，PCx 为 3.3 V(高电平)。

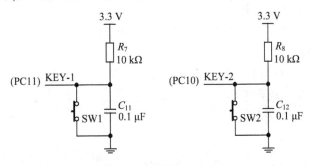

图 3-23　按键原理图

1．分析需要的函数

要实现输入功能，先来分析需要实现的函数：

(1) 初始化函数：用来对引脚进行配置，使它可以采集引脚高低电平状态。

(2) 按键扫描函数：用来实时扫描按键状态。

(3) 按键定义：为了更好地表明两个按键的状态，最好对这两个按键分别定义名称。先查看终端设备按键下方的按键名称，然后与其在 PC 口的位置相对应。

由于这几个名称在其他文件中可能会调用，所以需要定义在 key.h 文件中：

```
#ifndef _KEY_H
#define _KEY_H
#include "stm32f10x.h"


#define KEY0 PCin(10)          //PC10
#define KEY1 PCin(11)          //PC11


void KEY_Init(void);           //IO 初始化
u8 KEY_Scan(void);             //按键扫描函数


#endif
```

2．实现函数功能

调用固件库的函数来实现上述两个函数。由于 GPIO 口的函数都在固件库 GPIO 的外设文件 stm32f10x_gpio.c 中，所以可以直接调用其中的函数。

◇ STM32 引脚初始化的流程

(1) 打开 GPIOC 的时钟。

(2) 配置 PC10、PC11 为下拉输入模式。在输入模式下，引脚速率无意义。输入模式有四种：

- 浮空输入：引脚内部悬空，无上拉下拉电阻，用在一般输入场合。
- 上拉输入：内部带上拉输入，外部可不接上拉电阻。
- 下拉输入：内部带下拉输入，外部可不接下拉电阻。
- 模拟输入：此模式用来测量模拟量。

(3) 调用初始化函数，用第(2)项的参数初始化 PC 口。

◇ 按键扫描宏

此宏就是实时读取 PC 口的状态并进行判断。读取 PC 口状态的宏定义是：

```
#define KEY0 PCin(10)        //PC10
#define KEY1 PCin(11)        //PC11
```

完整的代码如下：

```
#include "stm32f10x.h"
#include "key.h"
#include "sys.h"
#include "delay.h"


/*按键初始化*/
void KEY_Init(void)
{
    GPIO_InitTypeDef GPIO_InitStructure;
    //init GPIOA.13,GPIOA.15  上拉输入
    RCC_APB2PeriphClockCmd(RCC_APB2Periph_GPIOC,ENABLE);
    GPIO_InitStructure.GPIO_Pin  = GPIO_Pin_10|GPIO_Pin_11;
    GPIO_InitStructure.GPIO_Mode = GPIO_Mode_IPU;

    GPIO_Init(GPIOC, &GPIO_InitStructure);
}
/*
    获取按键状态
*/
u8 KEY_Scan(void)
{
    static u8 key_up=1;//按键松开标志

    if(key_up&&(KEY0==0||KEY1==0))
```

```
    {
            delay_ms(10);//去抖动
            key_up=0;
            if(KEY0==0)
            {
                    return 1;
            }
            else if(KEY1==0)
            {
                    return 2;
            }
    }else if(KEY0==1&&KEY1==1)key_up=1;

    return 0;//无按键按下
}
```

3．实现输出功能

上述操作基本实现了按键状态采集的函数。下面要在 main 函数里调用该函数。在实践中可以实现按下 PC10 按键 LED 灯 PC12 灭，按下 PC11 按键 LED 灯 PC12 亮。完成后的代码如下所示：

```
int main(void)
{
    u8   key=0;
    SystemInit();
    delay_init(72);
    NVIC_Configuration();
    TIM2_PWM_Init(TIM_PERIOD-1,TIM_PRESCALER-1);//50Hz
    TIM3_PWM_Init(TIM_PERIOD-1,TIM_PRESCALER-1);

    uart1_init();
    LED_Init();

    I2C_EE_Init();
    KEY_Init();

    delay_ms(200);

    //MainTask((void * )0);
    while(1)
    {
```

```
                key=KEY_Scan();
                if(key==1)
                {
                        LED0
                }
                else if(key==2)
                {
                        LED1
                }
        }
}
```

编译通过后，下载到终端设备运行，观察灯是否达到实验目的。
扫描右侧二维码可观看演示视频。

按键交互演示

3.3.3 USART 串行接口

USART 串行接口(简称串口)是单片机芯片最基础的应用，也是调
试程序较方便的手段。掌握串口的使用，最基本的就是掌握数据的接
收和发送。

本次实验中上位机软件和控制板通信依靠的是串口，而在数据交互过程中，还需要在
交互数据的外层打包上一层协议，具体的协议格式在下章介绍。串口驱动文件存储
在 ./system/usart.c 文件中。函数的处理需要调用固件库中的 stm32f10x_usart.c 文件，所以
需要包含文件 stm32f10x_usart.h。

1. 串口与 RS232/RS485

串口是一个全双工通用同步/异步串行收发模块，是一个高度灵活的串行通信设备。
因此，串口是一个可以完成特定功能(接收和发送数据)的硬件设备，它最基本的功能是完
成并行数据和串行数据的转换。

计算机中的数据以 Byte(字节)为基本单位，对一个 Byte 的存取是并行的，即同时取
得/写入 8 个 bit(比特)。而串行通信，需要把这个 Byte "打碎"，按照时间顺序来收/发以
实现串行。

例如内存中的数据是 1 1 1 0 0 1 0 1，串行发送的实际效果是(按时间排序)：

1
0
1
0
0
1
1
1

接收则是上述过程的逆过程。

这就是 USART 的最基本工作，接着它还要控制"发车的班次"，比如确认一个 Byte 的这 8 个 bit 是什么时候开始的，又是什么时候结束的，两个班次之间至少要隔多长时间的缓冲，等等。

RS232/RS485 是两种不同的电气协议，是对电气特性以及物理特性的规定，作用于数据的传输通路上，并不内含对数据的处理方式。比如 RS232 使用 3～15 V 有效电平，而 USART，因为对电气特性并没有规定，所以直接使用 CPU 所用的电平，就是所谓的 TTL 电平(可能在 0～3.3 V 之间)。更具体而言，电气的特性也决定了线路的连接方式，比如 RS232 规定用电平表示数据，因此线路就是单线路的，用两根线才能达到全双工的目的；RS485 则使用差分电平表示数据，因此，必须用两根线才能达到传输数据的基本要求，而要实现全双工，必须用四根线。无论使用 RS232 还是 RS485，它们与 USART 是相对独立的，由于电气特性的差别，必须要有专用的器件和 USART 进行电平转换，才能完成数据在线路和 USART 间的正常流动。

图 3-24　DB9 接口

RS232 还规定了接口的具体样式，图 3-24 为 DB9 接口。

2．串口功能分析

在教学机器人机械臂控制板上，使用了 STM32 芯片的串口 1 的收发引脚，也就是 PA9、PA10 经过电平转换芯片后作为串口的收/发引脚。其原理图如图 3-25 所示。

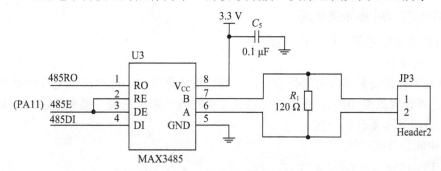

图 3-25　RS485 原理图

由于在控制板上，使用的是跳线选择使用 RS232 还是 RS485，所以需要将路线帽跳到 RS485 这边才能够正确使用，如图 3-26 所示。

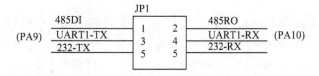

图 3-26　接口选择

STM32 芯片的 PA 是通用输入/输出口，它用作串口时使用的是其引脚复用功能。通过引脚复用，PA9、PA10 就不能再作为普通的 IO 口使用，而只能作为串口的收/发引脚来使用。

3．分析需要的函数

首先要有初始化函数，对上述引脚进行初始化。

除了初始化函数外，如果要收/发数据，还需要至少一个发送函数和一个接收函数。

接收数据方式有查询和中断两种，本例中采用中断方式。发送函数、接收函数和中断处理函数是靠一个全局缓冲区来交互数据的。

在实践中，有时候要发送一串字符(字符末尾自带结束符\0)，有时候又要发送一串十六进制数，因此发送函数最好是两个，一个用来发送字符串，一个用来发送十六进制数据。这两个函数大部分代码是一样的，只是对要发送数据的结尾的处理不同。

4．ASCII 和十六进制

从本质上来说，十六进制和 ASCII 码是一样的，其存储都是二进制 0 和 1 的组合。ASCII 码的表示方法也可以是十六进制数，它是用特定的、指定的十六进制数来表示字符的一种方法。比如字母 A，它的 ASCII 就是 65(十进制)，其十六进制值就是 0x41。比如数字 0，它的 ASCII 码的十六进制值就是 0x30。

以串口调试工具为例，如果选择了 hex(十六进制)显示，则会显示实际发出的数据。比如发送 0x16 就会显示 0x16，发送 0x41 就会显示 0x41。如果不选择 hex 显示，也就是默认了 ASCII 码显示。那么发送 0x41 就会显示字符 A，而发送 0x16 则不会显示，因为 0x16 在 ASCII 中是不可见字符。

5．STM32 的中断系统要点

STM32 的中断系统有以下几个要点：

◇ 中断分组

在使用中断前要对其分组进行设置。一般设置成分组 2，即抢占优先级设置范围 0～3，子优先级设置范围 0～3。系统中可以设置相同的中断优先级，但不能超出分组范围。在程序中分组只需要设置一次。

◇ 中断总开关

```
NVIC_SETPRIMASK()； //关闭总中断
NVIC_RESETPRIMASK()； //开放总中断
```

◇ 中断实现

要开启串口的接收中断，需要在初始化函数中的最后一步——串口功能使能之前添加对中断的初始化操作：

```
NVIC_InitStructure.NVIC_IRQChannel = USART1_IRQn;        //要开启的中断名称
NVIC_InitStructure.NVIC_IRQChannelPreemptionPriority=3;   //抢占优先级设为 3
NVIC_InitStructure.NVIC_IRQChannelSubPriority = 3;        //子优先级设为 3
NVIC_InitStructure.NVIC_IRQChannelCmd = ENABLE;          //中断通道使能
NVIC_Init(&NVIC_InitStructure);   //根据上述参数初始化 NVIC 寄存器

USART_ITConfig(USART1,USART_IT_RXNE,ENABLE); //使能串口 1 接收中断
```

其中，USART1_IRQn 是串口 1 的中断通道号，USART_IT_RXNE 是开启串口 1 的接收中断。

6．实现函数功能

(1) 初始化函数，其流程如下：

① 初始化全局缓冲区。

② 开启引脚时钟。

③ 因为是使用引脚的复用功能，所以要开启复用时钟。

④ 开启复用模块时钟(STM32 的几个串口除了串口 1 在 APB2 总线，其余都在 APB1 总线)。

⑤ 按照参数初始化引脚。

⑥ 初始化串口 1。

⑦ 使能串口 1。

串口初始化代码如下：

```
/*接收状态
//bit7，接收完成标志
//bit6，接收到 0x0d
//bit5～bit0，接收到的有效字节数目
//extern TX_BUF_SIZE;
//extern RX_BUF_SIZE;
*/
void uart1_init(void)
{
        USART_InitTypeDef USART1_InitStructure;
        GPIO_InitTypeDef GPIO_InitStructure;
        NVIC_InitTypeDef NVIC_InitStructure;

        /* 使用中断发送和接收数据 */
        my_icar.stm32_u1_tx.out_last = my_icar.stm32_u1_tx.buf;
        my_icar.stm32_u1_tx.in_last  = my_icar.stm32_u1_tx.buf;
        my_icar.stm32_u1_tx.empty = TRUE;

        my_icar.stm32_u1_rx.out_last = my_icar.stm32_u1_rx.buf;
        my_icar.stm32_u1_rx.in_last  = my_icar.stm32_u1_rx.buf;
        my_icar.stm32_u1_rx.full   = FALSE;
        my_icar.stm32_u1_rx.empty = TRUE;
        my_icar.stm32_u1_rx.lost_data= FALSE;

        /* USARTx configured as follow:
```

```
        - BaudRate = 115200 Baud

        - Word Length = 8 bit

        - One Stop Bit

        - No parity

        - Hardware flow control disabled (RTS and CTS signals)

        - Receive and transmit enabled
*/
RCC_APB2PeriphClockCmd(RCC_APB2Periph_GPIOA |

    RCC_APB2Periph_AFIO |

    RCC_APB2Periph_USART1,

    ENABLE);


/* 发送引脚 */
GPIO_InitStructure.GPIO_Pin = GPIO_Pin_9;

GPIO_InitStructure.GPIO_Speed = GPIO_Speed_2MHz;

GPIO_InitStructure.GPIO_Mode = GPIO_Mode_AF_PP;

GPIO_Init(GPIOA, &GPIO_InitStructure);


GPIO_InitStructure.GPIO_Pin = GPIO_Pin_11;//RS485

GPIO_InitStructure.GPIO_Speed = GPIO_Speed_2MHz;

GPIO_InitStructure.GPIO_Mode = GPIO_Mode_Out_PP;

GPIO_Init(GPIOA, &GPIO_InitStructure);


GPIO_ResetBits(GPIOA, GPIO_Pin_11);


/* 接收引脚 */
GPIO_InitStructure.GPIO_Pin = GPIO_Pin_10;//RS232 RS485

GPIO_InitStructure.GPIO_Mode = GPIO_Mode_IPU;//use internal pull up

GPIO_Init(GPIOA, &GPIO_InitStructure);


NVIC_InitStructure.NVIC_IRQChannel = USART1_IRQn;

NVIC_InitStructure.NVIC_IRQChannelPreemptionPriority=3;

NVIC_InitStructure.NVIC_IRQChannelSubPriority = 3;

//IRQ 通道使能

NVIC_InitStructure.NVIC_IRQChannelCmd = ENABLE;

//根据 NVIC_InitStruct 中指定的参数初始化外设 NVIC 寄存器 USART1

NVIC_Init(&NVIC_InitStructure);


USART1_InitStructure.USART_BaudRate = 115200;
```

```
USART1_InitStructure.USART_WordLength = USART_WordLength_8b;
USART1_InitStructure.USART_StopBits = USART_StopBits_1;
USART1_InitStructure.USART_Parity = USART_Parity_No;
USART1_InitStructure.USART_HardwareFlowControl =
    USART_HardwareFlowControl_None;
USART1_InitStructure.USART_Mode = USART_Mode_Rx | USART_Mode_Tx;
USART_Init(USART1, &USART1_InitStructure);
USART_ITConfig(USART1, USART_IT_RXNE, ENABLE);
USART_Cmd(USART1, ENABLE);
```

(2) 发送函数。

先来看发送一个字符的函数。注意发送前要先检测是否尚有数据未完全发送，否则会丢失第一个字节。发送时将字节放入发送缓冲区，等待中断处理函数发送。

代码如下：

```
//***************************
//放入一个字节到发送缓冲区
//经测试，会有溢出，因为串口发送速度不及放入速度
//已加延时解决
bool putbyte COM_TypeDef COM, unsigned char ch)
{
    /* 使用中断 */
    switch(COM){
        case COM1:
            //将 485 改为发送模式
            GPIO_SetBits(GPIOA, GPIO_Pin_11);
            while  (  (((my_icar.stm32_u1_tx.out_last-my_icar.stm32_u1_tx.in_last)  <  2)      &&
(my_icar.stm32_u1_tx.out_last > my_icar.stm32_u1_tx.in_last ))
                            || ((my_icar.stm32_u1_tx.out_last  <  my_icar.stm32_u1_tx.in_last)  &&
(TX_BUF_SIZE-(my_icar.stm32_u1_tx.in_last-my_icar.stm32_u1_tx.out_last) < 2))) {
                //中断发送不及，缓存即将满时...
                USART_ITConfig(USART1, USART_IT_TXE, ENABLE);
                //延时，把缓存发送出去
                delay_ms(10); //wait 10 msecond, send ～100Bytes@115200
                //USART_ITConfig(USART1, USART_IT_TXE, DISABLE);
            }

            USART_ITConfig(USART1, USART_IT_TXE, DISABLE);
            *(my_icar.stm32_u1_tx.in_last) = ch;    //put to send buffer
            my_icar.stm32_u1_tx.in_last++;
            if(my_icar.stm32_u1_tx.in_last == my_icar.stm32_u1_tx.buf + TX_BUF_SIZE) {
```

```
                        //指针到了顶部换到底部
                        my_icar.stm32_u1_tx.in_last  = my_icar.stm32_u1_tx.buf;

                }

                my_icar.stm32_u1_tx.empty = FALSE;
                //start transmit
                USART_ITConfig(USART1, USART_IT_TXE, ENABLE);


            //等待发送完成
    while(USART_GetFlagStatus(USART1,USART_FLAG_TXE) == RESET){} //发送数据寄存器空标志位
            delay_ms(2);
            //将 485 改为接收模式
            GPIO_ResetBits(GPIOA,GPIO_Pin_11);
                return TRUE;
            default://no this COM port
                return FALSE;
        }
}
```

下面两个函数可以实现发送字符串和发送十六进制功能，完整的代码如下：

```
/*
        函数功能：发送数组数据到串口
        参数:1,串口号；2,发送数据数组；3,发送数据长度
*/
bool putdata(COM_TypeDef COM, uint8_t * puts,int dataLen)
{
        u8 retry = 0;
        int i = 0;

        if(puts == NULL)
                return FALSE;
        for(i = 0;i<dataLen;i++,puts++)
        {
                retry = 0;
                while((!putbyte(COM, *puts)) && retry < 10) {
                        //error, maybe buffer full
                        retry++;
                delay_ms(10*retry); //wait xx sec.
                }
                if(retry >= 10) {
```

```
                    return FALSE;
                }
            else
                    retry = 0;
        }
        return TRUE;
}
//*************************************
//发送一个定义在程序存储区的字符串到串口
bool putstring(COM_TypeDef COM, unsigned char    *puts)
{
        u8 retry = 0;
        for(;*puts!=0;puts++) {    //遇到停止符 0 结束
                retry = 0;
                while((!putbyte(COM, *puts)) && retry < 10) {
                        //error, maybe buffer full
                        retry++;
                delay_ms(10*retry); //wait xx sec.
                }
                if(retry >= 10) {
                        return FALSE;
                }
        }
        return TRUE;
}
```

(3) 接收函数。

中断方式的接收函数需要查询全局缓冲区里是否已经接收到数据，如果有，就返回接收到的数据；如果没有，就继续轮询。

```
//*************************************
//check the   buffer empty flag first if you don't want to wait
unsigned char getbyte (COM_TypeDef COM)
{
        unsigned char c1, c2, c3;//防止重入时出问题
        switch(COM){
                case COM1:
                        //buffer empty, wait...
                        while(my_icar.stm32_u1_rx.empty) {
                                delay_ms(100); //wait 100 msec.
                        }
```

```
                USART_ITConfig(USART1, USART_IT_RXNE, DISABLE);
                c1= *(my_icar.stm32_u1_rx.out_last); //get the data
                my_icar.stm32_u1_rx.out_last++;
                my_icar.stm32_u1_rx.full = FALSE; //reset the full flag

                if(my_icar.stm32_u1_rx.out_last
                        ==my_icar.stm32_u1_rx.buf+RX_BUF_SIZE)
                {
                //地址到顶部，回到底部
                        my_icar.stm32_u1_rx.out_last =
                                my_icar.stm32_u1_rx.buf;
                }
                if(my_icar.stm32_u1_rx.out_last
                        ==my_icar.stm32_u1_rx.in_last)
                {
                        //set the empty flag
                        my_icar.stm32_u1_rx.empty = TRUE;
                }
                USART_ITConfig(USART1, USART_IT_RXNE, ENABLE);
                return (c1);
        default://no this COM port
                return 0;
    }
}
```

(4) 中断处理函数。

在中断处理函数中，如果有接收中断，就将接收到的数据放到全局缓冲区中；如果有发送中断，就将全局缓冲区中的数据发送出去。

```
/*串口1的中断处理函数*/
void USART1_IRQHandler(void)
{
    if(USART_GetITStatus(USART1, USART_IT_RXNE) != RESET)
    {
            if(!my_icar.stm32_u1_rx.full) { //buffer no full
                *(my_icar.stm32_u1_rx.in_last) =
                        USART1->DR & (uint16_t)0x01FF ;
                my_icar.stm32_u1_rx.in_last++;
                my_icar.stm32_u1_rx.empty = FALSE;

                if(my_icar.stm32_u1_rx.in_last
```

```
                ==my_icar.stm32_u1_rx.buf+RX_BUF_SIZE) {
                //地址到顶部回到底部
                my_icar.stm32_u1_rx.in_last=my_icar.stm32_u1_rx.buf;
            }
            if(my_icar.stm32_u1_rx.in_last==
                my_icar.stm32_u1_rx.out_last){
                //set buffer full flag
                my_icar.stm32_u1_rx.full = TRUE;
            }
        }
        else { //buffer full, lost data
            my_icar.stm32_u1_rx.lost_data = TRUE;
            USART_ITConfig(USART1, USART_IT_RXNE, DISABLE);
        }
    }
    //Transmit
    if(USART_GetITStatus(USART1, USART_IT_TXE) != RESET)
    {
        if(!my_icar.stm32_u1_tx.empty) {
            USART1->DR = (u8) *(my_icar.stm32_u1_tx.out_last);
            my_icar.stm32_u1_tx.out_last++;
            if(my_icar.stm32_u1_tx.out_last ==
                my_icar.stm32_u1_tx.buf + TX_BUF_SIZE) {
                //地址到顶部回到底部
                my_icar.stm32_u1_tx.out_last   =
                    my_icar.stm32_u1_tx.buf;
            }
            if(my_icar.stm32_u1_tx.out_last ==
                my_icar.stm32_u1_tx.in_last) {
                //all buffer had been sent
                my_icar.stm32_u1_tx.empty = TRUE;
            }
        }
        else {
            USART_ITConfig(USART1, USART_IT_TXE, DISABLE);
        }
    }
}
```

7. 实现输出功能

上面的介绍已实现了串口的接收和发送。由于我们使用的是 RS485 串口，只能实现半双工操作，所以我们设计一个实验将串口接收到的数据直接从串口发送回去(具体函数定义如下)。再通过 main 函数调用该函数，实现实时监听串口数据。

```c
void UsartTest()
{
    uint8_t t;
    while (1)
    {
        if(!my_icar.stm32_u1_rx.empty){
            LED0
            t =getbyte (COM1);
            putbyte(COM1, t);
            LED1
        }
        delay_ms(10);
    }
}
```

main 函数调用过程如下：

```c
int main(void)
{
    u8   key=0;
    SystemInit();    //系统初始化 72M
    delay_init(72);                  //延时初始化
    NVIC_Configuration();
    TIM2_PWM_Init(TIM_PERIOD-1,TIM_PRESCALER-1);            //50Hz
    TIM3_PWM_Init(TIM_PERIOD-1,TIM_PRESCALER-1);

    uart1_init();
    LED_Init();

    I2C_EE_Init();
    KEY_Init();

    delay_ms(200);

    //主任务函数调用
    //MainTask((void * )0);
```

```
    UsartTest();
    return 0;


}
```

要想达到实验目的，还需要在电脑上使用串口调试工具配合。串口调试工具如图 3-27 所示。

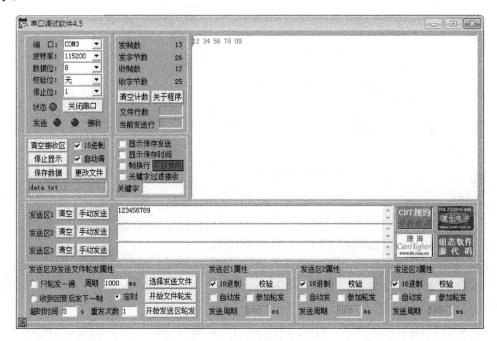

图 3-27 串口调试工具

其具体操作步骤如下：

(1) 编译通过后，将代码下载到机械臂控制板设备运行。

(2) 将 USB 转串口线分别插到电脑和控制板中(操作过程如第 2 章 2.2 节)。

(3) 在电脑上打开串口调试工具，选择相应的端口号，波特率设置为 115200，数据位为 8，校验位为无，停止位为 1，点击【打开串口】按钮(点击按钮前，确认没有其他程序使用该端口号，否则会造成冲突，串口无法正常使用)。

(4) 在发送区填入数字，如 123456789，点击手动发送按钮。如果串口正常，就会在接收区显示出发送的数字，如图 3-27 所示。

上述实验步骤及结果，可通过扫描右侧二维码观看视频。

串口交互演示

3.3.4 存储芯片

教学机器人的存储芯片可以存储教学机器人本身的参数，以及上位机传输过来的舵机动作名称、顺序等，是教学机器人重要的外部设备之一。

教学机器人所选择的存储芯片是 AT24C16，它是一种可编程只读存储器(EEPROM)，可以按字节读写。其容量是 16 kb，也就是 2 kB。

EEPROM(Electrically Erasable Programmable Read-Only Memory)是一种掉电后数据不丢失的存储芯片，可以擦除已有信息，重新编程写入新的信息。一般用来存储开机需要的或运行中经常更改的参数，用在需要即擦即用的场合。

1. 原理图

AT24C16 芯片的原理图如图 3-28 所示。

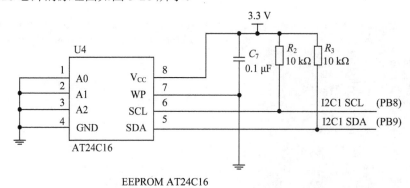

EEPROM AT24C16

图 3-28　AT24C16 芯片的原理图

由原理图可知，STM32 单片机和 AT24C16 间的通信是通过 I^2C 接口进行的。在下一节中，我们将详细介绍如何通过 I^2C 读/写 EEPROM。

根据原理图，可以看到 AT24C16 各个引脚的功能如下：

(1) 串行时钟(SCL)：在时钟的上升沿，数据写入 EEPROM；在时钟的下降沿，EEPROM 的数据被读出。

(2) 串行数据(SDA)：SDA 是双向的，被用作数据的传输，这个引脚是开漏的，可以和任何开漏或开集电极器件进行线或。

(3) 器件/页地址(A2/A1/A0)：由于仅有一个芯片使用 I^2C 接口，并不需要地址，因此 A2、A1、A0 均悬空，这样最多可以挂 1 个 16 k 容量的设备。

(4) 写保护(WP)：AT24Cxx 有一个写保护引脚用于提供数据保护，当写保护引脚连接至 GND 时，芯片可以正常读/写，当写保护引脚连接至 V_{CC} 时，写保护特性被使能。

2. 操作方法

由上一节内容可知，要想读/写 EEPROM，需要知道器件地址，而 EEPROM 的器件地址格式如图 3-29 所示。

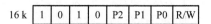

图 3-29　EEPROM 的器件地址格式

由于本次使用的芯片 AT24C16 在总线上仅有一个，因此并不需要地址，A2、A1、A0 均悬空，所以本次实验的 EEPROM 器件地址是默认的 0xA0。而 EEPROM 的写操作分为两种，即写字节和写页；读操作分为三种，即当前地址读、随机读和顺序读。下面进行详细说明。

1) 写操作

(1) 写字节：发送完器件地址并且从设备应答，那么就可以发送 8 位的数据地址了。在时钟 SCL 的同步下，这 8 位数据地址被从设备接收后，从设备将对其作出响应，如果接收成功将返回低电平。数据地址发送完后，紧接着是 8 位数据，如果从设备正确接收将会返回一个低电平作应答，最后主设备将发送一个停止命令，随后 EEPROM(从设备)进入内部写周期，即 t_{WR}，写入非易失存储器。在写周期中所有的输入被禁止，EEPROM 不会对主设备的访问作任何响应，直到写周期结束。

(2) 写页：16 k 容量的 EEPROM 每页有 16 B 的页容量。写页操作和写字节操作基本一致，只不过在传完第一个 8 位数据后微处理器不发送停止命令而已。取而代之的是，在 EEPROM 对第一个字节数据作出应答后，微处理器将继续发送其余 15 个字节，EEPROM 正确接收后将对每一个字节作出应答，写满页后，微处理器最后必须发送一个停止命令。

2) 读操作

(1) 当前地址读：内部数据地址计数器将保持在最后一次访问的位置，只要不掉电，这个地址一直有效。当进行读操作时，如果读到存储器的最后一页的最后一个字节，那么数据地址将会翻转到存储器的第一页的第一个字节。当进行写操作时，如果写到某页的最后一个字节，那么数据地址将翻转到本页的第一个字节。

一旦器件地址读/写位被置 1(读操作)，并发送器件地址到从设备，从设备响应，当前地址的内容就可以在时钟 SCL 的同步下输出了。输出完成后，主机并不产生一个应答信号而是产生一个停止命令。

(2) 随机读：随机读需把一个"虚"字节写到数据地址。一旦器件地址和数据地址被传送到 EEPROM，并且 EEPROM 作出应答，主机必须再一次发送开始命令，开始命令后发送器件地址并且读/写位置 1(1 表示读，0 表示写)，EEPROM 应答主机并且在时钟 SCL 下吐出数据，主机接收到数据后并不发送 0 回应从机(EEPROM)，而是直接发送停止命令。

(3) 顺序读：顺序读的地址可以在当前读地址或随机读地址的基础上开始，当主机接收到一个字节后，作出 0 的应答，只要 EEPROM 接收到这个应答信号，那么 EEPROM 会吐出下一个地址的数据，依次类推。如果数据地址超过边界，那么地址就会翻转，继续顺序读。如果主机不作 0 应答，而是发出一个停止命令，那么顺序读结束。

了解了存储芯片的读/写方法后，下面了解读/写此芯片的接口——I²C 接口。

3.3.5　I²C 接口

I²C 是一种较为常用的串行接口标准，具有协议完善、支持芯片较多和占用 I/O 线少等优点。I²C 总线是飞利浦公司为有效实现电子器件之间的控制而开发的一种简单的双向两线总线。现在，I²C 总线已成为一个国际标准，应用涉及家电、通信、控制等众多领域，特别是在 ARM 嵌入式系统开发中得到广泛应用。使用 I²C 总线可以在微控制器与被控设备之间、设备与设备之间进行双向传送，高速 I²C 总线一般速率可达 400 kb/s 以上。

I²C 采用两根 I/O 线：一根时钟线(SCL 串行时钟线)，一根数据线(SDA 串行数据线)，实现全双工的同步数据通信。I²C 总线通过 SCL/SDA 两根线使挂接到总线上的器件相互进行信息传递。

I²C 总线上的设备分为主设备和从设备两种,设备的 SCL、SDA 线分别相连。总线支持多主设备,是一个多主总线,即它可以由多个连接的器件分时控制。主设备通过寻址来识别总线上的从设备,省去了从设备的片选线,使整个系统连接简单。

1. I²C 接口时序

I²C 总线在传送数据过程中共传送三种类型的信号,分别是起始信号、结束信号和应答信号。

- 起始信号:SCL 为高电平时,SDA 由高电平向低电平跳变,开始传送数据。
- 结束信号:SCL 为高电平时,SDA 由低电平向高电平跳变,结束传送数据。
- 应答信号:数据接收方在接收到 8 位数据后,向主设备发出特定的低电平脉冲,表示已收到数据。

每一次 I²C 总线传输都由主设备产生一个起始信号,采用同步串行传送数据,数据接收方每接收一个字节数据后都回应一个应答信号。一次 I²C 总线传输传送的字节数不受限制,主设备通过产生停止信号来终结总线传输。数据从最高位开始传送,数据在时钟信号高电平时有效。通信双方都可以通过拉低时钟线来暂停该次通信。若主设备未收到应答信号,则判断为从设备出现故障。这些信号中,起始信号是必需的,结束信号和应答信号都可以不要。

2. I²C 数据规则

SCL 为高电平时,SDA 上的数据保持稳定;SCL 为低电平时,允许 SDA 变化。如果 SCL 处于高电平,SDA 上产生下降沿,则认为是起始信号,SDA 上的上升沿被认为是停止信号。

通信速率分为常规模式(时钟频率 100 kHz)和快速模式(时钟频率 400 kHz)。

同一总线上可以连接多个带有 I²C 接口的器件,每个器件都有一个唯一的地址,既可以是单接收的器件,也可以是能够接收/发送的器件。

3. STM32 的 I²C 引脚

由上一节可知,在机械臂控制板上 STM32 通过 I²C 与 EEPROM 连接,I²C 的引脚原理图如图 3-30 所示。机械臂控制板上使用的是 I²C1 与 EEPROM 连接。

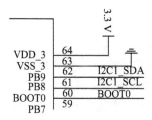

图 3-30 I²C 引脚原理图

I²C 总线只需要两个引脚,分别作为 SCL 和 SDA。由 STM32 芯片手册可知,I²C1 默认连接的是 PB6 和 PB7,如图 3-31 所示。

B5	42	58	92	PB6/I2C1_SCL/TIM4_CH1	I/O	FT	PB6	I2C1_SCL[6]/ TIM4_CH1[5][6]
A5	43	59	93	PB7/I2C1_SDA/TIM4_CH2	I/O	FT	PB7	I2C1_SDA[6]/ TIM4_CH2[5][6]

图 3-31　PB6 和 PB7 引脚说明

当前我们连接的是 PB8 和 PB9，默认操作肯定是不能通信。通过读取《STM32 中文参考手册》可知，STM32 提供一种功能，就是复用功能重映射，将 STM32 的 I^2C1 连接到 PB8 和 PB9 上，经过重新映射，便可以使用，如图 3-32 所示。

复用功能	I2C1_REMAP=0	I2C1_REMAP=1[1]
I2C1_SCL	PB6	PB8
I2C1_SDA	PB7	PB9

图 3-32　I^2C 复用功能重映射

4. 注意事项

使用 STM32 的 I^2C 的几个注意事项：

(1) 如使用 I^2C 中断，则它的优先级必须设置为最高。

(2) 多于 2 个字节的发送与接收封装成利用 DMA (直接数据存储)收/发的函数，对某 I^2C 设备接收和发送一个字节的函数单独封装为一个轮询函数。

(3) 在寻址某一 I^2C 设备时要先检查 I^2C 总线是否忙。如果持续忙，则要复位总线。

(4) 不能工作在 88～100 kHz 的频率下。

但在某些系统设计中，不允许把高速仅 400 kb/s 的 I^2C 中断设为最高(有更高级别的中断需求)，同时又不使用 DMA 功能，那么可以考虑使用模拟 I^2C。

I^2C 的协议和时序非常简单，作为主设备的时候很容易实现模拟，不怕中断打断，不怕时钟节拍不固定，只要时序对就可以。相比设计繁琐的硬件 I^2C，模拟 I^2C "性价比"较高。不仅如此，使用模拟的 I^2C 可以指定引脚，对 I^2C 从设备的复位也简单，同时也更利于理解 I^2C 协议。

5. 实现 I^2C 功能

本次实验使用了 STM32 的固件库操作 I^2C，所以需要包含 stm32f10x_i2c.h 头文件，I^2C 的驱动代码路径是 ./hardware/i2c_ee.c。

◇ I^2C 初始化

I^2C 的初始化由两部分组成，一部分是配置 GPIO 口，一部分是配置 I^2C 的参数，具体代码如下：

```
/***********************************************************************
* Function Name   : GPIO_Configuration
* Description     : Configure the used I/O ports pin
* Input           : None
* Output          : None
```

```
* Return          : None
*****************************************************************************/
void GPIO_Configuration(void)
{
  GPIO_InitTypeDef   GPIO_InitStructure;

  //使用IIC1时钟
  RCC_APB1PeriphClockCmd(RCC_APB1Periph_I2C1,ENABLE);
  //全能GPIOB时钟
  RCC_APB2PeriphClockCmd(RCC_APB2Periph_GPIOB,ENABLE);
  //复用功能重映射
  GPIO_PinRemapConfig(GPIO_Remap_I2C1,ENABLE);

  /* Configure I2C1 pins: SCL and SDA */
  GPIO_InitStructure.GPIO_Pin =   GPIO_Pin_8 | GPIO_Pin_9;
  GPIO_InitStructure.GPIO_Speed = GPIO_Speed_50MHz;
  GPIO_InitStructure.GPIO_Mode = GPIO_Mode_AF_OD;
  GPIO_Init(GPIOB, &GPIO_InitStructure);
}


#define I2C1_SLAVE_ADDRESS7     0xA0

/*****************************************************************************
* Function Name   : I2C_Configuration
* Description      : I2C Configuration
* Input            : None
* Output           : None
* Return           : None
*****************************************************************************/
void I2C_Configuration(void)
{
  I2C_InitTypeDef   I2C_InitStructure;

  /* I2C configuration */
  I2C_InitStructure.I2C_Mode = I2C_Mode_I2C;
  I2C_InitStructure.I2C_DutyCycle = I2C_DutyCycle_2;
  I2C_InitStructure.I2C_OwnAddress1 = I2C1_SLAVE_ADDRESS7;
  I2C_InitStructure.I2C_Ack = I2C_Ack_Enable;
  I2C_InitStructure.I2C_AcknowledgedAddress = I2C_AcknowledgedAddress_7bit;
```

```
I2C_InitStructure.I2C_ClockSpeed = I2C_Speed;

/* I2C Peripheral Enable */
I2C_Cmd(I2C1, ENABLE);
/* Apply I2C configuration after enabling it */
I2C_Init(I2C1, &I2C_InitStructure);

/*允许1字节1应答模式*/
I2C_AcknowledgeConfig(I2C1, ENABLE);
}
```

✧ 读操作

因为本次实验 I^2C 连接的是 EEPROM，所以读操作需要配合 EEPROM 的读取方式来写，具体代码如下：

```
/***************************************************************************
* Function Name   : I2C_EE_BufferRead
* Description     : Reads a block of data from the EEPROM.
* Input           : - pBuffer : pointer to the buffer that receives the data read
*                              from the EEPROM.
*                   - ReadAddr : EEPROM's internal address to read from.
*                   - NumByteToRead : number of bytes to read from the EEPROM.
* Output          : None
* Return          : None
***************************************************************************/
void I2C_EE_BufferRead(u8* pBuffer, u8 ReadAddr, u16 NumByteToRead)
{
//*((u8 *)0x4001080c) |=0x80;
   while(I2C_GetFlagStatus(I2C1,I2C_FLAG_BUSY));

/* Send START condition */
I2C_GenerateSTART(I2C1, ENABLE);
//*((u8 *)0x4001080c) &=~0x80;

/* Test on EV5 and clear it */
while(!I2C_CheckEvent(I2C1, I2C_EVENT_MASTER_MODE_SELECT));

/* Send EEPROM address for write */
I2C_Send7bitAddress(I2C1, EEPROM_ADDRESS, I2C_Direction_Transmitter);

/* Test on EV6 and clear it */
```

```
while(!I2C_CheckEvent(I2C1, I2C_EVENT_MASTER_TRANSMITTER_MODE_SELECTED));

/* Clear EV6 by setting again the PE bit */
I2C_Cmd(I2C1, ENABLE);

/* Send the EEPROM's internal address to write to */
I2C_SendData(I2C1, ReadAddr);

/* Test on EV8 and clear it */
while(!I2C_CheckEvent(I2C1, I2C_EVENT_MASTER_BYTE_TRANSMITTED));

/* Send START condition a second time */
I2C_GenerateSTART(I2C1, ENABLE);

/* Test on EV5 and clear it */
while(!I2C_CheckEvent(I2C1, I2C_EVENT_MASTER_MODE_SELECT));

/* Send EEPROM address for read */
I2C_Send7bitAddress(I2C1, EEPROM_ADDRESS, I2C_Direction_Receiver);

/* Test on EV6 and clear it */
while(!I2C_CheckEvent(I2C1, I2C_EVENT_MASTER_RECEIVER_MODE_SELECTED));

/* While there is data to be read */
while(NumByteToRead)
{
  if(NumByteToRead == 1)
  {
    /* Disable Acknowledgement */
    I2C_AcknowledgeConfig(I2C1, DISABLE);

    /* Send STOP Condition */
    I2C_GenerateSTOP(I2C1, ENABLE);
  }

  /* Test on EV7 and clear it */
  if(I2C_CheckEvent(I2C1, I2C_EVENT_MASTER_BYTE_RECEIVED))
  {
    /* Read a byte from the EEPROM */
```

```
    *pBuffer = I2C_ReceiveData(I2C1);

    /* Point to the next location where the byte read will be saved */
    pBuffer++;

    /* Decrement the read bytes counter */
    NumByteToRead--;
  }
}

/* Enable Acknowledgement to be ready for another reception */
I2C_AcknowledgeConfig(I2C1, ENABLE);
}
```

✧ 写操作

写操作有三个函数，即基础函数、EEPROM 的写字节和写页，以及一个扩展功能的写内存，具体代码如下：

```
/**************************************************************************
* Function Name   : I2C_EE_ByteWrite
* Description     : Writes one byte to the I2C EEPROM.
* Input           : - pBuffer : pointer to the buffer   containing the data to be
*                     written to the EEPROM.
*                   - WriteAddr : EEPROM's internal address to write to.
* Output          : None
* Return          : None
**************************************************************************/
void I2C_EE_ByteWrite(u8* pBuffer, u8 WriteAddr)
{
  /* Send START condition */
  I2C_GenerateSTART(I2C1, ENABLE);

  /* Test on EV5 and clear it */
  while(!I2C_CheckEvent(I2C1, I2C_EVENT_MASTER_MODE_SELECT));

  /* Send EEPROM address for write */
  I2C_Send7bitAddress(I2C1, EEPROM_ADDRESS, I2C_Direction_Transmitter);

  /* Test on EV6 and clear it */
  while(!I2C_CheckEvent(I2C1, I2C_EVENT_MASTER_TRANSMITTER_MODE_SELECTED));
```

```
/* Send the EEPROM's internal address to write to */
I2C_SendData(I2C1, WriteAddr);

/* Test on EV8 and clear it */
while(!I2C_CheckEvent(I2C1, I2C_EVENT_MASTER_BYTE_TRANSMITTED));

/* Send the byte to be written */
I2C_SendData(I2C1, *pBuffer);

/* Test on EV8 and clear it */
while(!I2C_CheckEvent(I2C1, I2C_EVENT_MASTER_BYTE_TRANSMITTED));

/* Send STOP condition */
I2C_GenerateSTOP(I2C1, ENABLE);
}


/*****************************************************************************
* Function Name   : I2C_EE_PageWrite
* Description     : Writes more than one byte to the EEPROM with a single WRITE
*                   cycle. The number of byte can't exceed the EEPROM page size.
* Input           : - pBuffer : pointer to the buffer containing the data to be
*                       written to the EEPROM.
*                   - WriteAddr : EEPROM's internal address to write to.
*                   - NumByteToWrite : number of bytes to write to the EEPROM.
* Output          : None
* Return          : None
*****************************************************************************/
void I2C_EE_PageWrite(u8* pBuffer, u8 WriteAddr, u8 NumByteToWrite)
{
    while(I2C_GetFlagStatus(I2C1, I2C_FLAG_BUSY));
    /* Send START condition */
    I2C_GenerateSTART(I2C1, ENABLE);

    /* Test on EV5 and clear it */
    while(!I2C_CheckEvent(I2C1, I2C_EVENT_MASTER_MODE_SELECT));

    /* Send EEPROM address for write */
    I2C_Send7bitAddress(I2C1, EEPROM_ADDRESS, I2C_Direction_Transmitter);
```

```
/* Test on EV6 and clear it */
while(!I2C_CheckEvent(I2C1, I2C_EVENT_MASTER_TRANSMITTER_MODE_SELECTED));

/* Send the EEPROM's internal address to write to */
I2C_SendData(I2C1, WriteAddr);

/* Test on EV8 and clear it */
while(! I2C_CheckEvent(I2C1, I2C_EVENT_MASTER_BYTE_TRANSMITTED));

/* While there is data to be written */
while(NumByteToWrite--)
{
  /* Send the current byte */
  I2C_SendData(I2C1, *pBuffer);

  /* Point to the next byte to be written */
  pBuffer++;

  /* Test on EV8 and clear it */
  while (!I2C_CheckEvent(I2C1, I2C_EVENT_MASTER_BYTE_TRANSMITTED));
}

/* Send STOP condition */
I2C_GenerateSTOP(I2C1, ENABLE);
}

/*******************************************************************************
* Function Name   : I2C_EE_BufferWrite
* Description      : Writes buffer of data to the I2C EEPROM.
* Input            : - pBuffer : pointer to the buffer   containing the data to be
*                      written to the EEPROM.
*                    - WriteAddr : EEPROM's internal address to write to.
*                    - NumByteToWrite : number of bytes to write to the EEPROM.
* Output           : None
* Return           : None
*******************************************************************************/
void I2C_EE_BufferWrite(u8* pBuffer, u8 WriteAddr, u16 NumByteToWrite)
{
  u8 NumOfPage = 0, NumOfSingle = 0, Addr = 0, count = 0;
```

```
Addr = WriteAddr % I2C_PageSize;
count = I2C_PageSize - Addr;
NumOfPage =   NumByteToWrite / I2C_PageSize;
NumOfSingle = NumByteToWrite % I2C_PageSize;

/* If WriteAddr is I2C_PageSize aligned   */
if(Addr == 0)
{
  /* If NumByteToWrite < I2C_PageSize */
  if(NumOfPage == 0)
  {
    I2C_EE_PageWrite(pBuffer, WriteAddr, NumOfSingle);
    I2C_EE_WaitEepromStandbyState();
  }
  /* If NumByteToWrite > I2C_PageSize */
  else
  {
    while(NumOfPage--)
    {
      I2C_EE_PageWrite(pBuffer, WriteAddr, I2C_PageSize);
      I2C_EE_WaitEepromStandbyState();
      WriteAddr +=   I2C_PageSize;
      pBuffer += I2C_PageSize;
    }

    if(NumOfSingle!=0)
    {
      I2C_EE_PageWrite(pBuffer, WriteAddr, NumOfSingle);
      I2C_EE_WaitEepromStandbyState();
    }
  }
}
/* If WriteAddr is not I2C_PageSize aligned   */
else
{
  /* If NumByteToWrite < I2C_PageSize */
  if(NumOfPage== 0)
  {
```

```
    I2C_EE_PageWrite(pBuffer, WriteAddr, NumOfSingle);
    I2C_EE_WaitEepromStandbyState();
  }
  /* If NumByteToWrite > I2C_PageSize */
  else
  {
    NumByteToWrite -= count;
    NumOfPage =   NumByteToWrite / I2C_PageSize;
    NumOfSingle = NumByteToWrite % I2C_PageSize;

    if(count != 0)
    {
      I2C_EE_PageWrite(pBuffer, WriteAddr, count);
      I2C_EE_WaitEepromStandbyState();
      WriteAddr += count;
      pBuffer += count;
    }

    while(NumOfPage--)
    {
      I2C_EE_PageWrite(pBuffer, WriteAddr, I2C_PageSize);
      I2C_EE_WaitEepromStandbyState();
      WriteAddr +=   I2C_PageSize;
      pBuffer += I2C_PageSize;
    }
    if(NumOfSingle != 0)
    {
      I2C_EE_PageWrite(pBuffer, WriteAddr, NumOfSingle);
      I2C_EE_WaitEepromStandbyState();
    }
  }
}
}
```

6．实现存储功能

把上位机发过来的数据存储到 EEPROM 中。

在 main.c 文件中编写两个函数，一个读 EEPROM 中的数据，一个将数据写入 EEPROM，具体代码如下：

```
/*
```

```
        存储动作组到 EEPROM 中
*/
u32 SaveActions2E2PROM(u8 * actionData)
{
        int actionNum = 0;
        u8 * writeData = NULL;
        u16 NumByteToWrite = 0;
        u32 readNum = 1;
        if(actionData == NULL)
                return 0;


        actionNum = actionData[1];                              //获取总共几组动作
        NumByteToWrite = actionNum*SERVONUM;
        writeData = (u8*)malloc(NumByteToWrite+1);
        writeData[0] = actionNum;
        //获取动作组动作
        memcpy(writeData+1,(u8*)(&actionData[2]),NumByteToWrite);

        I2C_EE_BufferWrite(writeData, 0, NumByteToWrite);
        free(writeData);
        writeData = NULL;


        return readNum;
}


/*
        从 EEPROM 中读取动作进行输出
*/
u32 ReadActionsE2PROM(u8 * actionData)
{
        u32 dataNum = 0;

        I2C_EE_BufferRead(actionData, 0, 1);
        dataNum = actionData[0];
        if(dataNum!= 0&&dataNum!=0xff)
        {
                dataNum*=SERVONUM;
                I2C_EE_BufferRead(actionData, 1, dataNum);
        }
```

```
        return dataNum;
}
```

将上位机的数据存储到 EEPROM 中，再从 EEPROM 中读取出来，代码如下：

```
void UsartTest()
{
        uint8_t t[100]={0};
        uint8_t z[100]={0};
        int i = 0;

        while (1)
        {
                if(!my_icar.stm32_u1_rx.empty){
                        LED0
                        t[i] = getbyte (COM1);
                        //收到数据结束符
                        if(t[i] == 0xff)
                        {
                                //将串口收到的数据存储到 EEPROM 中
                                SaveActions2E2PROM(t);
                                memset(z,0,sizeof(z));
                                //从 EEPROM 中读取数据
                                ReadActionsE2PROM(z);
                                //将 EEPROM 中数据通过串口发向上位机
                                putdata(COM1, z,i-2);
                                i = 0;
                                continue;
                        }
                        LED1
                        i++;
                }
                delay_ms(10);
        }
}
```

main 函数调用过程不变。要想达到实验目的，还需要在电脑上使用串口调试工具配合，具体步骤如下：

(1) 编译通过后，将代码下载到机械臂控制板设备运行。

(2) 将 USB 转串口线分别插到电脑和控制板中(操作过程如第 2 章 2.2 节)。

(3) 在电脑上打开串口调试工具，选择相应的端口号，波特率设置为 115200，数据位为 8，校验位为无，停止位为 1，点击【打开串口】按钮(点击打开前，确认没有其他程序使用该端口号，否则会造成冲突，串口无法正常使用)。

(4) 在发送区填入两组动作，使用十六进制编辑 00 02 B4 87 2D 87 5A 5A 5A 87 87 B4 00 37 ff。该串数字的意义如表 3-3 所示。

表3-3　协议格式

帧头	动作组数量	动作组	动作组	帧尾
1 字节	1 字节	6 字节	6 字节	1 字节

点击手动发送按钮，如果串口正常，就会在接收区显示出发送的数字 B4 87 2D 87 5A 5A 5A 87 87 B4 00 37。该串数字表示存储到 EEPROM 中的两组动作。

上述实验的过程及结果，可通过扫描右侧二维码观看视频。

存储数据演示

3.4　与上位机通信

3.4.1　通信协议

通信协议是指双方实体完成通信或服务所必须遵循的规则和约定。协议定义了数据单元使用的格式、信息单元应该包含的信息与含义、连接方式、信息发送和接收的时序，从而确保网络中的数据顺利地传送到确定的地方。

本次实验中使用的是 RS485 接口通信，下面介绍具体的协议。

帧是传送信息的基本单元，通常也称一帧数据为一条数据。帧格式如表 3-4 所示。

表3-4　帧格式

格式	说明	长度
0x68	帧起始符	1 字节
L	数据域长度	1 字节
C	控制码	1 字节
DATA	数据域	可变
CS	校验码	2 字节
0x16	结束符	1 字节

下面对数据帧各元素进行介绍。

(1) 帧起始符 0x68：标识一帧信息的开始，固定为十六进制格式的数据 0x68，其值为 0x68=01101000B。

(2) 数据域长度 L：数据域的大小为 1 个字节，代表数据域长度值最大为 255。

(3) 控制码 C：控制码的大小为 1 个字节，其值为特定数值，具体定义如表 3-5 所示。

表 3-5　控制码含义

控制码取值	说　明
0x00	设置角度
0x01	组合动作
0x02	6 舵机同时设置角度
0x03	存储动作组
0x04	运行下载的动作组

(4) 数据域 DATA：当控制码为表 3-5 中的前三项(即 0x00、0x01 和 0x02)时，数据帧的数据域长度固定为 2 字节(即数据帧中 L=0x02)。而数据域部分(DATA)用两个字节区分不同数据项，两字节分别用 DI1 和 DI0 代表，且高位 DI1 在前，每字节采用十六进制编码。

在不同的控制码下，数据域的两个数据 DI1 和 DI0 分别代表不同的含义。以控制码为设置角度(即数据帧中 C=0x00)为例，DI1 字节的具体定义如表 3-6 所示。

表 3-6　设置角度时 DI1 的定义

取　值	说　明
0x00	转盘
0x01	下部
0x02	中部
0x03	上部
0x04	水平垂直
0x05	夹取

此时，DI0 字节代表要设置的角度值。

当控制码为组合动作(即数据帧中 C=0x01)时，DI1 字节的具体定义如表 3-7 所示。此时 DI0 字节无意义，取值固定为 0x00。

表 3-7　设置组合动作时 DI1 的定义

取　值	说　明
0x00	舵机恢复初始位置
0x01	顺时针抓取演示
0x02	逆时针抓取演示
0x03	启动/停止自动模式
0x04	直线平移

当控制码为 6 舵机同时设置角度(即数据帧中 C=0x02)时，数据域长度为 6 个字节(即数据帧中 L=0x06)，此时数据域(DATA)格式如表 3-8 所示。

表 3-8　6 舵机同时设置角度时数据域格式

DI5	DI4	DI3	DI2	DI1	DI0
夹取	偏角	上轴	中轴	底轴	底盘

当控制码为存储动作组(即数据帧中 C=0x03)时，数据域格式如表 3-9 所示，数据域长度为 6×动作组个数 n。

表 3-9　存储动作组时数据域格式

6 舵机角度(第一个动作)
6 舵机角度(第二个动作)
…
6 舵机角度(第 n 个动作)

(1) 校验码 CS：校验码为两字节的 CRC16 校验，其功能是保证在传输过程中数据没有发生错误，如果有错误，校验码不正确，则需要重新传输。

(2) 结束符 0x16：标识一帧信息的结束，其值为 0x16=00010110B。

由于当前使用 RS485 接口通信，当需要实现某项控制时，只要向控制板发命令就可以了。如果有通信异常，导致控制板没有收到命令，只要手动在上位机重新发送就可以了，所以此协议中没有设计回复包。

3.4.2　通信协议处理流程

本次实验协议处理涉及的文件主要有两个：./user/protocol.c 和./user/crc16.c，前一个文件的主要功能是协议处理，后一个文件的主要功能是生成校验码。

实验所使用的通信协议，其数据帧的帧头固定为 0x68，帧尾固定为 0x16。并在数据帧的第二字节规定数据域的长度(L)，方便接收方处理数据。

同时，为增加数据传递的可靠性，校验方式采用 CRC 校验，对从帧头至校验码 CS 之前所有字节进行 CRC 校验。

在此协议中，数据格式除特别说明，均为十六进制。

由于帧头、帧尾都为固定数值，所以可以在检测到帧头后开始分析，再根据数据长度来判断对应结束帧是否是帧尾，最后判断 CRC 校验码是否符合。符合这三个条件的数据包就是符合协议的正确数据包。解析数据包代码如下：

```
/*
    函数功能：数据帧合法性检测，并返回数据域内容
    参数：1, 要检测的数据帧；2 要检测的数据帧长度；3, 返回的控制码+数据域内容, 大小为 3 个字节
    返回值：-1, 数据指针无效；-2, 数据帧头不合法；-3, 校验错误
            -4, 数据长度小于完整数据帧长度；-5, 数据帧尾不合法；0, 数据帧合法
*/
int CheckFrame(u8 * data,int datalen,u8 * out)
{
        u16 crc16Tmp1 = 0;
        u16 crc16Tmp2 =0;
        u16 frameLen_Min = 7;
        u16 frameLen = 3;                //帧头+控制码+数据域长度总字节数
```

```
        u16 dataLen = 0;
        if(data == NULL||out == NULL)
                return -1;

        if(data[0]!=0x68)
                return -2;

        if(datalen < frameLen_Min-1)
                return -4;

        frameLen += (data[1]+2+1);              //数据帧总长度

        if(datalen < frameLen)
                return -4;

        crc16Tmp1 = CRC16(data, frameLen-3);
        crc16Tmp2 = (data[frameLen-3]<<8)+data[frameLen-2];
        //校验失败
        if(crc16Tmp1!=crc16Tmp2)
                return -3;

        if(data[frameLen-1]!=0x16)
                return -5;

        dataLen = data[1]+1;
        //将控制码和数据域内容复制到指针 out 指向的内存单元里
        memcpy(out,data+2,dataLen);

        return 0;
}
```

上位机通过 RS485 接口可控制教学机器人进行一系列特殊动作，这些功能的实现是通过 action.c 文件中的一系列函数实现的。这些函数的实现方法与前文的函数实现类似，可以在 action.c 文件中查看。

3.5 函数列表

前面分别介绍了常用外设、舵机控制和通信所需要的基本函数，在后面的章节需要用它们来控制教学机器人进行较为复杂的轨迹动作或者根据上位机协议控制教学机器人，因此，下面对这些函数统一进行介绍。

1. 舵机控制函数

舵机控制函数主要是在 action.c 中定义，在 action.h 中声明。函数列表如下：

```
//函数功能:根据上位机发来的协议内容，操作舵机
void OperServo(uint8_t * OperAngle,int dataLen);
//多个舵机同时转动到指定角度函数
void action_basic_parallel_angle(u32* actionAngle);
//设置单个舵机角度
void action_basic_angle(DJ_NUMBER number,u32 angle);
//控制指定舵机转动
void DJ_Change_Angle(u8 channel,TIM_TypeDef * timer,u16 actionPwm);
//舵机当前 pwm 值读取
u16 DJ_GetPwm(u8 channel,TIM_TypeDef * timer);
//恢复各个舵机到初始位置
void StartPostion(void);
//恢复各个舵机到中点位置
void MidPostion(void);
//机械臂自动演示函数
void catchObject(void);
//顺时针抓取物品
void MultMotion_ClockWise(void);
//逆时针抓取物品
void MultMotion_AntiClockWise(void);
//抓手水平平移运动
void Line_Translation(void);
//抓手垂直平移运动
void Line_Translation_VERTICAL(void);
//机械臂画方函数
void Square_Translation(void);
```

以上函数，除前五个外，都是机械臂的组合动作，可在实验中自行调用，查看函数的运行效果。而前五个函数，是控制舵机的功能性函数，可以在实验中尝试调用，学习使用方法。其中 DJ_NUMBER 是定义在 action.h 中的舵机号枚举变量。

2. 功能函数

下面介绍在 action.h 文件中声明的控制舵机到相应角度的功能函数，函数列表如下：

```
void action_Clam_Close(void);          //合起爪子
void action_Clam_Open(void);           //打开爪子
void action_Clam_Start(void);          //爪子打开到起始位置

void action_Claw_Hor(void);            //爪子水平
```

```
void action_Claw_Ver(void);                    //爪子垂直


void action_Bracket_Top_Ver(void);             //支架上部垂直
void action_Bracket_Top_Down(void);            //支架上部低下
void action_Bracket_Top_Start(void);           //支架上部恢复到起始位置


void action_Bracket_Mid_Ver(void);             //支架中部垂直
void action_Bracket_Mid_Down(void);            //支架中部低下
void action_Bracket_Mid_Up(void);              //支架中部仰起


void action_Bracket_Bottom_Ver(void);          //支架底部垂直
void action_Bracket_Bottom_Down(void);         //支架底部低下
void action_Bracket_Bottom_Up(void);           //支架底部仰起
void action_Bracket_Bottom_Start(void);        //支架底部初始位置


void action_Table_Mid(void);                   //转台中点
void action_Table_CircleWise(void);            //转台顺时针转动
void action_Table_AntiCircleWise(void);        //转台逆时针转动
```

上述函数均可以在其他文件中调用，只要此文件包含头文件 action.h 即可。

本 章 小 结

通过本章的学习，读者应当了解：

❖ 舵机的控制信号为周期是 20 ms 的 PWM(脉宽调制)信号，其脉冲宽度为 0.5～2.5 ms，相对应舵盘的位置为 0°～180°，呈线性变化。舵机内部有一个周期为 20 ms、宽度为 1.5 ms 的基准信号，通过比较器，将外加信号与基准信号相比较，判断出方向和大小，从而产生电机的转动信号。

❖ 教学机器人的单片机选择的是 ST 公司的 STM32F103 芯片，STM32 单片机的高级定时器和通用定时器都可以产生 PWM 信号。每个通用定时器有 4 个通道(对应 4 个引脚)，可以输出 4 路 PWM 信号。由于教学机器人有 6 个关节，因此需要使用 6 个定时器通道来控制。

❖ 舵机并行转动可以避免教学机器人各关节逐一动作的问题。在某些场景，往往需要机器人的各关节同时动作达到某个姿态或解决某个问题。

❖ 教学机器人的指示灯、按键、存储芯片等设备，串口、I^2C 等接口，对教学机器人起到了交互、感知、接收和存储等重要作用。

❖ 通信协议是指双方实体完成通信或服务所必须遵循的规则和约定。协议定义了数据单元使用的格式、信息单元应该包含的信息与含义、连接方式、信息发送和接收的时序等，从而确保网络中的数据顺利地传送到确定的地方。

本 章 练 习

1. 简述舵机控制的基本原理。

2. 简述 STM32 单片机是如何产生 PWM 信号的。

3. 编写代码，使教学机器人可以存储和修改与上位机通信的几个参数，如波特率。

第 4 章　机器人运动基础

本章目标

- 了解机器人坐标系分类。

- 了解常见坐标变换方法。

- 掌握机器人连杆 D-H 参数的确定方法。

- 掌握 D-H 法建立机器人坐标系的步骤。

- 熟悉在 Matlab 中建立机器人对象的方法。

对于机器人来说，要完成指定任务离不开运动，而运动的实质就是通过改变各关节在空间中的位置和姿态，使机器人末端执行器到达特定位置，完成对工件的特定操作。在这一过程中，必不可少地会涉及机器人本身及工具、工件的位置和姿态等因素，这就需要定义坐标系及位姿表达规则。

本章先介绍与机器人运动相关的基础内容，包含机器人坐标系、坐标变换等，使读者能够深入了解机器人位姿变换等概念，进而能够正确建立机器人坐标系，为下一章的学习作准备。

本章及之后的内容，除非特别注明，所称机器人均指工业机器人。

4.1 机器人坐标系

事实上，我们可以将机器人当作工具，它能够承担夹持、转移、装配等工作。而机器人在执行这些动作时，最重要的就是确定其位置和姿态。我们知道，可以用坐标系中的一个 $3×1$ 的位置矢量来描述空间中一点的位置。对于空间中的某一物体来说，位置矢量仅能够确

机器人坐标系演示

定物体上某点的位置，而只有能够清楚地描述该物体的姿态时，才能够确定物体在空间中的位姿。图 4-1 中，参考坐标系$\{A\}$中一位置矢量 $\boldsymbol{p}$ 描述了机器人夹具上一点的位置。但是，并不能用该矢量来描述夹具在空间中的姿态。这是因为，当机器人有足够多关节时，可以使机器人处于不同姿态时夹具的位置不发生变化。因此，就需要在夹具上定义一个坐标系$\{B\}$来定义其姿态。

机器人由多个活动关节组成，为了规范机器人定位，就需要对机器人各关节的工作空间进行标准命名，即形成机器人坐标系。机器人在特定坐标系的位置指标(通常用 x、y、z 来表示)可以明确机器人的位置和姿态。可扫描右上侧二维码观看相关演示视频。

常见机器人坐标系包括大地坐标系、基坐标系、工具坐标系和工件坐标系，如图 4-2 所示。

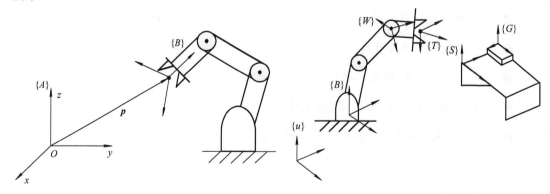

图 4-1　物体的位置和姿态描述　　　　图 4-2　机器人坐标系

下面详细介绍这几种常见的坐标系。

(1) 大地坐标系。大地坐标系$\{u\}$原点的位置与机器人的任务有关，通常定义在机器人

操作台的某一角上，也常被称为世界坐标系。大地坐标系可根据基坐标系来定义。

(2) 基坐标系。基坐标系{B}定义在机器人的固定基座上。基坐标系也被称为坐标系{0}，这是因为我们习惯上将机器人底座称为连杆 0。

(3) 腕部坐标系。腕部坐标系{W}位于机器人的最后一个关节上，也称为坐标系{n}，是相对于坐标系{0}而定义的。腕部坐标系的原点位于机械臂手腕上，并且随着末端连杆的运动而运动。

(4) 工具坐标系。工具坐标系{T}定义在机器人末端执行器所夹持的工具上。否则，工具坐标系的原点位于机器人六轴法兰盘的几何中心点上。通常，工具坐标系是根据腕部坐标系来确定的。

(5) 工作台坐标系。工作台坐标系{S}是一个通用坐标系，它的位置与机器人的操作任务相关。对于用户来说，机器人所有动作都是相对于工作台坐标系来定义的。而工作台坐标系是根据基坐标系定义的。

(6) 工件坐标系。工件坐标系{G}是定义在目标工件上的，用于描述工件的当前位置。工件坐标系是根据工作台坐标系定义的。当机器人的末端执行器能够准确操作工件时，工件坐标系应与工具坐标系重合。

4.2　机器人坐标变换

机器人是由多关节组成的机械结构，对于串联机器人来说，单个关节的位置和姿态发生变化会对其他关节产生影响，进而使机器人的姿态发生变化。而这些变化都可以通过平移变换、旋转变换或者两者组合来描述。

4.2.1　齐次坐标

在介绍机器人坐标变换方法之前，首先了解一下什么是齐次坐标。我们知道，机器人的位置和姿态的变化都可以分解为平移变换、旋转变换或者二者的组合，通常会用矩阵来描述这些变换。因而不可避免地会涉及矩阵的乘法和加法计算，而使用齐次坐标则提供一种快速地将三维空间中的点集从一个坐标系映射到另一个坐标系的方法，大大简化计算过程。

齐次坐标是指用 $n+1$ 维向量来表示一个 n 维向量。设三维空间内任一点 p 的坐标为 (x, y, z)，则对应的齐次坐标为 (x_1, y_1, z_1, m)，其中：

$$x = \frac{x_1}{m}, \quad y = \frac{y_1}{m}, \quad z = \frac{z_1}{m} \tag{4-1}$$

m 叫作比例坐标，取值为非零实数。通常，m 取值为 1。

由此可见，任一确定坐标对应的齐次坐标是不唯一的，即 (x_1, y_1, z_1, m) 和 $(\lambda x_1, \lambda y_1, \lambda z_1, \lambda m)$ 均可视作三维空间内 p 点对应的齐次坐标。若两个坐标 (x_1, y_1, z_1, m_1) 和 (x_2, y_2, z_2, m_2) 表示同一点的齐次坐标，那么有

$$\frac{x_1}{m_1} = \frac{x_2}{m_1}, \quad \frac{y_1}{m_1} = \frac{y_2}{m_1}, \quad \frac{z_1}{m_1} = \frac{z_2}{m_1} \tag{4-2}$$

4.2.2 平移变换

设坐标系{B}的原点 O' 是沿着坐标系{A}的坐标轴平移得到的，且 p 点在坐标系{B}中的位置已知。那么，平移变换就是求出 p 点在坐标系{A}中的位置坐标。

图 4-3 中，坐标系{B}的原点 O' 是分别沿着坐标系{A}的 x 轴、y 轴和 z 轴平移 Δx、Δy、Δz 而得到的，坐标系内一点 p 的坐标为 (x', y', z')。图中，每个向量的左上标代表描述该向量的参考坐标系。如，$^A\boldsymbol{p}$ 表示用坐标系{A}来描述 p 点位置，$^B\boldsymbol{p}$ 则表示用坐标系{B}来描述 p 点位置。注意，不同坐标系表示的 p 点位置各不相同，但是 p 点在空间中的位置并未改变，只是描述该点位置的参考坐标系发生了变化。

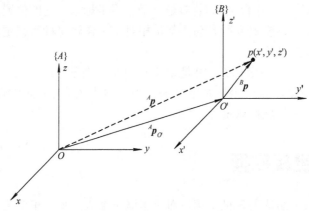

图 4-3　平移变换

设 p 点在{A}坐标系内的坐标为 (x, y, z)，且坐标系{A}和坐标系{B}的姿态一致，则由向量加法关系可得如下关系：

$$^A\boldsymbol{p} = {}^A\boldsymbol{p}_{O'} + {}^B\boldsymbol{p} \tag{4-3}$$

$$\begin{bmatrix} x \\ y \\ z \end{bmatrix} = \begin{bmatrix} \Delta x \\ \Delta y \\ \Delta z \end{bmatrix} + \begin{bmatrix} x' \\ y' \\ z' \end{bmatrix} \tag{4-4}$$

则有

$$\begin{bmatrix} x \\ y \\ z \end{bmatrix} = \begin{bmatrix} \Delta x + x' \\ \Delta y + y' \\ \Delta z + z' \end{bmatrix} \tag{4-5}$$

用矩阵表示式(4-5)，并且用齐次坐标表示向量，则有

$$\begin{bmatrix} x \\ y \\ z \\ 1 \end{bmatrix} = \boldsymbol{T} \begin{bmatrix} x' \\ y' \\ z' \\ 1 \end{bmatrix} = \begin{bmatrix} 1 & 0 & 0 & \Delta x \\ 0 & 1 & 0 & \Delta y \\ 0 & 0 & 1 & \Delta z \\ 0 & 0 & 0 & 1 \end{bmatrix} \begin{bmatrix} x' \\ y' \\ z' \\ 1 \end{bmatrix} \tag{4-6}$$

式(4-6)中，$\boldsymbol{T}$ 为平移变换矩阵，即

$$T = \begin{bmatrix} 1 & 0 & 0 & \Delta x \\ 0 & 1 & 0 & \Delta y \\ 0 & 0 & 1 & \Delta z \\ \hline 0 & 0 & 0 & 1 \end{bmatrix} \tag{4-7}$$

由此看出，平移变换的实质是求两个矢量的和。核心问题是构造出平移变换矩阵 T。从式(4-7)中可以看出，三维空间中平移变换矩阵 T 为一个 4×4 方阵。T 矩阵左上角为一个 3×3 单位矩阵，第 4 列元素$[\Delta x, \Delta y, \Delta z, 1]^T$为坐标系$\{B\}$原点在坐标系$\{A\}$中的位置。因此，当坐标系$\{B\}$原点相对于坐标系$\{A\}$的坐标已知时，即可得到相应的平移变换矩阵，进行坐标平移变换。

【例 4.1】　如图 4-3 所示，点 p 在后一坐标系$\{B\}$中的位置为[-3,6,8]，分情况讨论 p 点在坐标系$\{A\}$中的坐标。

(1) 坐标系$\{B\}$的原点 O' 是沿着 x 轴平移 10 而得，那么

$$\begin{bmatrix} x \\ y \\ z \\ 1 \end{bmatrix} = T \begin{bmatrix} x' \\ y' \\ z' \\ 1 \end{bmatrix} = \begin{bmatrix} 1 & 0 & 0 & 10 \\ 0 & 1 & 0 & 0 \\ 0 & 0 & 1 & 0 \\ 0 & 0 & 0 & 1 \end{bmatrix} \begin{bmatrix} -3 \\ 6 \\ 8 \\ 1 \end{bmatrix} = \begin{bmatrix} 7 \\ 6 \\ 8 \\ 1 \end{bmatrix}$$

(2) 坐标系$\{B\}$的原点 O' 是沿着 y 轴平移 10 而得，那么

$$\begin{bmatrix} x \\ y \\ z \\ 1 \end{bmatrix} = T \begin{bmatrix} x' \\ y' \\ z' \\ 1 \end{bmatrix} = \begin{bmatrix} 1 & 0 & 0 & 0 \\ 0 & 1 & 0 & 10 \\ 0 & 0 & 1 & 0 \\ 0 & 0 & 0 & 1 \end{bmatrix} \begin{bmatrix} -3 \\ 6 \\ 8 \\ 1 \end{bmatrix} = \begin{bmatrix} -3 \\ 16 \\ 8 \\ 1 \end{bmatrix}$$

(3) 坐标系$\{B\}$的原点 O' 是沿着 z 轴平移 10 而得，那么

$$\begin{bmatrix} x \\ y \\ z \\ 1 \end{bmatrix} = T \begin{bmatrix} x' \\ y' \\ z' \\ 1 \end{bmatrix} = \begin{bmatrix} 1 & 0 & 0 & 0 \\ 0 & 1 & 0 & 0 \\ 0 & 0 & 1 & 10 \\ 0 & 0 & 0 & 1 \end{bmatrix} \begin{bmatrix} -3 \\ 6 \\ 8 \\ 1 \end{bmatrix} = \begin{bmatrix} -3 \\ 6 \\ 18 \\ 1 \end{bmatrix}$$

事实上，可以通过 Matlab 编程进行矩阵计算。Matlab 中用 transl(x,y,z)指令表示平移变换，则上例可以用 Matlab 编程计算，程序如下：

```
>>%%%平移变换%%%
>> p=[-3;6;8;1];            %定义一个 4×1 向量
>> %沿 x 轴平移 10 单位
>>Tx=transl(10,0,0);       %语句后可不加 ";"，显示 Tx 的值
>>px=Tx*p
px =
    7
    6
    8
```

```
      1
>> %沿 y 轴平移 10 单位
>> Ty=transl(0,10,0)
>>py=Ty*p
py =
     -3
     16
      8
      1
>> %沿 z 轴平移 10 单位
>>Tz=transl(0,0,10)
>>pz=Tz*p
pz =
     -3
      6
     18
      1
```

4.2.3　旋转变换

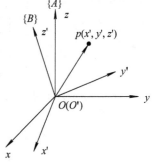

通常，我们用固定在刚体上并随刚体运动的固连坐标系来描述空间中该刚体的姿态，用固连坐标系中的矢量来描述刚体上某一质点的位置。只要刚体的固连坐标系确定，则其上的每个质点的位置矢量就不再变化。当固连坐标系相对于基坐标系发生旋转变换时，用固连坐标系中点的位置矢量来描述其在基坐标系中的位置便称作旋转变换。

图 4-4　旋转变换

如图 4-4 所示，坐标系{B}是坐标系{A}旋转而得，且两个坐标系的坐标原点为同一点。坐标系{B}下，点 p 坐标为(x', y', z')。设 p 点在坐标系{A}中的坐标为(x, y, z)，那么，根据几何知识可知，p 点在坐标系{A}中的 x 轴坐标值等于 p 点在坐标系{B}中的坐标值在 x 轴上的投影之和，即

$$x = x'\cos(x,x') + y'\cos(x,y') + z'\cos(x,z')$$

同理可知：

$$\begin{cases} y = x'\cos(y,x') + y'\cos(y,y') + z'\cos(y,z') \\ z = x'\cos(z,x') + y'\cos(z,y') + z'\cos(z,z') \end{cases} \tag{4-8}$$

式(4-8)用矩阵表示，可写成

$$\begin{bmatrix} x \\ y \\ z \end{bmatrix} = \boldsymbol{R} \begin{bmatrix} x' \\ y' \\ z' \end{bmatrix} = \begin{bmatrix} \cos(x,x') & \cos(x,y') & \cos(x,z') \\ \cos(y,x') & \cos(y,y') & \cos(y,z') \\ \cos(z,x') & \cos(z,y') & \cos(z,z') \end{bmatrix} \begin{bmatrix} x' \\ y' \\ z' \end{bmatrix} \tag{4-9}$$

其中，$\boldsymbol{R}$ 称作坐标系 $\{B\}$ 相对于坐标系 $\{A\}$ 的旋转矩阵，用 ${}^A_B\boldsymbol{R}$ 表示。那么用齐次坐标来表示 ${}^A_B\boldsymbol{R}$ 可写成

$$
{}^A_B\boldsymbol{R} = \begin{bmatrix} \cos(x,x') & \cos(x,y') & \cos(x,z') & 0 \\ \cos(y,x') & \cos(y,y') & \cos(y,z') & 0 \\ \cos(z,x') & \cos(z,y') & \cos(z,z') & 0 \\ 0 & 0 & 0 & 1 \end{bmatrix} \tag{4-10}
$$

另外，旋转矩阵 ${}^A_B\boldsymbol{R}$ 也可以用坐标系 $\{A\}$ 和坐标系 $\{B\}$ 三个轴方向上的单位向量来表示。设 $\hat{\boldsymbol{x}}'$、$\hat{\boldsymbol{y}}'$、$\hat{\boldsymbol{z}}'$ 是坐标系 $\{B\}$ 轴方向上的单位向量，用坐标系 $\{A\}$ 描述时可写作 ${}^A\hat{\boldsymbol{x}}_B$、${}^A\hat{\boldsymbol{y}}_B$、${}^A\hat{\boldsymbol{z}}_B$。这样，由单位向量 ${}^A\hat{\boldsymbol{x}}_B$、${}^A\hat{\boldsymbol{y}}_B$、${}^A\hat{\boldsymbol{z}}_B$ 组成的矩阵便是旋转矩阵：

$$
{}^A_B\boldsymbol{R} = \begin{bmatrix} {}^A\hat{\boldsymbol{x}}_B & {}^A\hat{\boldsymbol{y}}_B & {}^A\hat{\boldsymbol{z}}_B \end{bmatrix} = \begin{bmatrix} \hat{x}_B \cdot \hat{x}_A & \hat{y}_B \cdot \hat{x}_A & \hat{z}_B \cdot \hat{x}_A \\ \hat{x}_B \cdot \hat{y}_A & \hat{y}_B \cdot \hat{y}_A & \hat{z}_B \cdot \hat{y}_A \\ \hat{x}_B \cdot \hat{z}_A & \hat{y}_B \cdot \hat{z}_A & \hat{z}_B \cdot \hat{z}_A \end{bmatrix} \tag{4-11}
$$

从上述表达式可以看出，旋转矩阵 ${}^A_B\boldsymbol{R}$ 是由坐标系 $\{B\}$ 各轴的单位向量在坐标系 $\{A\}$ 上的投影构成的。而且，旋转矩阵的行是坐标系 $\{A\}$ 各轴的单位向量在坐标系 $\{B\}$ 上的投影，则有

$$
{}^A_B\boldsymbol{R} = \begin{bmatrix} {}^A\hat{\boldsymbol{x}}_B & {}^A\hat{\boldsymbol{y}}_B & {}^A\hat{\boldsymbol{z}}_B \end{bmatrix} = \begin{bmatrix} {}^B\hat{\boldsymbol{x}}_A^{\mathrm{T}} \\ {}^B\hat{\boldsymbol{y}}_A^{\mathrm{T}} \\ {}^B\hat{\boldsymbol{z}}_A^{\mathrm{T}} \end{bmatrix} \tag{4-12}
$$

所以有

$$
{}^A_B\boldsymbol{R} = {}^B_A\boldsymbol{R}^{\mathrm{T}} \tag{4-13}
$$

且旋转矩阵 ${}^A_B\boldsymbol{R}$ 满足：

$$
{}^A_B\boldsymbol{R}^{\mathrm{T}} {}^A_B\boldsymbol{R} = I_3
$$

因此

$$
{}^A_B\boldsymbol{R} = {}^B_A\boldsymbol{R}^{\mathrm{T}} = {}^B_A\boldsymbol{R}^{-1}
$$

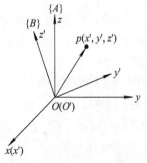

图 4-5　绕 x 轴旋转

【例 4.2】　空间中，坐标系 $\{B\}$ 由坐标系 $\{A\}$ 旋转而来，且坐标系 $\{B\}$ 和坐标系 $\{A\}$ 的坐标原点相同。设坐标系 $\{B\}$ 内一点 p 坐标为 $(-3,6,8)$，分情况讨论 p 点在坐标系 $\{A\}$ 中的坐标。

(1) 坐标系 $\{B\}$ 绕坐标系 $\{A\}$ 的 x 轴旋转 $30°$。

如图 4-5 所示，坐标系 $\{B\}$ 绕坐标系 $\{A\}$ 的 x 轴旋转角度为 θ，则旋转前后坐标系的 x 轴不变，则有

$$
{}^A_B\boldsymbol{R}(x,\theta) = \begin{bmatrix} 1 & 0 & 0 & 0 \\ 0 & \cos\theta & -\sin\theta & 0 \\ 0 & \sin\theta & \cos\theta & 0 \\ 0 & 0 & 0 & 1 \end{bmatrix} \tag{4-14}
$$

当 $\theta=30°$ 时，p 点在坐标系 $\{A\}$ 中的坐标可表示为

$$\begin{bmatrix} x \\ y \\ z \\ 1 \end{bmatrix} = {}_{B}^{A}\boldsymbol{R}\begin{bmatrix} x' \\ y' \\ z' \\ 1 \end{bmatrix} = \begin{bmatrix} 1 & 0 & 0 & 0 \\ 0 & 0.866 & -0.5 & 0 \\ 0 & 0.5 & 0.866 & 0 \\ 0 & 0 & 0 & 1 \end{bmatrix}\begin{bmatrix} -3 \\ 6 \\ 8 \\ 1 \end{bmatrix} = \begin{bmatrix} -3 \\ 1.196 \\ 9.928 \\ 1 \end{bmatrix}$$

(2) 坐标系{B}绕坐标系{A}的 y 轴旋转 30°。

同理，可写出坐标系{B}绕坐标系{A}的 y 轴旋转 θ 时的旋转矩阵为

$${}_{B}^{A}\boldsymbol{R}(y,\theta) = \begin{bmatrix} \cos\theta & 0 & \sin\theta & 0 \\ 0 & 1 & 0 & 0 \\ -\sin\theta & 0 & \cos\theta & 0 \\ 0 & 0 & 0 & 1 \end{bmatrix} \tag{4-15}$$

当 $\theta = 30°$ 时，p 点在坐标系{A}中的坐标可表示为

$$\begin{bmatrix} x \\ y \\ z \\ 1 \end{bmatrix} = {}_{B}^{A}\boldsymbol{R}\begin{bmatrix} x' \\ y' \\ z' \\ 1 \end{bmatrix} = \begin{bmatrix} 0.866 & 0 & 0.5 & 0 \\ 0 & 1 & 0 & 0 \\ -0.5 & 0 & 0.866 & 0 \\ 0 & 0 & 0 & 1 \end{bmatrix}\begin{bmatrix} -3 \\ 6 \\ 8 \\ 1 \end{bmatrix} = \begin{bmatrix} 1.402 \\ 6 \\ 8.428 \\ 1 \end{bmatrix}$$

(3) 坐标系{B}绕坐标系{A}的 z 轴旋转 30°。

坐标系{B}绕坐标系{A}的 z 轴旋转 θ 时的旋转矩阵为

$${}_{B}^{A}\boldsymbol{R}(z,\theta) = \begin{bmatrix} \cos\theta & -\sin\theta & 0 & 0 \\ \sin\theta & \cos\theta & 0 & 0 \\ 0 & 0 & 1 & 0 \\ 0 & 0 & 0 & 1 \end{bmatrix} \tag{4-16}$$

当 $\theta = 30°$ 时，p 点在坐标系{A}中的坐标可表示为

$$\begin{bmatrix} x \\ y \\ z \\ 1 \end{bmatrix} = {}_{B}^{A}\boldsymbol{R}\begin{bmatrix} x' \\ y' \\ z' \\ 1 \end{bmatrix} = \begin{bmatrix} 0.866 & -0.5 & 0 & 0 \\ 0.5 & 0.866 & 0 & 0 \\ 0 & 0 & 1 & 0 \\ 0 & 0 & 0 & 1 \end{bmatrix}\begin{bmatrix} -3 \\ 6 \\ 8 \\ 1 \end{bmatrix} = \begin{bmatrix} -5.598 \\ 3.696 \\ 8 \\ 1 \end{bmatrix}$$

同样，可以用 Matlab 编程实现向量的旋转变换功能，这里我们用 rotx(d,′deg′)、roty(d,′deg′)、rotz(d,′deg′)三个指令分别表示坐标系绕 x 轴、y 轴和 z 轴旋转。旋转变换代码如下：

```
>> %%%旋转变换%%%
>> p=[-3;6;8;1];
>> %绕 x 轴旋转 30°
>> Rx=rotx(30,'deg')
>>px=Rx*p
px =
  -3.0000
   1.1962
   9.9282
   1.0000
```

```
>> %绕 y 轴旋转 30°
>>Ry=roty(30,'deg')
>>py=Ry*p
py =
    1.4019
    6.0000
    8.4282
    1.0000

>> %绕 z 轴旋转 30°
>>Rz=rotz(30,'deg')
>>pz=Rz*p
pz =
   -5.5981
    3.6962
    8.0000
    1.0000
```

旋转矩阵 $_B^A\boldsymbol{R}$ 是用来将坐标系$\{B\}$中描述的向量映射到坐标系$\{A\}$，且坐标系$\{B\}$是相对于坐标系$\{A\}$来描述的。需要注意的是，原向量变换前后在空间中的位置并未发生改变，只是描述该向量的参考坐标系发生了变化。此外，对于矩阵来说，矩阵相乘顺序不可变，即 $\boldsymbol{AB}\neq\boldsymbol{BA}$。所以，在进行多次旋转变换时，应当在式(4-9)中左乘旋转矩阵。

4.2.4　坐标系变换的一般情况

在讨论旋转变换时，我们假设后一坐标系和前一坐标系的原点在同一点上。实际上，后一坐标系原点和前一坐标系原点之间往往存在一个矢量偏移。如图 4-6 所示，向量 $^A\boldsymbol{p}_{O'}$ 表示坐标系$\{B\}$相对于坐标系$\{A\}$的偏移量，$_B^A\boldsymbol{R}$ 表示坐标系$\{B\}$相对于坐标系$\{A\}$的旋转矩阵，坐标系$\{B\}$下 p 点坐标已知，可按下述步骤求出 p 点在坐标系$\{A\}$下的坐标。

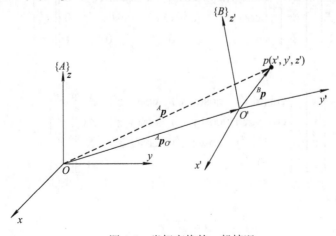

图 4-6　坐标变换的一般情况

首先，如图 4-7 所示，假设坐标系{C}是坐标系{A}经过平移而来，二者姿态相同，原点之间的偏移量为 $^A\boldsymbol{p}_{O'}$。那么，坐标系{B}和坐标系{C}原点重合，坐标系{B}是坐标系{C}旋转 $^A_B\boldsymbol{R}$ 而来，可分别运用平移变换和旋转变换来计算 p 点在坐标系{A}中的表达。

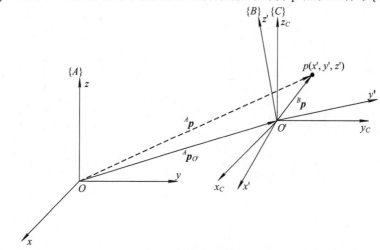

图 4-7　坐标系一般变换计算方法

然后，对坐标系{A}和坐标系{C}运用平移变换，根据式(4-3)可得

$$^A\boldsymbol{p} = {}^A\boldsymbol{p}_{O'} + {}^C\boldsymbol{p}' \tag{4-17}$$

其中，$^C\boldsymbol{p}'$ 是对 p 点在坐标系{C}下的描述。而对坐标系{C}和坐标系{B}则运用旋转变换，根据式(4-9)可得

$$^C\boldsymbol{p}' = {}^A_B\boldsymbol{R}\,{}^B\boldsymbol{p} \tag{4-18}$$

综合式(4-17)和式(4-18)，可得

$$^A\boldsymbol{p} = {}^A\boldsymbol{p}_{O'} + {}^A_B\boldsymbol{R}\,{}^B\boldsymbol{p} \tag{4-19}$$

上式表示在一般坐标系变换下矢量的描述方法，用矩阵表示有

$$\begin{bmatrix} x \\ y \\ z \\ 1 \end{bmatrix} = \begin{bmatrix} \Delta x \\ \Delta y \\ \Delta z \\ 1 \end{bmatrix} + \begin{bmatrix} \cos(x,x') & \cos(x,y') & \cos(x,z') & 0 \\ \cos(y,x') & \cos(y,y') & \cos(y,z') & 0 \\ \cos(z,x') & \cos(z,y') & \cos(z,z') & 0 \\ 0 & 0 & 0 & 1 \end{bmatrix} \begin{bmatrix} x' \\ y' \\ z' \\ 1 \end{bmatrix}$$

整理可得

$$\begin{bmatrix} x \\ y \\ z \\ 1 \end{bmatrix} = \begin{bmatrix} \cos(x,x') & \cos(x,y') & \cos(x,z') & \Delta x \\ \cos(y,x') & \cos(y,y') & \cos(y,z') & \Delta y \\ \cos(z,x') & \cos(z,y') & \cos(z,z') & \Delta z \\ 0 & 0 & 0 & 1 \end{bmatrix} \begin{bmatrix} x' \\ y' \\ z' \\ 1 \end{bmatrix} \tag{4-20}$$

式(4-20)可写成

$$^A\boldsymbol{p} = {}^A_B\boldsymbol{T}\,{}^B\boldsymbol{p} \tag{4-21}$$

其中

$$
{}^{A}_{B}\boldsymbol{T} = \begin{bmatrix} \cos(x,x') & \cos(x,y') & \cos(x,z') & \Delta x \\ \cos(y,x') & \cos(y,y') & \cos(y,z') & \Delta y \\ \cos(z,x') & \cos(z,y') & \cos(z,z') & \Delta z \\ \hline 0 & 0 & 0 & 1 \end{bmatrix} \tag{4-22}
$$

式(4-22)定义的矩阵 ${}^{A}_{B}\boldsymbol{T}$ 用来描述坐标系间一般变换关系。可以看出 ${}^{A}_{B}\boldsymbol{T}$ 矩阵左上角为旋转变换矩阵 ${}^{A}_{B}\boldsymbol{R}$，定义坐标系{B}所对应的物体在空间中的姿态。而第 4 列元素为位置矢量的齐次坐标形式，定义坐标系{B}的原点在空间中的位置。

【例 4.3】 在图 4-6 中，坐标系{B}绕坐标系{A}的 x 轴旋转 $30°$，沿 z 轴平移 10 个单位，沿 y 轴平移 5 个单位。p 点坐标为(-3,6,8)，求 ${}^{A}\boldsymbol{p}$。

坐标系变换矩阵：

$$
{}^{A}_{B}\boldsymbol{T} = \begin{bmatrix} \cos(x,x') & \cos(x,y') & \cos(x,z') & \Delta x \\ \cos(y,x') & \cos(y,y') & \cos(y,z') & \Delta y \\ \cos(z,x') & \cos(z,y') & \cos(z,z') & \Delta z \\ 0 & 0 & 0 & 1 \end{bmatrix} = \begin{bmatrix} 1 & 0 & 0 & 0 \\ 0 & 0.866 & -0.5 & 5 \\ 0 & 0.5 & 0.866 & 10 \\ 0 & 0 & 0 & 1 \end{bmatrix}
$$

那么

$$
{}^{A}\boldsymbol{p} = {}^{A}_{B}\boldsymbol{T}\,{}^{B}\boldsymbol{p} = \begin{bmatrix} 1 & 0 & 0 & 0 \\ 0 & 0.866 & -0.5 & 5 \\ 0 & 0.5 & 0.866 & 10 \\ 0 & 0 & 0 & 1 \end{bmatrix}\begin{bmatrix} -3 \\ 6 \\ 8 \\ 1 \end{bmatrix} = \begin{bmatrix} -3 \\ 6.196 \\ 19.928 \\ 1 \end{bmatrix}
$$

对于坐标系变换的一般情况来说，可以定义一个矩阵变量 $\boldsymbol{T}$ 表示多次变换后的变换矩阵，其 Matlab 编程代码如下：

```
>> %%%一般变换%%%
>> d=[-3;6;8;1]
>> T=transl(0,0,10)*transl(0,5,0)*rotx(30,'deg')
>> T*d
ans =
  -3.0000
   6.1962
  19.9282
   1.0000
```

【例 4.4】 图 4-8 中每个坐标系相对于前一坐标系都是已知的。${}^{B}_{C}\boldsymbol{T}$ 是坐标系{C}相对于坐标系{B}的变换矩阵，${}^{A}_{B}\boldsymbol{T}$ 是坐标系{B}相对于坐标系{A}的变换矩阵，已知 ${}^{C}\boldsymbol{p}$，求 ${}^{A}\boldsymbol{p}$。

分别用向量 $\begin{bmatrix} \Delta x \\ \Delta y \\ \Delta z \end{bmatrix}$ 和 $\begin{bmatrix} \Delta x' \\ \Delta y' \\ \Delta z' \end{bmatrix}$ 代替 ${}^{B}\boldsymbol{p}_{O}$ 和 ${}^{A}\boldsymbol{p}_{O'}$，先将 ${}^{C}\boldsymbol{p}$ 变换成 ${}^{B}\boldsymbol{p}$：

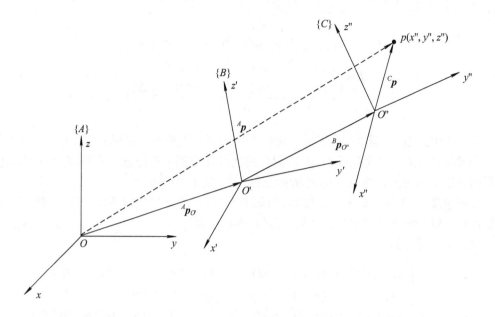

图 4-8　混合变换

$$^{B}\boldsymbol{p} = {}_{C}^{B}\boldsymbol{T}\,{}^{C}\boldsymbol{p} = \begin{bmatrix} & & & \Delta x \\ & {}_{C}^{B}\boldsymbol{R} & & \Delta y \\ & & & \Delta z \\ \hline 0 & 0 & 0 & 1 \end{bmatrix} {}^{C}\boldsymbol{p} \tag{4-23}$$

再将 $^{B}\boldsymbol{p}$ 变换成 $^{A}\boldsymbol{p}$：

$$^{A}\boldsymbol{p} = {}_{B}^{A}\boldsymbol{T}\,{}^{B}\boldsymbol{p} = \begin{bmatrix} & & & \Delta x' \\ & {}_{B}^{A}\boldsymbol{R} & & \Delta y' \\ & & & \Delta z' \\ \hline 0 & 0 & 0 & 1 \end{bmatrix} {}^{B}\boldsymbol{p} \tag{4-24}$$

至此，得到由 $^{C}\boldsymbol{p}$ 变换到 $^{A}\boldsymbol{p}$ 的关系式：

$$^{A}\boldsymbol{p} = {}_{B}^{A}\boldsymbol{T}\,{}_{C}^{B}\boldsymbol{T}\,{}^{C}\boldsymbol{p} = {}_{C}^{A}\boldsymbol{T}\,{}^{C}\boldsymbol{p} \tag{4-25}$$

其中，${}_{C}^{A}\boldsymbol{T} = {}_{B}^{A}\boldsymbol{T}\,{}_{C}^{B}\boldsymbol{T}$，且由矩阵乘法计算可得

$$^{A}_{C}\boldsymbol{T} = \begin{bmatrix} {}_{B}^{A}\boldsymbol{R}\,{}_{C}^{B}\boldsymbol{R} & \Delta \\ \hline 0 \quad 0 \quad 0 & 1 \end{bmatrix} \tag{4-26}$$

式中，$\Delta = {}_{B}^{A}\boldsymbol{R} \cdot {}^{B}\boldsymbol{p}_{O'} + {}^{A}\boldsymbol{p}_{O'}$。

应当注意到，当坐标系发生多次变换时，对于旋转矩阵来说，旋转矩阵相乘的顺序和变换发生顺序相反，即要左乘旋转矩阵。

4.3　机器人连杆坐标系

前面了解了机器人坐标系和机器人坐标变换。机器人的运动是在三维空间内进行的，因此我们在机器人的每个关节上附加一个坐标系，以便于处理机器人各关节复杂的几何参数。

4.3.1　机器人连杆

机器人的结构可以简单描述为一系列关节和刚体的组合，我们称这些刚体为连杆。相邻连杆之间通过关节连接。通常，当两个连杆之间的相对运动是在两个平面间进行时，我们称其为低副关节。常用的低副关节包括转动副、移动副、圆柱副等，如图 4-9 所示。大多数机器人的结构设计中都会包含转动关节或移动关节。转动关节指两个连杆绕关节作相对转动，而移动关节则只允许连杆沿一个方向相对移动。

我们以六轴机器人为例详细介绍机器人中连杆和关节的定义。如图 4-10 所示，机器人的底座是固定不动的，习惯上将其定义为连杆 0，而机器人第一个可动连杆则定义为连杆 1，依次类推，直至机器人末端连杆为连杆 6。两个连杆用关节连接，关节编号从 1 开始。

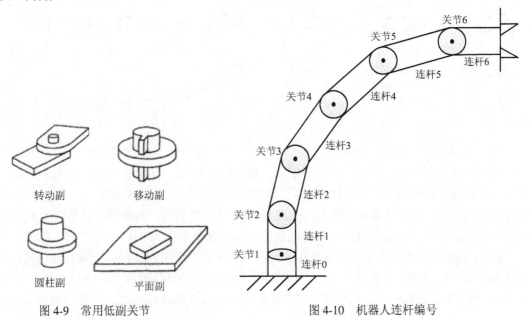

图 4-9　常用低副关节　　　　　　　图 4-10　机器人连杆编号

4.3.2　机器人连杆参数

为了更好地描述连杆在空间内的位置和姿态，定义空间内一条直线来表示关节轴的轴线。空间中，连杆 i 绕着轴 i 相对于连杆 $i-1$ 运动。由此，我们可以用连杆长度 a 和连杆转角 α 两个参数来描述两个关节轴在空间中的相对位置。

连杆长度是指两个轴之间的距离，即两个轴之间公垂线的长度。两个轴线之间总是存在公垂线。当两条轴线不平行时仅存在一条公垂线，而当相邻两个轴线平行时，有无数条公垂线。图 4-11 中，轴 $i-1$ 和轴 i 之间公垂线长度即为连杆 $i-1$ 的连杆长度 a_{i-1}。

另一个与关节轴相对位置有关的参数为连杆转角 α。在空间中，过轴 $i-1$ 作一平面，且该平面与公垂线 a_{i-1} 垂直。在平面内作轴线 i 的投影，该投影与轴 $i-1$ 相交的夹角即为连杆转角 α_{i-1}，方向按右手定则由轴 $i-1$ 指向轴 i。当相邻两个轴线相交于同一平面时，可直接获取连杆转角。但是此连杆转角没有意义，其大小和符号可以任意选取。

连杆长度 a 和连杆转角 α 这两个参数描述了与同一连杆相关的两个关节轴在空间中的相对位置。而对于相邻两个连杆来说，可以用连杆偏距 d 和关节角 θ 来描述两个连杆之间的连接关系。其中，连杆偏距 d 是指相邻两个连杆的公垂线在公共轴线上交点之间的距离，关节角 θ 是指两个相邻连杆的公垂线之间的夹角。

以图 4-11 为例，轴 i 为连杆 $i-1$ 和连杆 i 的公共轴线，a_{i-1} 和 a_i 分别为连杆 $i-1$ 和连杆 i 的连杆长度，则公垂线 a_{i-1} 在轴线 i 上的交点与公垂线 a_i 在轴线 i 上的交点之间的距离为连杆偏距 d_i，而公垂线 a_{i-1} 与 a_i 之间绕轴 i 由 a_{i-1} 指向 a_i 所形成的夹角即为关节角 θ_i，如图 4-12 所示。对于转动关节来说，只有关节角 θ_i 为变量，其他三个参数均为固定量。若机器人关节为移动关节，则只有连杆偏距 d_i 为变量。

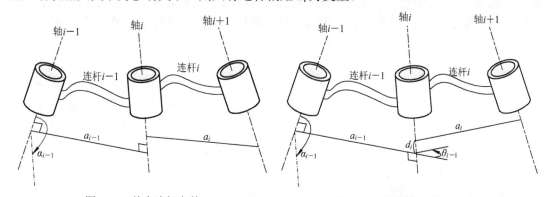

图 4-11　单个连杆参数　　　　　　图 4-12　相邻连杆参数

注意，从定义中可以看出，连杆长度 a_{i-1} 和连杆转角 α_{i-1} 由轴线 $i-1$ 和轴线 i 确定，而且，我们也只能讨论关节 2 到关节 $n-1$ 所对应的连杆偏距 d_i 和关节角 θ_i。所以，对于机械臂首尾连杆，若关节为转动关节，则关节角 θ_i 可任意取值，其他三个参数取值为 0；若关节为移动关节，则连杆偏距 d_i 可任意取值，其他参数取值为 0。

至此，我们可以看到机器人的各连杆间的运动关系可以用连杆长度 a_{i-1}、连杆转角 α_{i-1}、连杆偏距 d_i 和关节角 θ_i 来描述。其中，前两个参数用于描述连杆本身，而后两个参数用于描述连杆之间的连接关系。这种描述关系称作 Denavit-Hartenberg 参数，简称 D-H 参数。

4.3.3　机器人连杆坐标系

从 D-H 参数的定义可以看出，可以用 D-H 参数描述任意机器人。若机器人关节为转动关节，则仅需连杆长度 a_{i-1}、连杆转角 α_{i-1} 和关节角 θ_i 三个参数就可以描述该关节的运动学参数。因此，我们根据 D-H 参数在每个连杆上定义一个固连坐标系，用来描述两个相邻连杆之间的相对位置关系。坐标系命名规则和坐标系所对应的连杆的命名相同，即连杆 i 所对应的是坐标系 $\{i\}$。

1．中间连杆

对于中间连杆，按下述原则定义坐标系：

(1) 坐标系 $\{i\}$ 的坐标轴分别命名为 x_i 轴、y_i 轴和 z_i 轴。

(2) 坐标系 $\{i\}$ 的原点取轴线 i 与公垂线 a_i 的交点。

(3) 坐标系 $\{i\}$ 的 z_i 轴与轴线 i 的重合。

(4) 坐标系 $\{i\}$ 的 x_i 轴与公垂线 a_i 重合并指向轴线 $i+1$。

(5) 坐标系 $\{i\}$ 的 y_i 轴由右手准则确定。

坐标系 $\{i-1\}$ 的原点为轴线 $i-1$ 与公垂线 a_{i-1} 之间的交点 O_{i-1}，z_{i-1} 轴与轴线 $i-1$ 重合，x_{i-1} 轴与公垂线 a_{i-1} 重合且指向轴线 i，而坐标系 $\{i-1\}$ 的 y_{i-1} 则由右手定则确定。同样可以确定坐标系 $\{i\}$，结果如图 4-13 所示。

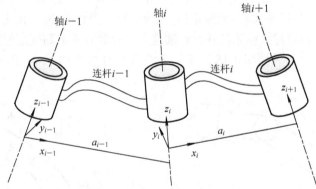

图 4-13　中间连杆坐标系的确定

2．首尾连杆

对于机器人基座连杆 0 来说，其坐标系 $\{0\}$ 定义在机器人的基座上，常处于固定状态，被选作参考坐标系。所以为了简化问题，通常取 z_0 轴与轴线 i 同向，并且规定坐标系 $\{0\}$ 与坐标系 $\{1\}$ 之间相差 θ_1。这样满足 $a_0 = 0$ 且 $\alpha_0 = 0$。而且当关节 1 为转动关节时，取 $d_1 = 0$。若关节 1 为移动关节，取 $\theta_1 = 0$。

对于坐标系 $\{n\}$，当关节 n 为转动关节时，设关节角 θ_n 为 0，则 x_n 和 x_{n-1} 同向，并且取公垂线 a_{n-1} 与轴线 n 的交点为坐标系 $\{n\}$ 的原点。当关节 n 为移动关节时，则 x_n 轴方向应满足 θ_n 为 0 的条件，并且坐标系 $\{n\}$ 的原点为公垂线 a_{n-1} 与轴线 n 的交点。

从连杆坐标系规则可以看出，我们只规定了 z_i 轴或者 x_i 轴与轴线或公垂线重合，而并没有强调其具体方向。因此，按照此规则定义的连杆坐标系不是唯一的。一方面，z_i 轴有两种指向；另一方面，当轴线 $i-1$ 和轴线 i 相交时，a_{i-1} 为 0，又因为 x_i 垂直于 z_{i-1} 和 z_i 轴所在的平面，所以 x_i 轴也有两种指向，且这种情况下坐标系 $\{i\}$ 的原点为轴线的交点。而当相邻轴线平行时，坐标系原点可随意选择，但通常选取使连杆偏距 d_i 为 0 的点作为坐标系原点。

至此，对连杆参数有如下定义：

(1) 连杆长度 a_{i-1}：沿 x_{i-1} 从 z_{i-1} 到 z_i 移动的距离。

(2) 连杆转角 α_{i-1}：绕 x_{i-1} 从 z_{i-1} 到 z_i 旋转的角度。

(3) 连杆偏距 d_i：沿 z_i 从 x_{i-1} 到 x_i 移动的距离。

(4) 关节角 θ_i：绕 z_i 从 x_{i-1} 到 x_i 旋转的角度。

其中，a_{i-1} 必须取正值，而其他三个参数可取正值或负值。

【例 4.5】 图 4-14 为一个三轴机械臂示意图，其三个关节均为转动关节且轴线相互平行，可称其为三连杆平面机械臂。建立坐标系并给出机械臂各关节 D-H 参数。

(1) 确定各关节轴轴线。从图 4-14 中可以看出，其三条轴线在空间内平行，且与纸面垂直，可确定机械臂坐标系的 z 轴垂直纸面向外。

(2) 确定各坐标系原点。根据坐标系定义规则，轴线与公垂线的交点为坐标原点。这里，各轴线相互平行，有无数条公垂线，则取轴心为坐标原点。

(3) 确定中间连杆坐标系。中间连杆坐标系即坐标系{1}和坐标系{2}，它们的 x 轴与公垂线重合并指向下一个关节。利用右手定则确定坐标系的 y 轴。

(4) 确定首尾连杆坐标系。对于参考坐标系{0}，其坐标原点与坐标系{1}的原点重合，且当 θ_1 为 0 时，坐标系{0}和坐标系{1}重合；对于坐标系{3}，由定义可知，当 θ_3 为 0 时，坐标系{3}的 x 轴与坐标系{2}的 x 轴重合。根据右手定则确定坐标系的 y 轴。最终，该机械臂各关节坐标系如图 4-15 所示，各关节 D-H 参数如表 4-1 所示。

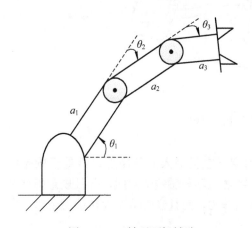

图 4-14 三轴平面机械臂

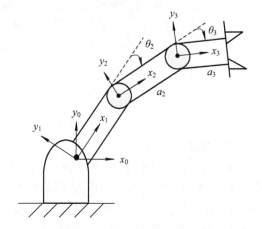

图 4-15 三连杆平面机械臂坐标系示意图

表 4-1 三连杆平面机械臂各关节 D-H 参数

i	a_{i-1}	α_{i-1}	d_i	θ_i
1	0	0	0	θ_1
2	a_1	0	0	θ_2
3	a_2	0	0	θ_3

4.3.4 连杆坐标系的建立步骤

对任一机器人，根据坐标系定义的规则，均可按以下步骤建立连杆坐标系：

(1) 确定各关节轴，并画出各轴线。

(2) 判断各轴线是否相交，确定各坐标系的原点。

(3) 根据中间连杆坐标系定义规则确定中间连杆坐标系。

(4) 确定参考坐标系$\{0\}$，当 $\theta_1 = 0$ 时，参考坐标系$\{0\}$与坐标系$\{1\}$重合。

(5) 确定末端连杆坐标系$\{n\}$，当 $\theta_n = 0$ 时，坐标系$\{n\}$的 x_n 轴与坐标系$\{n-1\}$的 x_{n-1} 轴同向，且坐标系$\{n\}$原点的选取使得 $d_n = 0$。

(6) 确定各中间轴之间的连杆长度 a_{i-1}、连杆转角 α_{i-1}、连杆偏距 d_i 和关节角 θ_i，列出 D-H 参数。

【例 4.6】　图 4-16 所示为一个三连杆机械臂，且均为转动关节，其中关节 1 和关节 2 的轴线相互垂直，称这种机械臂为三连杆非平面机械臂。建立坐标系并给出此机械臂各关节的 D-H 参数。

(1) 确定各关节轴轴线。其中，关节 1 的轴线和关节 2 的轴线相交且垂直，关节 2 轴线与关节 3 轴线平行。

(2) 确定各坐标系原点。坐标系$\{1\}$的原点与轴线 1 和轴线 2 的交点重合，而关节 2 和关节 3 的轴线互相平行，有无数条公垂线，可任意选取坐标原点。

(3) 确定中间连杆坐标系。由于 z_1 和 z_2 相交，所以坐标系$\{1\}$的 x 轴垂直于 z_1 和 z_2 所确定的平面，即垂直于纸面。利用右手定则确定坐标系$\{1\}$的 y 轴。

(4) 确定首尾连杆坐标系。对于参考坐标系$\{0\}$，其坐标原点与坐标系$\{1\}$的原点重合，取坐标系$\{0\}$和坐标系$\{1\}$重合；对于坐标系$\{3\}$，由定义可知，当 θ_3 为 0 时，坐标系$\{3\}$的 x 轴与坐标系$\{2\}$的 x 轴重合。根据右手定则确定坐标系的 y 轴。

最终，该机械臂各关节坐标系如图 4-17 所示，各关节 D-H 参数如表 4-2。

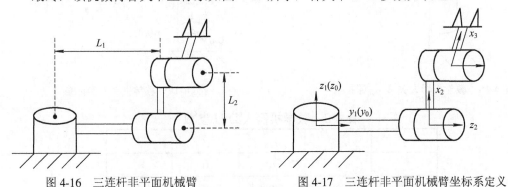

图 4-16　三连杆非平面机械臂　　　　　图 4-17　三连杆非平面机械臂坐标系定义

表 4-2　三连杆非平面机械臂各关节 D-H 参数

i	a_{i-1}	α_{i-1}	d_i	θ_i
1	0	0°	0	0°
2	0	−90°	L_1	−90°
3	L_2	0°	0	0°

4.3.5　教学机器人连杆坐标系的确定

如图 4-18 所示，教学机器人为六轴机械臂。每个轴均由舵机驱动，且底部舵机、中部舵机和上部舵机的轴是平行的，底部舵机轴与转盘舵机轴相互垂直，上部舵机轴与角度舵机轴相互垂直。

(1) 分析确定教学机器人各关节轴线，并确定轴线之间位置关系及各坐标系原点。

(2) 确定中间连杆坐标系。关节 1 和关节 2 的轴线相交且垂直，因此，坐标系{1}的 x 轴应垂直于 z_1 和 z_2 所确定的平面。对于关节 2、关节 3 和关节 4，它们的轴线相互平行，可确定其 z 轴均垂直于纸面，并规定 z 轴的方向指向纸面外，而 x 轴则由本关节指向下一关节，最后由右手定则确定 y 轴方向。

(3) 确定首尾连杆坐标系。定义参考坐标系{0}与坐标系{1}重合。关节 4 和关节 5 的轴线相互垂直，所以末端连杆坐标系{5}的 x 轴垂直于 z_4 和 z_5 所确定的平面。

(4) 建立教学机器人的坐标系，如图 4-19 所示，各连杆 D-H 参数如表 4-3。

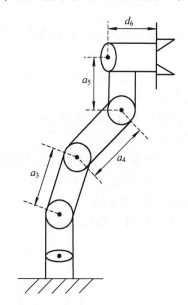
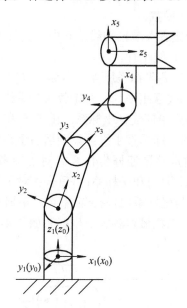

图 4-18 教学机器人关节示意图   图 4-19 教学机器人坐标系

表 4-3 教学机器人 D-H 参数

i	a_{i-1}	α_{i-1}	d_i	θ_i
1	0	0°	0	θ_1
2	0	−90°	0	θ_2
3	a_3	0°	0	θ_3
4	a_4	0°	0	θ_4
5	a_5	−90°	0	θ_5
6	0	0°	d_6	0°

至此，我们得到了教学机器人的 D-H 参数，可以由此在 Matlab 中建立教学机器人对象。

首先，根据 D-H 参数定义连杆 1：

```
>> L1=Link('d', 0, 'a', 0, 'alpha', 0,'modified');
```

若给定关节角 q=0.2，可通过 L1.A(q)指令计算连杆的变换矩阵：

```
>>L1.A(0.2)

ans =

    0.9801   -0.1987        0        0
    0.1987    0.9801        0        0
         0         0   1.0000        0
         0         0        0   1.0000
```

同样，按照 D-H 参数定义其他连杆：

```
>> L2=Link('d', 0, 'a', 0, 'alpha', -pi/2,'modified');
>> L3=Link('d', 0, 'a', 10.5, 'alpha', 0,'modified');
>> L4=Link('d', 0, 'a', 10, 'alpha', 0,'modified');
>> L5=Link('d', 0, 'a', 3, 'alpha', -pi/2,'modified');
>> L6=Link('d', 15, 'a', 0, 'alpha', 0,'modified');
```

最后，将所创建的连杆通过 SerialLink 指令连接起来，构成机器人对象：

```
>>bot = SerialLink([L1 L2 L3 L4 L5 L6], 'name', 'my robot');
```

另外，可通过 teach( )指令查看所建立的机器人对象，并生成各关节角调节滑块，如图 4-20 所示。可通过拖动滑块来改变关节角的角度值，而使机器人呈现出不同的姿态。扫描右侧二维码可观看教学机器人 Matlab 演示视频。

教学机器人 Matlab 演示

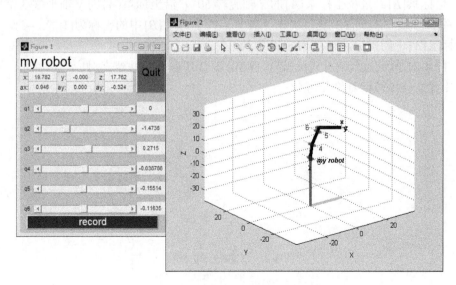

图 4-20　Matlab 中定义教学机器人对象

本 章 小 结

通过本章的学习，读者应当了解：

✧ 机器人坐标系包括大地坐标系、基坐标系、腕部坐标系、工具坐标系、工件坐标系等。其中，基坐标系为参考坐标系，在连杆 0 上定义；腕部坐标系定义在末端连杆上；当末端执行器夹取目标物体时，工具坐标系与工件坐标系重合。

✧ 对于串联机器人来说，可通过坐标变换来描述其在空间中的位姿。机器人学中的坐标变换包括平移变换和旋转变换，通常可利用二者的组合来描述空间中机器人连杆的位置和姿态。而为了计算方便，我们引入齐次坐标。

✧ 机器人连杆参数包括连杆长度 a_{i-1}、连杆转角 α_{i-1}、连杆偏距 d_i 和关节角 θ_i。利用这四个连杆参数可以描述机器人相邻两连杆之间的相对位置关系。这种用连杆参数描述机器人运动关系的规则称为 D-H 参数。

✧ D-H 参数是机器人连杆坐标系的确立依据。四个参数与连杆坐标系坐标轴的关系如下：

(1) $a_i = x_i$ 轴上，z_i 轴与 z_{i+1} 轴间的距离。

(2) $\alpha_i =$ 绕 x_i 轴旋转，z_i 轴与 z_{i+1} 轴间的角度。

(3) $d_i = z_i$ 轴上，x_{i-1} 轴与 x_i 轴间的距离。

(4) $\theta_i =$ 绕 z_i 轴旋转，x_{i-1} 轴与 x_i 轴间的角度。

本 章 练 习

1. 简述机器人系统中常见的坐标系种类及含义。

2. 简述机器人系统的四个连杆参数的内容及意义。

3. 坐标系{B}经过绕坐标系{A}的 x 轴旋转 60°、沿坐标系{A}的 y 轴平移 3 个单位、绕坐标系{A}的 z 轴旋转 30°变换而来。若 p 点在坐标系{B}中的坐标为(1, 2, −5)，计算 p 点在坐标系{A}中的坐标，并在 Matlab 中验证。

4. 图 4-21 所示为六轴链式机械臂，确定其 D-H 参数，并建立对应的坐标系。同时在 Matlab 中建立该机械臂对象并仿真。

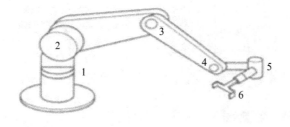

图 4-21　六轴链式机械臂

第 5 章　机器人轨迹与仿真

本章目标

- 掌握机器人运动学正问题和逆问题的分析方法。
- 掌握机器人动力学正问题和逆问题的分析方法。
- 熟悉机器人雅可比矩阵。
- 熟悉机器人运动学和动力学的编程方法。
- 熟悉机器人 Matlab 仿真。

前面讲过，工业机器人的作用主要是替代人进行劳动，将人从枯燥、繁重的劳动中解脱出来。也就是说，通过操控机器人以完成搬运、组装、码垛、焊接等工作任务。这就不得不考虑两个问题：一个是机器人手臂应当以何种姿态到达目标位置，另一个就是机器人要以怎样的速度和力度到达该位置。前者属于机器人运动学问题，后者则是机器人动力学问题。

本章中，我们以教学机器人和 ABB IRB1200 型工业机器人为例，分别进行运动学和动力学分析，并进行 Matlab 仿真验证。通过本章的学习，读者可以掌握机器人运动学和动力学的分析方法，能够建立机器人的运动学和动力学方程。

5.1　机器人轨迹分析

机器人轨迹分析就是机器人运动学问题分析。机器人运动学研究的是在不考虑受力的情况下机器人的运动特性，包括机器人的位置、速度和加速度等内容。事实上，机器人运动学包含运动学正问题和运动学逆问题两类。运动学正问题是根据给定各关节角度计算机器人末端执行器的位置与姿态，与之相反的称为运动学逆问题，即根据已知末端执行器的位置与姿态计算出相应的机器人全部关节角。机器人运动学解决了关节角 θ 与末端执行器位姿的关系问题，其正问题和逆问题关系如图 5-1 所示。

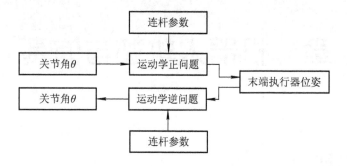

图 5-1　运动学正问题和运动学逆问题关系

对于一个具有 n 个关节的机器人来说，其连杆位置是由一组 n 个关节变量来描述的。这组 n 个关节变量被称为 $n \times 1$ 维关节矢量。由关节矢量组成的空间被称作关节空间。与之相对的就是笛卡尔空间。前文所叙述的坐标系均是在笛卡尔空间中建立的。而机器人运动学研究的就是关节空间和笛卡尔空间的相互映射关系。

5.1.1　运动学正问题

简单来说，机器人运动学正问题就是根据机器人自身参数判断其在空间中位姿的问题。而我们知道，机器人各关节的位置和姿态都会影响末端执行器的位姿。所以，分析运动学正问题时，首先需要建立机器人连杆坐标系并描述各连杆坐标系之间的关系，最终推导出机器人末端执行器相对于机器人底座的位姿变换关系。

一般情况下，坐标系间的变换关系与机器人连杆的四个参数有关。实际上，对于由转动关节构成的机器人，只有关节角 θ_i 为变量，其他三个参数均由机械结构决定。为了求解坐标系$\{i\}$相对于坐标系$\{i-1\}$的变换关系$_i^{i-1}\boldsymbol{T}$，可以定义三个中间坐标系，每个坐标系都只有一个连杆参数为变量。这样就将含有四个变量的变换分解成四个仅有一个连杆参数的变换。图 5-2 中，坐标系$\{i-1\}$和坐标系$\{i\}$分别为连杆 $i-1$ 和连杆 i 对应的坐标系，并且按照以下规则定义坐标系$\{G\}$、坐标系$\{Q\}$和坐标系$\{R\}$：

(1) 坐标系$\{R\}$由坐标系$\{i-1\}$绕x_{i-1}轴旋转 α_{i-1} 而来。

(2) 坐标系$\{Q\}$由坐标系$\{R\}$沿 x_R轴平移 a_{i-1} 而来。

(3) 坐标系$\{G\}$由坐标系$\{Q\}$绕z_Q轴旋转 θ_i 而来。

(4) 坐标系$\{G\}$沿 z_i轴平移 d_i，即为坐标系$\{i\}$。

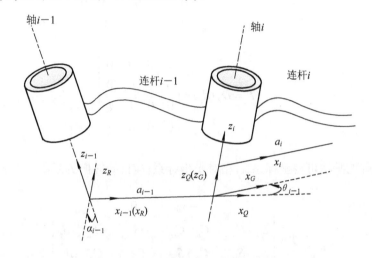

图 5-2 相邻连杆坐标系

对于坐标系$\{i\}$中任一向量 $^i\boldsymbol{p}$ 来说，在坐标系$\{i-1\}$的描述可写成

$$^{i-1}\boldsymbol{p} = {}_i^{i-1}\boldsymbol{T} \cdot {}^i\boldsymbol{p} \tag{5-1}$$

若用坐标系$\{G\}$、$\{Q\}$、$\{R\}$来描述坐标系$\{i-1\}$和坐标系$\{i\}$间的关系，则有

$$^{i-1}\boldsymbol{p} = {}_R^{i-1}\boldsymbol{T} \cdot {}_Q^R\boldsymbol{T} \cdot {}_G^Q\boldsymbol{T} \cdot {}_i^G\boldsymbol{T} \cdot {}^i\boldsymbol{p} \tag{5-2}$$

可知

$$^{i-1}_i\boldsymbol{T} = {}_R^{i-1}\boldsymbol{T} \cdot {}_Q^R\boldsymbol{T} \cdot {}_G^Q\boldsymbol{T} \cdot {}_i^G\boldsymbol{T} \tag{5-3}$$

这里，我们用 $\boldsymbol{R}_\omega(\boldsymbol{\Phi})$ 来表示坐标系绕 ω 轴旋转 $\boldsymbol{\Phi}$ 变换，用 $\boldsymbol{D}_\omega(l)$ 来表示坐标系沿 ω 轴平移 l 变换，其中 ω 可定义为 X 轴、Y 轴或 Z 轴。则根据坐标系$\{P\}$、坐标系$\{Q\}$和坐标系$\{S\}$的定义规则可知

$$^{i-1}_R\boldsymbol{T} = \boldsymbol{R}_X(\alpha_{i-1}) = \begin{bmatrix} 1 & 0 & 0 & 0 \\ 0 & \cos\alpha_{i-1} & -\sin\alpha_{i-1} & 0 \\ 0 & \sin\alpha_{i-1} & \cos\alpha_{i-1} & 0 \\ 0 & 0 & 0 & 1 \end{bmatrix} \tag{5-4}$$

$$
{}_Q^R\boldsymbol{T} = \boldsymbol{D}_X(a_{i-1}) = \begin{bmatrix} 1 & 0 & 0 & a_{i-1} \\ 0 & 1 & 0 & 0 \\ 0 & 0 & 1 & 0 \\ 0 & 0 & 0 & 1 \end{bmatrix} \tag{5-5}
$$

$$
{}_G^Q\boldsymbol{T} = \boldsymbol{R}_Z(\theta_i) = \begin{bmatrix} \cos\theta_i & -\sin\theta_i & 0 & 0 \\ \sin\theta_i & \cos\theta_i & 0 & 0 \\ 0 & 0 & 1 & 0 \\ 0 & 0 & 0 & 1 \end{bmatrix} \tag{5-6}
$$

$$
{}_i^G\boldsymbol{T} = \boldsymbol{D}_Z(d_i) = \begin{bmatrix} 1 & 0 & 0 & 0 \\ 0 & 1 & 0 & 0 \\ 0 & 0 & 1 & d_i \\ 0 & 0 & 0 & 1 \end{bmatrix} \tag{5-7}
$$

利用矩阵的乘法可得坐标系$\{i\}$相对于坐标系$\{i-1\}$的转换关系：

$$
{}_i^{i-1}\boldsymbol{T} = \begin{bmatrix} C_{\theta_i} & -S_{\theta_i} & 0 & a_{i-1} \\ S_{\theta_i}\cdot C_{\alpha_{i-1}} & C_{\theta_i}\cdot C_{\alpha_{i-1}} & -S_{\alpha_{i-1}} & -S_{\alpha_{i-1}}\cdot d_i \\ S_{\theta_i}\cdot S_{\alpha_{i-1}} & C_{\theta_i}\cdot S_{\alpha_{i-1}} & C_{\alpha_{i-1}} & C_{\alpha_{i-1}}\cdot d_i \\ 0 & 0 & 0 & 1 \end{bmatrix} \tag{5-8}
$$

这里，为书写简便，分别用 C 和 S 代替余弦和正弦函数。

式(5-8)描述了相邻两个连杆坐标系的变换的一般表达，可由此得到各连杆间的变换矩阵，进而得出坐标系$\{n\}$相对于坐标系$\{0\}$的变换矩阵：

$$
{}_n^0\boldsymbol{T} = {}_1^0\boldsymbol{T}\cdot{}_2^1\boldsymbol{T}\cdot{}_3^2\boldsymbol{T}\cdots{}_n^{n-1}\boldsymbol{T} \tag{5-9}
$$

其中，${}_n^0\boldsymbol{T}$ 是由 n 个关节变量确定的函数。可以看出，式(5-9)与连杆长度 a_{i-1}、连杆转角 α_{i-1}、连杆偏距 d_i 和关节角 θ_i 四个参数有关，若能够得到所有的关节变量，就可以建立机器人运动学方程，确定机器人末端执行器相对于基坐标系的位置和姿态。

【例 5.1】 表 5-1 中列出三轴机器人的 D-H 参数，分别计算各连杆间的变换矩阵。

表 5-1　三轴机器人 D-H 参数

i	a_{i-1}	α_{i-1}	d_i	θ_i
1	0	$0°$	0	θ_1
2	0	$-90°$	d_2	$0°$
3	a_3	$0°$	0	θ_3

根据式(5-8)可写出各连杆间的变换矩阵：

$$
{}^0_1T = \begin{bmatrix} C_{\theta_1} & -S_{\theta_1} & 0 & 0 \\ S_{\theta_1} & C_{\theta_1} & 0 & 0 \\ 0 & 0 & 1 & 0 \\ 0 & 0 & 0 & 1 \end{bmatrix}
$$

$$
{}^1_2T = \begin{bmatrix} 1 & 0 & 0 & 0 \\ 0 & 0 & 1 & d_2 \\ 0 & -1 & 0 & 0 \\ 0 & 0 & 0 & 1 \end{bmatrix}
$$

$$
{}^2_3T = \begin{bmatrix} C_{\theta_3} & -S_{\theta_3} & 0 & a_3 \\ S_{\theta_3} & C_{\theta_3} & 0 & 0 \\ 0 & 0 & 1 & 0 \\ 0 & 0 & 0 & 1 \end{bmatrix}
$$

5.1.2 教学机器人运动学正问题分析

机器人运动学正问题是根据机器人自身参数来判断其在空间中的位姿。前面，我们通过分析已经建立了教学机器人各连杆坐标系，并且列出其 D-H 参数，如表 5-2 所示。要确定末端连杆相对于连杆 0 的位置和姿态，要通过式(5-8)分别计算出各连杆间的变换关系，最后根据式(5-9)计算出 ${}^0_nT$ 即可。

表 5-2 教学机器人 D-H 参数

i	a_{i-1}	α_{i-1}	d_i	θ_i
1	0	0°	0	θ_1
2	0	−90°	0	θ_2
3	a_3	0°	0	θ_3
4	a_4	0°	0	θ_4
5	a_5	−90°	0	θ_5
6	0	0°	d_6	0°

为书写方便用 C_1 和 S_1 分别代表 C_{θ_1} 和 S_{θ_1}，则有

$$
{}^0_1T = \begin{bmatrix} C_1 & -S_1 & 0 & 0 \\ S_1 & C_1 & 0 & 0 \\ 0 & 0 & 1 & 0 \\ 0 & 0 & 0 & 1 \end{bmatrix} \tag{5-10}
$$

$$
{}^{1}_{2}T = \begin{bmatrix} C_2 & -S_2 & 0 & 0 \\ 0 & 0 & 1 & 0 \\ -S_2 & -C_2 & 0 & 0 \\ 0 & 0 & 0 & 1 \end{bmatrix} \tag{5-11}
$$

$$
{}^{2}_{3}T = \begin{bmatrix} C_3 & -S_3 & 0 & a_3 \\ S_3 & C_3 & 0 & 0 \\ 0 & 0 & 1 & 0 \\ 0 & 0 & 0 & 1 \end{bmatrix} \tag{5-12}
$$

$$
{}^{3}_{4}T = \begin{bmatrix} C_4 & -S_4 & 0 & a_4 \\ S_4 & C_4 & 0 & 0 \\ 0 & 0 & 1 & 0 \\ 0 & 0 & 0 & 1 \end{bmatrix} \tag{5-13}
$$

$$
{}^{4}_{5}T = \begin{bmatrix} C_5 & -S_5 & 0 & a_5 \\ 0 & 0 & 1 & 0 \\ -S_5 & -C_5 & 0 & 0 \\ 0 & 0 & 0 & 1 \end{bmatrix} \tag{5-14}
$$

$$
{}^{5}_{6}T = \begin{bmatrix} 1 & 0 & 0 & 0 \\ 0 & 1 & 0 & 0 \\ 0 & 0 & 1 & d_6 \\ 0 & 0 & 0 & 1 \end{bmatrix} \tag{5-15}
$$

至此，将各连杆变换矩阵相乘即得${}^{0}_{6}T$。而为方便求解运动学逆问题，我们分步计算变换矩阵${}^{0}_{6}T$。首先，由于关节 2、关节 3 和关节 4 是平行的，所以可以先计算${}^{1}_{4}T$：

$$
{}^{1}_{4}T = {}^{1}_{2}T \cdot {}^{2}_{3}T \cdot {}^{3}_{4}T = \begin{bmatrix} C_{234} & -S_{234} & 0 & a_4 \cdot C_{23} + a_3 \cdot C_2 \\ 0 & 0 & 1 & 0 \\ -S_{234} & -C_{234} & 0 & -a_4 \cdot S_{23} - a_3 \cdot S_2 \\ 0 & 0 & 0 & 1 \end{bmatrix} \tag{5-16}
$$

其中，C_{23}、S_{23}、C_{234} 和 S_{234} 是利用三角函数的和差公式整理而来的，即

$$
C_{23} = C_2 C_3 - S_2 S_3
$$
$$
S_{23} = S_2 C_3 + C_2 S_3
$$
$$
C_{234} = C_{23} C_4 - S_{23} S_4
$$
$$
S_{234} = S_{23} C_4 + C_{23} S_4
$$

接着，计算${}^{4}_{6}T$：

$$^{4}_{6}T = ^{4}_{5}T \cdot ^{5}_{6}T = \begin{bmatrix} C_5 & S_5 & 0 & a_5 \\ 0 & 0 & 1 & d_6 \\ -S_5 & C_5 & 0 & 0 \\ 0 & 0 & 0 & 1 \end{bmatrix} \tag{5-17}$$

则

$$\begin{aligned}^{1}_{6}T &= ^{1}_{4}T \cdot ^{4}_{6}T \\ &= \begin{bmatrix} C_{234} \cdot C_5 & -C_{234} \cdot S_5 & -S_{234} & a_3 C_2 + a_4 C_{23} + a_5 C_{234} - d_6 C_{234} \\ -S_5 & -C_5 & 0 & 0 \\ -S_{234} \cdot C_5 & S_{234} \cdot S_5 & -C_{234} & -a_3 S_2 - a_4 S_{23} - a_5 S_{234} - d_6 C_{234} \\ 0 & 0 & 0 & 1 \end{bmatrix}\end{aligned} \tag{5-18}$$

进而可得

$$\begin{aligned}^{0}_{6}T &= ^{0}_{1}T \cdot ^{1}_{6}T \\ &= \begin{bmatrix} C_1 \cdot C_{234} \cdot C_5 + S_1 \cdot S_5 & -C_1 \cdot C_{234} \cdot S_5 + S_1 \cdot C_5 & -C_1 \cdot S_{234} & P_x \\ S_1 \cdot C_{234} \cdot C_5 - C_1 \cdot S_5 & -S_1 \cdot C_{234} \cdot S_5 - C_1 \cdot C_5 & -S_1 \cdot S_{234} & P_y \\ -S_{234} \cdot C_5 & S_{234} \cdot S_5 & -C_{234} & P_z \\ 0 & 0 & 0 & 1 \end{bmatrix}\end{aligned} \tag{5-19}$$

其中

$$P_x = C_1(a_3 C_2 + a_4 C_{23} + a_5 C_{234} - d_6 S_{234})$$
$$P_y = S_1(a_3 C_2 + a_4 C_{23} + a_5 C_{234} - d_6 S_{234})$$
$$P_z = -(a_3 S_2 + a_4 S_{23} + a_5 S_{234} + d_6 C_{234})$$

式(5-19)即为教学机器人的运动学方程，它描述了教学机器人坐标系{6}相对于坐标系{0}的变换关系，即描述了教学机器人末端执行器在空间中相对于机器人底座的位置与姿态，是运动学分析的基本方程。

5.1.3　运动学正问题的 Matlab 分析

我们可以用 Matlab 来仿真机器人运动学正问题。上一章，我们已经介绍了在 Matlab 中创建机器人对象的方法。为了方便调用教学机器人，可以将相关代码保存到名为 MyRobot.m 的文件中，并存放在 Matlab 安装文件夹中的 Toolbox 文件夹下。MyRobot.m 文件内容如下：

```
clear L
deg = pi/180;
L1=Link('d', 0, 'a', 0, 'alpha', 0);
L2=Link('d', 0, 'a', 0, 'alpha', -pi/2);
L3=Link('d', 0, 'a', 10.5, 'alpha', 0);
```

```
L4=Link('d', 0, 'a', 10, 'alpha', 0);
L5=Link('d', 0, 'a', 3, 'alpha', -pi/2);
L6=Link('d', 15, 'a', 0, 'alpha', 0);

bot = SerialLink([L1 L2 L3 L4 L5 L6], 'name', 'my robot');
zero = [0 0 0 0 0 0]; % zero angles, L shaped pose
ready = [0 pi/2 -pi/2 0 0 0]; % ready pose, arm up

clear L
```

这样，在编程时只需调用此文件便可以调用教学机器人模型，即

```
>> MyRobot
```

1．轨迹规划

在考虑机器人运动学正问题的情况之前，我们先讨论使用 jtraj 函数生成关节坐标轨迹的方法。

```
>> [q qd qdd]=jtraj(zero,ready,3);
>> bot.plot(q); %动画演示
```

指令中 jtraj 函数的三个参数分别为起始位置、结束位置和路径规划的点数。同样，也可以给定时间向量来规划机器人的运动轨迹：

```
>> t=[0:0.056:2]; %定义时间变量，时间为 2s，采样时间为 0.056s
>> [q qd qdd]=jtraj(zero,ready,t);
>> bot.plot(q); %动画演示
```

程序中，可通过 plot 函数查看机器人的运动轨迹。此外，还可以编程得到机器人各关节角速度和角加速度变化曲线：

```
>> subplot(3,2,1); %设置：共有 6 个曲线，分两列显示，当前曲线为第一个
>> plot(t,q(:,1)); %画出关节 1 的运动曲线
>> xlabel('Time(s)')
>> ylabel('Joint1(rad)') %定义曲线的 X 轴和 Y 轴
```

同样的编程语句可以得到其他五个关节的运动曲线，如图 5-3 所示。

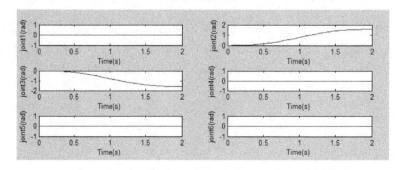

图 5-3　教学机器人各关节运动曲线

将程序中的 plot(t,q(:,1))分别改为 plot(t,qd(:,1))和 plot(t,qdd(:,1))可得到各关节的角速度

和角加速度变化曲线，如图 5-4 和图 5-5 所示。

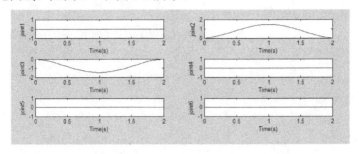

图 5-4　教学机器人各关节角速度变化曲线

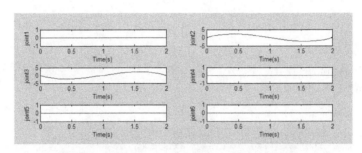

图 5-5　教学机器人各关节角加速度变化曲线

从角速度和角加速度变化曲线图中可以看出，各曲线基本平稳无振动，各关节的运动性能良好，且在运动终点处，各关节的角速度和角加速度均为 0。

2．运动学正问题的仿真

Matlab 中，可通过 fkine 函数计算相应的齐次变换矩阵，fkine 函数的调用格式为 T=R.fkine(q)。其中，参数 R 为机器人对象，q 定义了机器人的运动，T 为由 q 定义的运动对应的变换矩阵。

```
>> T=bot.fkine(q);
>> about T          %查看变换矩阵 T 的相关参数
T [double] : 4x4x36 (4.6 kB) %变换矩阵 T 为 4×4 阶矩阵，共有 5 个采样点的变换矩阵
>> T(:,:,1)          %查看各变换矩阵

ans =

    1.0000         0         0   23.5000
         0   -1.0000    0.0000         0
         0   -0.0000   -1.0000         0
         0         0         0    1.0000
```

通过 fkine 得位姿变换对应的变换矩阵之后，可以使用 subplot 指令生成 X、Y、Z 坐标随时间变换的曲线图，如图 5-6 所示。

```
%X 坐标
```

```
>> subplot(3,1,1); %subplot(行，列，序号)
>> plot(t,squeeze(T(1,4,:))); %t 为时间，squeeze 为 X 坐标点
                         %squeeze 形成新矩阵，其中时间一栏为空，表示随时间变化
>> xlabel('Time(s)');
>> ylabel('X(m)');
%Y 坐标
>> subplot(3,1,2);
>> plot(t,squeeze(T(2,4,:)));
>> xlabel('Time(s)');
>> ylabel('Y(m)');
%Z 坐标
>> subplot(3,1,3);
>> plot(t,squeeze(T(3,4,:)));
>> xlabel('Time(s)');
>> ylabel('Z(m)');
```

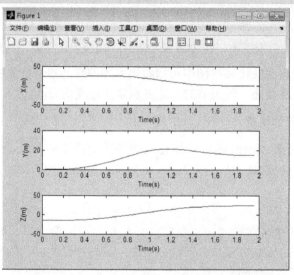

图 5-6 教学机器人运动学正问题的仿真曲线

此外，也可以定义结束姿态直接计算对应的齐次变换矩阵：

```
>> bot.fkine(ready)

ans =

    0.0000    1.0000         0    0.0000
    0.0000         0    1.0000   15.0000
    1.0000   -0.0000   -0.0000   23.5000
         0         0         0    1.0000
```

由此看出，通过定义结束姿态计算齐次变换矩阵的方法只会返回最终的变换矩阵，而并不会反映变换过程中的矩阵。扫描右侧二维码可观看教学机器人运动学正问题的仿真视频。

教学机器人运动学正问题的仿真

5.1.4　教学机器人运动学正问题编程

机器人运动学正问题是指由给定的连杆参数求得坐标系$\{n\}$相对于坐标系$\{0\}$的变换矩阵。对于教学机器人来说，就是根据各关节角 θ_i 求得变换矩阵$_6^0T$，可以通过编程实现这一过程。下面详细说明。

1. 创建 matrix.c 和 matrix.h 文件

通常，我们会在创建的工程中添加某一功能专门的源文件，以便在主函数中调用。在这里，我们在工程模板中添加 matrix.c 和 matrix.h 文件，用来定义运动学分析相关的函数及变量，具体步骤为：

(1) 在工程中新建两个文件，并以 matrix.c 和 matrix.h 为名保存到工程文件夹下。

(2) 在工程树中双击 USER 文件夹，在打开的对话框中选中 matrix.c 文件，将其添加到 USER 文件夹中。编译后可以在 matrix.c 文件的下拉列表里找到与其相关的头文件。

2. 编辑 matrix.h 头文件

matrix.h 头文件用来定义源文件 matrix.c 中使用的变量和函数等，便于函数以及变量的修改与调用，具体步骤如下：

(1) 在 matrix.h 文件中调用头文件。引用头文件的目的就是调用多个编译单元中的公共内容，以减少整体代码量：

```
#include "includes.h" //调用 include.h 文件
```

(2) 常用变量宏定义。机器人的连杆长度 a_{i-1} 和连杆偏距 d_i 由机械结构本身确定，所以编程时可以考虑将其以宏定义的方式定义：

```
#define ARM3_LENGTH      10.5   //关节 2 和关节 3 之间的机械臂长度
#define ARM4_LENGTH      10     //关节 3 和关节 4 之间的机械臂长度
#define ARM5_LENGTH      3      //关节 4 和关节 5 之间的机械臂长度
#define ARM6_D_LENGTH    15     //关节 5 和关节 6 之间的连杆偏距
#define PF(a)     ((a)*(a))    //求平方
#define PI  (3.14159265359) //圆周率
```

(3) 矩阵结构体定义。机器人运动学正问题分析的结果是根据关节角 θ_i 求的坐标系$\{6\}$相对于坐标系$\{0\}$的变换矩阵$_6^0T$。这里，我们定义：

$$_6^0T = \begin{bmatrix} n_x & O_x & a_x & P_x \\ n_y & O_y & a_y & P_y \\ n_z & O_z & a_z & P_z \\ 0 & 0 & 0 & 1 \end{bmatrix}$$

编程时，分别以矩阵的列和每列的元素定义两个结构体，进而定义整个矩阵：

```
/*定义矩阵的列*/
typedef struct
{
        MatrixNOA Nm;
        MatrixNOA Om;
        MatrixNOA Am;
        MatrixNOA Pm;
}MatrixStruct;

/*定义矩阵的元素*/
typedef struct
{
        double x;
        double y;
        double z;
}MatrixNOA;
```

(4) 函数声明。从上一节可看出，运动学正问题的求解过程中会用到 sin 函数、cos 函数和正问题求解函数。要定义这些函数，需要先在头文件中声明，指定其返回值格式和参数等。

```
double Rounding(double a);          //保留 3 位小数
double CosCustom(double angle);  //cos 余弦函数
double SinCustom(double angle);  //sin 正弦函数
u32 MatrixDirect(double * angle,MatrixStruct *matrix); //运动学正问题解函数
```

此外，头文件中通常需要增加防止反复定义的命令，头文件调用、函数声明和变量定义等指令包含其中：

```
#ifndef _MATRIX_H
#define _MATRIX_H
/*
    头文件声明语句
    变量定义语句
    函数声明语句
*/
#endif
```

3. 编辑 matrix.c 文件

头文件 matrix.h 中声明的函数在源文件 matrix.c 中定义。同样，首先需要添加头文件：

```
#include <math.h>        //cos、sin 函数声明
#include <stdlib.h>      //标准库头文件
```

```
#include <stdio.h>        //标准输入/输出头文件
#include "Matrix.h"       //运动学头文件
```

(1) CosCustom 函数。CosCustom 函数用来计算角度的余弦值，函数参数为关节角 θ_i 的角度值，对应的余弦值为函数返回值。

```
/*将角度转变为弧度，再求解 cos 值*/
double CosCustom(double angle)
{
        double x = cos(angle*PI/180.0);
        if(x<0.0001&&x>-0.0001) return 0;
        return x;
}
```

(2) SinCustom 函数。SinCustom 函数用来计算角度的正弦值，函数参数为关节角 θ_i 的角度值，对应的正弦值为函数返回值。

```
/*将角度转变为弧度，再求解 sin 值*/
double SinCustom(double angle)
{
        double x = sin(angle*PI/180.0);
        if(x<0.0001&&x>-0.0001) return 0;
        return x;
}
```

(3) Rounding 函数。CosCustom 函数和 SinCustom 函数的返回值均为 double 双精度浮点型数据，可通过 Rounding 函数保留三位小数方便计算。

```
/*保留三位小数*/
double Rounding(double a)
{
        return( ( int )( a * 1000 + 0.5 ) ) / 1000.0;
}
```

(4) MatrixDirect 函数。MatrixDirect 函数用来计算变换矩阵 ${}_{6}^{0}\boldsymbol{T}$，其参数为指向存储角度数组的指针和指向矩阵的指针。函数执行无误时返回值为 0，若角度参数或旋转矩阵为空值，则返回的矩阵 ${}_{6}^{0}\boldsymbol{T}$ 为空矩阵。

```
u32 MatrixDirect(double * angle,MatrixStruct *matrix)
{
        if(angle == NULL||matrix==NULL) return NULL;


        /*函数定义*/


        return 0;
}
```

上一节中已经求得变换矩阵：

$$
{}_6^0T = \begin{bmatrix} C_1 \cdot C_{234} \cdot C_5 + S_1 \cdot S_5 & -C_1 \cdot C_{234} \cdot S_5 + S_1 \cdot C_5 & -C_1 \cdot S_{234} & P_x \\ S_1 \cdot C_{234} \cdot C_5 - C_1 \cdot S_5 & -S_1 \cdot C_{234} \cdot S_5 - C_1 \cdot C_5 & -S_1 \cdot S_{234} & P_y \\ -S_{234} \cdot C_5 & S_{234} \cdot S_5 & -C_{234} & P_z \\ 0 & 0 & 0 & 1 \end{bmatrix}
$$

其中：

$$
P_x = C_1(a_3C_2 + a_4C_{23} + a_5C_{234} - d_6S_{234})
$$
$$
P_y = S_1(a_3C_2 + a_4C_{23} + a_5C_{234} - d_6S_{234})
$$
$$
P_z = -(a_3S_2 + a_4S_{23} + a_5S_{234} + d_6C_{234})
$$

编程时，首先定义各中间变量：

```
double c1=0,c2=0,c23=0,c234=0,c5=0;
double s1=0,s2=0,s23=0,s234=0,s5=0;
double tmp1=0,tmp2=0;


c1 = CosCustom(angle[0]);
c2 = CosCustom(angle[1]);
c5 = CosCustom(angle[5]);
c23 = CosCustom(angle[1]+angle[2]);
c234 = CosCustom(angle[1]+angle[2]+angle[3]);


s1= SinCustom(angle[0]);
s2= SinCustom(angle[1]);
s5 = SinCustom(angle[5]);
s23= SinCustom(angle[1]+angle[2]);
s234 = SinCustom(angle[1]+angle[2]+angle[3]);


tmp1 = ARM3_LENGTH*c2+ARM4_LENGTH*c23 +ARM5_LENGTH*c234-ARM6_D_LENGTH*s234
tmp2 = -ARM3_LENGTH*s2-ARM4_LENGTH*s23-ARM5_LENGTH*s234+ARM6_D_LENGTH*c234
```

然后，为矩阵的各元素赋值：

```
matrix->Nm.x = Rounding(c1*c234*c5+s1*s5);
matrix->Om.x = Rounding(-c1*c234*s5+s1*c5);
matrix->Am.x = Rounding(-c1*s234);


matrix->Nm.y = Rounding(s1*c234*c5-c1*s5);
matrix->Om.y = Rounding(-s1*c234*s5-c1*c5);
matrix->Am.y = Rounding(-s1*s234);


matrix->Nm.z = Rounding(-s234*c5);
```

```
matrix->Om.z = Rounding(s234*s5);
matrix->Am.z = Rounding(-c234);

matrix->Pm.x = Rounding(c1*tmp1);
matrix->Pm.y = Rounding(s1*tmp1);
matrix->Pm.z = Rounding(tmp2);
```

至此，已完成源文件 matrix.c 和头文件 matrix.h 编程，可在 main.c 文件中调用其中声明的函数。需要注意的是，main.c 文件中需首先声明引用 matrix.h 头文件。

5.1.5　运动学逆问题

运动学逆问题是根据已知的机械臂末端执行器的位置和姿态计算机械臂各关节角度。与正问题解的唯一性不同，运动学逆问题的解相对复杂，有可能存在多解或者无解。这是可以理解的，因为对某一姿态来说，机器人可能有不止一种路径到达，也可能根本无法到达。这时，就需要规划出机器人的最优运动路径，或更改位置坐标。

从数学角度来看，对于教学机器人来说，运动学逆问题就是已知坐标系{6}相对于坐标系{0}的变换矩阵 ${}_6^0\boldsymbol{T}$，求解各关节角 $\theta_i(i = 1,2,3,4,5,6)$。

而我们可以看到，变换矩阵 ${}_6^0\boldsymbol{T}$ 中：

$$
{}_6^0\boldsymbol{T} = \begin{bmatrix}
C_1 \cdot C_{234} \cdot C_5 + S_1 \cdot S_5 & -C_1 \cdot C_{234} \cdot S_5 + S_1 \cdot C_5 & -C_1 \cdot S_{234} & P_x \\
S_1 \cdot C_{234} \cdot C_5 - C_1 \cdot S_5 & -S_1 \cdot C_{234} \cdot S_5 - C_1 \cdot C_5 & -S_1 \cdot S_{234} & P_y \\
-S_{234} \cdot C_5 & S_{234} \cdot S_5 & -C_{234} & P_z \\
0 & 0 & 0 & 1
\end{bmatrix}
$$

其中：

$$
P_x = C_1(a_3C_2 + a_4C_{23} + a_5C_{234} - d_6S_{234})
$$
$$
P_y = S_1(a_3C_2 + a_4C_{23} + a_5C_{234} - d_6S_{234})
$$
$$
P_z = -(a_3S_2 + a_4S_{23} + a_5S_{234} + d_6C_{234})
$$

$\theta_1 \sim \theta_6$ 由矩阵中的 12 个元素确定，而 ${}_6^0\boldsymbol{T}$ 的旋转分量只有 3 个方程是相互独立的。所以，最终由 ${}_6^0\boldsymbol{T}$ 表达式构成的 6 个非线性超越方程求解 $\theta_1 \sim \theta_6$。而非线性超越方程求解较为复杂，不得不考虑解的存在性和多解性问题。

下面对此进行详细说明。

1. 解的存在性

机器人运动学逆问题解的存在性与机器人的工作空间有关。机器人工作空间是指机器人末端执行器所能到达的空间范围，若目标点位于空间范围内，则运动学逆问题的解存在。说到机器人工作空间，就不得不提两个概念：灵巧工作空间和可达工作空间。其中，灵巧工作空间为机器人末端执行器能够从任意方向到达，而可达工作空间则至少有一个方向可以到达。显然，灵巧工作空间是可达工作空间的一个子集。

机器人工作空间受自由度、连杆长度、关节角范围的影响。此外，工作空间还与工具坐标系变换有关。因为，我们讨论的可达空间点就是指工具端点。而工具坐标系变换与机器人运动学无关，因此一般情况下，我们常研究腕部坐标系的工作空间。这与机器人用户所认为的工具工作空间并不相同。但是，若腕部坐标系的期望位姿位于该空间内，则至少存在一个解。

对于串联型六轴机器人来说，若其所有关节均为转动关节或移动关节，则存在数值解。而数值解通常是通过数值迭代求得的，计算较复杂。当机器人存在几个正交关节轴或者有多个 α_i 为 0° 或者±90°时，运动学逆问题存在解析解。解析解求解相对简单，所以在设计六轴机器人时，都会使其存在三个相交的关节轴。

2. 多解性

非线性超越方程求解还存在多解性问题。以三轴机器人为例(见图 5-7)，不考虑其他因素，该机器人至少有两种位形使得末端执行器的位置到达 A 点。而对于一个机器人系统来说，最终只能选择一种位姿，即选择一个解来实现控制要求。通常，我们会考虑关节运动范围、移动距离、有无障碍物等因素，进而选择一个最合理的解。机器人运动学逆问题的解 θ_i 首先要满足关节角的取值范围，此外若运动路径上不存在障碍物，则优先选择机器人移动距离最短的方案。

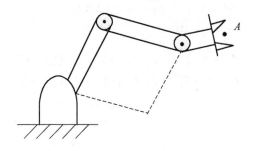

图 5-7　机器人逆解的多解性

再看存在障碍物的情况。图 5-8 中，a 和 b 两种路径对应的关节角均满足 θ_i 的运动范围。在操作机器人末端执行器从 A 点移动到 B 点时，应优先选择移动距离更短的 a 路径。但若 a 路径经过障碍物，则只能选择移动距离更长的 b 路径。

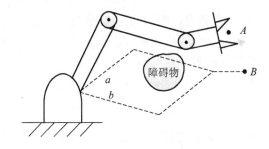

图 5-8　存在障碍物时的路径选择

机器人运动学逆问题的求解方法包括迭代法和解析法。迭代法虽然具有普遍适用性，但是无法求得所有的解，因而本书主要研究用解析法求解机械臂运动学逆问题的方法。解析法又分为几何法和代数法，几何法是通过简化机器人的机械结构进行求解，计算简单但并不通用。而代数法则是运用矩阵、三角函数的特性进行求解。其实，几何法和代数法这两种方法区别并不大，这是因为，几何法中必定会引入代数描述。二者的区别在于求解过程不同。

以三轴机械臂为例，其连杆坐标系如图 5-9 所示，D-H 参数如表 5-3 所示。

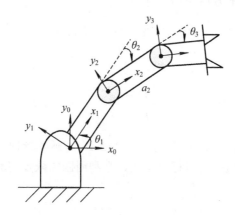

图 5-9　三轴机械臂连杆参数

表 5-3　三轴机械臂各关节 D-H 参数

i	a_{i-1}	α_{i-1}	d_i	θ_i
1	0	0°	0	θ_1
2	a_1	0°	0	θ_2
3	a_2	0°	0	θ_3

根据运动学正问题分析可得

$$
{}_3^0\boldsymbol{T} =
\begin{bmatrix}
C_{123} & -S_{123} & 0 & a_1C_1 + a_2C_{12} \\
S_{123} & C_{123} & 0 & a_1S_1 + a_2S_{12} \\
0 & 0 & 1 & 0 \\
0 & 0 & 0 & 1
\end{bmatrix}
\tag{5-20}
$$

假设末端执行器相对于基坐标系的位姿变换关系 ${}_3^0\boldsymbol{T}$ 已知：

$$
{}_3^0\boldsymbol{T} =
\begin{bmatrix}
C_{\varphi} & -S_{\varphi} & 0 & x \\
S_{\varphi} & C_{\varphi} & 0 & y \\
0 & 0 & 1 & 0 \\
0 & 0 & 0 & 1
\end{bmatrix}
\tag{5-21}
$$

其中 φ 为连杆 3 相对于 x_0 轴的方位角。令两式相等，可得

$$
C_{\varphi} = C_{123}
\tag{5-22}
$$

$$
S_{\varphi} = S_{123}
\tag{5-23}
$$

$$x = a_1 C_1 + a_2 C_{12} \tag{5-24}$$

$$y = a_1 S_1 + a_2 S_{12} \tag{5-25}$$

将式(5-24)和式(5-25)平方后相加，有

$$x^2 + y^2 = a_1^2 + a_2^2 + 2a_1 a_2 C_2$$

整理可得

$$C_2 = \frac{x^2 + y^2 - a_1^2 - a_2^2}{2a_1 a_2} \quad (-1 < C_2 < 1) \tag{5-26}$$

当等式右边的值位于区间[−1, 1]内时，式(5-26)有解。此时，机器人能够到达该目标点，否则该目标点不可到达。若目标点可达，则利用四象限反正切函数 atan2 求解关节角 θ_2 的所有解：

$$S_2 = \pm\sqrt{1 - C_2^2} \tag{5-27}$$

$$\theta_2 = \mathrm{atan2}(S_2, C_2) \tag{5-28}$$

注意，式(5-27)存在多个解，分别利用式(5-28)求解对应的 θ_2 的所有可能解。然后，式(5-24)和式(5-25)改写成

$$\begin{cases} x = (a_1 + a_2 C_2)C_1 - a_2 S_1 S_2 \\ y = (a_1 + a_2 C_2)S_1 + a_2 C_1 S_2 \end{cases} \tag{5-29}$$

令

$$\begin{cases} k_1 = r\cos\eta \\ k_2 = r\sin\eta \end{cases} \tag{5-30}$$

其中：

$$r = \sqrt{k_1^2 + k_2^2}$$

$$\eta = \mathrm{atan2}(k_2, k_1)$$

则式(5-29)可写成

$$\begin{cases} x = r\cos\eta \cdot C_1 - r\sin\eta \cdot S_1 \\ y = r\cos\eta \cdot S_1 - r\sin\eta \cdot C_1 \end{cases} \tag{5-31}$$

上式整理可得

$$\begin{cases} x = r\cos(\eta + \theta_1) \\ y = r\sin(\eta + \theta_1) \end{cases} \tag{5-32}$$

那么，可以求得

$$\theta_1 = \text{atan2}\left(\frac{y}{r}, \frac{x}{r}\right) - \text{atan2}(k_2, k_1) \tag{5-33}$$

可以看出，θ_1 的值与 θ_2 有关，而当 x 和 y 均为 0 时，θ_1 可任意取值。最后，由式 (5-34)可求得关节角 θ_3：

$$\varphi = \text{atan2}(S_\varphi, C_\varphi) = \theta_1 + \theta_2 + \theta_3 \tag{5-34}$$

需要注意的是，式(5-30)所使用的是常用的超越方程解法。而对于三轴机器人来说，其运动均为平面内运动，所以用几何法求解关节角更简便。

几何法就是将机器人的连杆参数在坐标系中表示出来。几何法求解过程中通常会用到"使三角形存在"、"余弦值有意义"等限定条件确定关节角的值。以图 5-9 为例，建立基坐标示意图。画出基坐标系{0}，将三轴机械臂在空间内的参数映射到基坐标系的平面上，其中 θ_1 为连杆 1 与 x_0 坐标轴之间的夹角，直线 c 为连接坐标系{0}和坐标系{3}原点间的直线，与 x_0 坐标轴夹角为 β，与连杆 1 夹角为 γ，如图 5-10 所示。

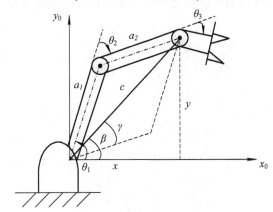

图 5-10　几何法求解运动学逆问题

由三角形余弦定理可知：

$$c^2 = x^2 + y^2 \tag{5-35}$$

$$c^2 = a_1^2 + a_2^2 - 2a_1 a_2 \cos(\pi - \theta_2) \tag{5-36}$$

整理可得

$$\cos\theta_2 = \frac{x^2 + y^2 - a_1^2 - a_2^2}{2a_1 a_2} \tag{5-37}$$

从图 5-10 中可以看出，只有当 θ_2 在 0°～180°之间时才能构成三角形，所以要求坐标系间直线 c 的长度必须小于或等于连杆 1 和连杆 2 的长度和，即 $\sqrt{x^2 + y^2} \leqslant a_1 + a_2$。$\theta_2$ 另一种取值情况为其负值。

接着，我们考虑 θ_1 的求解。

当 $\theta_2<0$ 时，$\theta_1 = \beta + \gamma$；当 $\theta_2>0$ 时，$\theta_1 = \beta - \gamma$。由图 5-10 可知：

$$\beta = \mathrm{atan}2(y,x) \tag{5-38}$$

$$\cos\gamma = \frac{x^2 + y^2 + a_1^2 - a_2^2}{2a_1\sqrt{x^2 + y^2}} \tag{5-39}$$

进而能够求解 θ_1。最后由 $\theta_1 + \theta_2 + \theta_3 = \varphi$ 可求得 θ_3。

5.1.6 教学机器人运动学逆问题分析

前面说过，相对于机器人运动学正问题来说，其逆问题的求解比较复杂，可能存在无解或者多解等问题。因此，为了简化运动学逆问题求解，保证运动学逆问题有解，在设计六轴机器人的时候，往往会使其中三个相邻的关节轴相交于一点。在求解关节角时，可以在等式两边同乘同一逆矩阵实现分离变量以方便求解，再构造出与所求关节角有关的正弦值等式进行求解。

以教学机器人为例，通过运动学正问题分析，我们已经得到各连杆之间的变换矩阵：

$$
{}^0_1\boldsymbol{T} = \begin{bmatrix} C_1 & -S_1 & 0 & 0 \\ S_1 & C_1 & 0 & 0 \\ 0 & 0 & 1 & 0 \\ 0 & 0 & 0 & 1 \end{bmatrix}
$$

$$
{}^1_2\boldsymbol{T} = \begin{bmatrix} C_2 & -S_2 & 0 & 0 \\ 0 & 0 & 1 & 0 \\ -S_2 & -C_2 & 0 & 0 \\ 0 & 0 & 0 & 1 \end{bmatrix}
$$

$$
{}^2_3\boldsymbol{T} = \begin{bmatrix} C_3 & -S_3 & 0 & a_3 \\ S_3 & C_3 & 0 & 0 \\ 0 & 0 & 1 & 0 \\ 0 & 0 & 0 & 1 \end{bmatrix}
$$

$$
{}^3_4\boldsymbol{T} = \begin{bmatrix} C_4 & -S_4 & 0 & a_4 \\ S_4 & C_4 & 0 & 0 \\ 0 & 0 & 1 & 0 \\ 0 & 0 & 0 & 1 \end{bmatrix}
$$

$$
{}^4_5\boldsymbol{T} = \begin{bmatrix} C_5 & -S_5 & 0 & a_5 \\ 0 & 0 & 1 & 0 \\ -S_5 & -C_5 & 0 & 0 \\ 0 & 0 & 0 & 1 \end{bmatrix}
$$

$$
{}^5_6\boldsymbol{T} = \begin{bmatrix} 1 & 0 & 0 & 0 \\ 0 & 1 & 0 & 0 \\ 0 & 0 & 1 & d_6 \\ 0 & 0 & 0 & 1 \end{bmatrix}
$$

还有机器人末端执行器相对于基坐标系{0}的变换矩阵：

$$
{}^0_6\boldsymbol{T} = \begin{bmatrix} C_1 \cdot C_{234} \cdot C_5 + S_1 \cdot S_5 & -C_1 \cdot C_{234} \cdot S_5 + S_1 \cdot C_5 & -C_1 \cdot S_{234} & P_x \\ S_1 \cdot C_{234} \cdot C_5 - C_1 \cdot S_5 & -S_1 \cdot C_{234} \cdot S_5 - C_1 \cdot C_5 & -S_1 \cdot S_{234} & P_y \\ -S_{234} \cdot C_5 & S_{234} \cdot S_5 & -C_{234} & P_z \\ 0 & 0 & 0 & 1 \end{bmatrix} \tag{5-40}
$$

其中：

$$
P_x = C_1(a_3 C_2 + a_4 C_{23} + a_5 C_{234} - d_6 S_{234})
$$
$$
P_y = S_1(a_3 C_2 + a_4 C_{23} + a_5 C_{234} - d_6 S_{234})
$$
$$
P_z = -(a_3 S_2 + a_4 S_{23} + a_5 S_{234} + d_6 C_{234})
$$

根据这些矩阵方程可分步求出教学机器人的各关节角。

我们知道，对于转动关节来说，其四个参数中仅有关节角 θ 为未知量。因此，可根据运动学正问题方程

$$
{}^0_6\boldsymbol{T}(\theta_1, \theta_2, \cdots, \theta_6) = {}^0_1\boldsymbol{T}(\theta_1) \cdot {}^1_2\boldsymbol{T}(\theta_2) \cdot {}^2_3\boldsymbol{T}(\theta_3) \cdot {}^3_4\boldsymbol{T}(\theta_4) \cdot {}^4_5\boldsymbol{T}(\theta_5) \cdot {}^5_6\boldsymbol{T}(\theta_6)
$$

分别求解各关节角。具体方法是：在方程两边同乘一逆矩阵以分离变量求解。为书写方便，用 ${}^0_1\boldsymbol{T}_1$ 代替 ${}^0_1\boldsymbol{T}_{\theta_1}$。首先，在方程两边同乘矩阵 ${}^0_2\boldsymbol{T}_1$ 的逆矩阵，则有

$$
({}^0_1\boldsymbol{T}_1)^{-1} \cdot {}^0_6\boldsymbol{T} = {}^1_2\boldsymbol{T}_2 \cdot {}^2_3\boldsymbol{T}_3 \cdot {}^3_4\boldsymbol{T}_4 \cdot {}^4_5\boldsymbol{T}_5 \cdot {}^5_6\boldsymbol{T}_6 = {}^1_6\boldsymbol{T} \tag{5-41}
$$

已知：

$$
({}^0_1\boldsymbol{T}_1)^{-1} = \begin{bmatrix} C_1 & S_1 & 0 & 0 \\ -S_1 & C_1 & 0 & 0 \\ 0 & 0 & 1 & 0 \\ 0 & 0 & 0 & 1 \end{bmatrix} \tag{5-42}
$$

$$
{}^1_6\boldsymbol{T} = \begin{bmatrix} C_{234} \cdot C_5 & -C_{234} \cdot S_5 & -S_{234} & a_3 C_2 + a_4 C_{23} + a_5 C_{234} - d_6 C_{234} \\ -S_5 & -C_5 & 0 & 0 \\ -S_{234} \cdot C_5 & S_{234} \cdot S_5 & -C_{234} & -a_3 S_2 - a_4 S_{23} - a_5 S_{234} - d_6 C_{234} \\ 0 & 0 & 0 & 1 \end{bmatrix} \tag{5-43}
$$

将式(5-40)、式(5-42)和式(5-43)代入式(5-41)中，使等式两边矩阵的第四列元素相等，可得

$$C_1 P_x + S_1 P_y = a_3 C_2 + a_4 C_{23} + a_5 C_{234} - d_6 S_{234} \tag{5-44}$$

$$-S_1 P_x + C_1 P_y = 0 \tag{5-45}$$

$$P_z = -a_3 S_2 - a_4 S_{23} - a_5 S_{234} - d_3 C_{234} \tag{5-46}$$

式(5-45)中，令 $P_x = \rho \cos\varphi$，$P_y = \rho \sin\varphi$，其中

$$\rho = \sqrt{P_x^2 + P_y^2}$$

$$\varphi = \mathrm{atan}a(P_y, P_x)$$

则可求解关节角 θ_1 为

$$\theta_1 = \mathrm{atan}2(P_y, P_x) \tag{5-47}$$

由于教学机器人的关节 2、关节 3 和关节 4 的轴是平行的，所以 θ_2、θ_3 和 θ_4 有多种组合方式能使得末端执行器到达指定位置。这种情况下，我们分别假设 θ_3 或者 θ_4 为固定值来求解 θ_4 和 θ_2，再经过调整后确定 θ_2 和 θ_4 的值。这里先求出 θ_3 和 θ_4 的表达式，具体调整方法将在 5.1.8 节中介绍。

式(5-44)、式(5-45)和式(5-46)的平方和相加可得

$$\begin{aligned} & P_x^2 + P_y^2 + P_z^2 \\ &= a_3^2 + a_4^2 + a_5^2 + d_6^2 + 2a_3 a_4 C_3 - 2a_4 d_6 S_4 + 2a_4 a_5 C_4 + 2a_3 a_5 C_{34} - 2a_3 d_6 S_{34} \end{aligned} \tag{5-48}$$

设 θ_3 为固定值，整理可得

$$(a_4 a_5 + a_3 a_5 C_3 - a_3 d_6 S_3)C_4 - (a_3 a_5 S_3 + a_4 d_6 + a_3 d_6 C_3)S_4 = k \tag{5-49}$$

其中：

$$k = \frac{P_x^2 + P_y^2 + P_z^2 - a_3^2 - a_4^2 - a_5^2 - d_6^2}{2} - a_3 a_4 C_3$$

令 $m = a_4 a_5 + a_3 a_5 C_3 - a_3 d_6 S_3 = \lambda \sin\psi$，$n = a_3 a_5 S_3 + a_4 d_6 + a_3 d_6 C_3 = \lambda \cos\psi$，可得

$$\sin(\psi - \theta_4) = \frac{k}{\lambda} \tag{5-50}$$

进而可得

$$\theta_4 = \mathrm{atan}2(m, n) - \mathrm{atan}2(k, \pm\sqrt{\lambda^2 - k^2}) \tag{5-51}$$

其中：

$$\lambda = \sqrt{m^2 + n^2}$$

$$\psi = \mathrm{atan}2(m, n)$$

设 θ_4 为固定值，式(5-48)整理可得

$$(a_3a_4 + a_3a_5C_4 - a_3d_6S_4)C_3 - (a_3a_5S_4 + a_3d_6C_4)S_3 = u \tag{5-52}$$

其中：

$$u = \frac{P_x{}^2 + P_y{}^2 + P_z{}^2 - a_3{}^2 - a_4{}^2 - a_5{}^2 - d_6{}^2}{2} - a_4a_5C_4 + a_4d_6S_4$$

现在，令 $p = a_3a_4 + a_3a_5C_4 - a_3d_6S_4 = \tau\sin\eta$，$q = a_3a_5S_4 + a_3d_6C_4 = \tau\cos\eta$，整理可得

$$\theta_3 = \text{atan}2(p,q) - \text{atan}2(u, \pm\sqrt{\tau^2 - u^2}) \tag{5-53}$$

其中：

$$\tau = \sqrt{p^2 + q^2}$$
$$\eta = \text{atan}2(p,q)$$

至此，我们已经解出教学机器人的关节 1、关节 3 和关节 4 对应的关节角，对于关节角 θ_2，可以在式(5-41)两端同时左乘 $({}_2^1\boldsymbol{T}_2)^{-1}$ 将未知变量 θ_2 与其他变量分离，得到

$$({}_2^1\boldsymbol{T}_2)^{-1} \cdot ({}_1^0\boldsymbol{T}_1)^{-1} \cdot {}_6^0\boldsymbol{T} = {}_6^2\boldsymbol{T} \tag{5-54}$$

其中，已知：

$$({}_2^1\boldsymbol{T}_2)^{-1} \cdot ({}_1^0\boldsymbol{T}_1)^{-1} = \begin{bmatrix} C_1C_2 & S_1C_2 & -S_2 & 0 \\ -C_1S_2 & -S_1S_2 & -C_2 & 0 \\ -S_1 & C_1 & 1 & 0 \\ 0 & 0 & 0 & 1 \end{bmatrix} \tag{5-55}$$

$$\begin{aligned}{}_6^2\boldsymbol{T} = \begin{bmatrix} C_{34}C_5 & -C_{34}C_5 & -S_{34} & -d_6S_{34} + a_5C_{34} + a_4C_3 + a_3 \\ -C_1S_2 & -S_1S_2 & -C_2 & d_6C_{34} + a_5S_{34} + a_4S_3 \\ -S_1 & C_1 & 1 & 0 \\ 0 & 0 & 0 & 1 \end{bmatrix}\end{aligned} \tag{5-56}$$

将式(5-40)、式(5-55)和式(5-56)代入式(5-54)中，令等式两边矩阵的(1,4)元素相等，可得

$$(C_1P_x + S_1P_y)C_2 - P_zS_2 = -d_6S_{34} + a_5C_{34} + a_4C_3 + a_3 \tag{5-57}$$

最终可求得关节角 θ_2：

$$\theta_2 = \text{atan}2((C_1P_x + S_1P_y), P_z) - \text{atan}2(v, \pm\sqrt{e^2 - v^2}) \tag{5-58}$$

其中：

$$e = \sqrt{(C_1P_x + S_1P_y)^2 + P_z{}^2}$$
$$v = -d_6S_{34} + a_5C_{34} + a_4C_3 + a_3 \tag{5-59}$$

由于关节 5 和关节 6 并不影响教学机器人末端执行器的位姿，在此并不求解对应的关节角 θ_5 和 θ_6。

5.1.7 运动学逆问题的 Matlab 分析

同运动学正问题一样，机器人运动学逆问题也可以通过 Matlab 编程计算，而且相对于运动学正问题来说，机器人运动学逆问题的计算更为复杂，更适合使用 Matlab 编程计算。

在 Matlab 中，利用 Robotics Toolbox 中的 ikine( ) 函数实现运动学逆问题的求解。ikine 函数有三种调用格式：

q=R.ikine(T)

q= R.ikine(T,Q)

q= R.ikine(T,Q,M)

其中，R 为机器人对象；Q 为初始点，默认为 0；T 为要反解的变换矩阵。当反解的机器人对象的自由度少于 6 时，需要通过 M 矩阵忽略某个关节自由度。

在计算运动学逆问题之前，我们先求解运动到某一姿态时对应的变换矩阵：

```
>> MyRobot
>> q=[0 -pi/4 -pi/4 0 pi/8 0];
>> T=bot.fkine(q)


T =

    0.6533   -0.7071    0.2706   16.2688
   -0.6533   -0.7071   -0.2706  -16.2688
    0.3827   -0.0000   -0.9239    1.7855
         0         0         0    1.0000
```

然后，以此变换矩阵为例，求解运动学逆问题的关节角：

```
>> qi=bot.ikine(T,'pinv')


qi =

   -0.3927   -0.3927   -0.7853   -0.0001    0.3928   -0.0000
```

至此，我们发现向量 qi 和向量 q 看上去并不相等，但是对关节角变量 qi 使用 fkine 指令可发现，其对应的变换矩阵与关节角变量 q 所对应的变换矩阵相同：

```
>> Ti=bot.fkine(qi)


Ti =

    0.6533   -0.7071    0.2706   16.2688
```

-0.6533	-0.7071	-0.2706	-16.2688
0.3827	-0.0000	-0.9239	1.7855
0	0	0	1.0000

可以看出，矩阵 Ti 和矩阵 T 是相等的，即为同一变换。这说明教学机器人的参数设计和 Matlab 中构建的仿真模型是正确的。扫描右侧二维码可观看教学机器人运动学逆问题的仿真视频。

教学机器人运动学逆问题的仿真

5.1.8　教学机器人运动学逆问题编程

同运动学正问题一样，运动学逆问题计算函数在 matrix.c 文件中定义，应当在 matrix.h 中声明：

```
/*****运动学逆问题计算函数*****/
/*
    m: 坐标系变换矩阵指针
    angle：关节角数组指针
    angle_old：前一次关节角数组指针
*/
u32  MatrixInverse(MatrixStruct* m,double *angle,double *angle_old);
double calc_angle4(double fix_k,double c3,double s3,double angle_old);
double calc_angle3(double fix_k,double c4,double s4,double angle_old);
double calc_angle2(MatrixStruct* m,double c34,double s34,double c3,double c1,double s1,double angle_old);
```

在 matrix.c 中编辑 MatrixInverse( )函数，定义函数局部变量：

```
u32  MatrixInverse(MatrixStruct* m,double *angle,double *angle_old)
{
    double c1 = 0,s1=0,c3=0,c4=0,s4=0,c3_tmp=0,s3_tmp=0,c34=0,s34=0;
    double angle4_tmp =0,angle3_tmp,angle_change=0,tmp = 0;
    int i = 0,angle_offset = 10;
    if(m==NULL||angle==NULL)
    return 1;
    memset(angle,0,sizeof(double)*5);//angle 数组清零
    tmp = (PF(m->Pm.px)+PF(m->Pm.py) +PF(m->Pm.pz)-PF(ARM5_LENGTH)
            -PF(ARM4_LENGTH)-PF(ARM3_LENGTH)-PF(ARM6_D_LENGTH))/2.0;
    c3_tmp =  CosCustom(angle_old[2]);
    s3_tmp = SinCustom(angle_old[2]);

/*****函数定义*****/

}
```

根据式(5-47)计算 θ_1，并进行范围判断，计算对应的正余弦值备用。

```
angle[0] =Rounding(atan2(m->Pm.py,m->Pm.px)*180.0/PI);//θ1
if(!ANGLE_1_RANGE(angle[0])) //θ1角度范围(0-180)
return 3; //范围出错


/*****计算 θ1 正余弦值*****/
c1 = CosCustom(angle[0]);
s1 = SinCustom(angle[0]);
```

教学机器人的关节 2、关节 3 和关节 4 的轴线平行，其关节角的求解存在多种可能性，我们按以下步骤分别计算。

1. 计算关节角 θ_4

计算关节角 θ_4 时，使关节角 θ_2 为固定值并逐步调整 θ_2 取值，直至解出的关节角 θ_4 符合其取值范围：

```
i = 0;
do
{
  do
  {
    if(angle_old[2]>=0) //θ3
    {
      if(angle3_tmp == RANGE_3_4_MIN)   return 2;


      /*根据 i 值分两种情况调整关节角 θ3*/
      angle3_tmp = angle_old[2] + i*(angle_old[2]-(((int)angle_old[2])/angle_offset)*angle_offset));
      if(i>=2)    angle3_tmp-=angle_offset*(i-1);
      if(!ANGLE_3_RANGE(angle3_tmp))   angle3_tmp = RANGE_3_4_MIN;
    }
    else
    {
      if(angle3_tmp == RANGE_3_MAX)   return 2;


      /*根据 i 值分两种情况调整关节角 θ3*/
      angle3_tmp = angle_old[2] - i*(angle_old[2] - ((((int)angle_old[2])/angle_offset)*angle_offset));
      if(i>=2)   angle3_tmp+=angle_offset*(i-1);
      if(!ANGLE_3_RANGE(angle3_tmp))   angle3_tmp = RANGE_3_MAX;
    }
    i++;
    /*计算 θ3 对应的正余弦值*/
```

```
        c3_tmp = CosCustom(angle3_tmp);
        s3_tmp = SinCustom(angle3_tmp);
        /*根据 θ₃当前值计算关节角 θ₄*/
        angle[3] = calc_angle4(tmp,c3_tmp,s3_tmp,angle_old[3]);
      }while(angle[3]==0xff); //若 θ₄不满足求解条件或者取值超出范围，跳出循环
    angle_change = abs(angle3_tmp-angle_old[2]); //计算θ₃是否调整过
}while(!ANGLE_4_RANGE(angle[3])||angle[3]==0xff);//解出满足条件的θ₄值，或者θ₄未正常求解
```

2. 计算关节角 θ_3

计算关节角 θ_3 时，使关节角 θ_4 为固定值并逐步调整 θ_3 取值，直至解出的关节角 θ_3 符合其取值范围：

```
if(angle_change == 0)//若求解 θ₄过程中，未调整过 θ₃，则通过调整 θ₄求解 θ₃
{
  i = 0;
  do
  {
    /*根据 θ₄变化，分情况调整 θ₄的取值
    angle_change = angle[3]-angle_old[3];
    if(angle_change>0)
    {
      angle4_tmp = angle_old[3]+(abs(angle_change)/3.0-angle_offset*i);
    }
    else
    {
      angle4_tmp = angle_old[3] -(abs(angle_change)/3.0-angle_offset*i);
    }

    i++;

    if(abs(angle4_tmp -angle[3])<1)//调整过的 θ₄相较原值变化较小，则直接赋值
    {
      angle4_tmp = angle[3];
      angle[2] = angle_old[2];
      break;
    }
    //否则，根据公式求解 θ₃
    angle[3] =Rounding(angle4_tmp);
    c4=CosCustom(angle4_tmp);
    s4=SinCustom(angle4_tmp);
```

```
    angle[2] = calc_angle3(tmp,c4,s4,angle_old[2]);
  }while(!ANGLE_3_RANGE(angle[2])||!ANGLE_4_RANGE(angle4_tmp));
}
else //若求解 θ₄过程中，调整过 θ₃，则直接赋值
  angle[2] = angle3_tmp;
```

3. 计算关节角 θ_2

最后，由 θ_3 和 θ_4 根据式(5-58)计算关节角 θ_2。需要考虑 $\sqrt{e^2 - v^2}$ 的取值并分情况讨论 θ_2 的取值。其中：

$$e = \sqrt{(C_1 P_x + S_1 P_y)^2 + P_z^2}$$
$$v = -d_6 S_{34} + a_5 C_{34} + a_4 C_3 + a_3$$

```
//根据逆运动学中的公式计算角度2
double calc_angle2(MatrixStruct* m,double c34,double s34,double c3,double c1,double s1,double angle_old)
{
  double k=0,tmpx=0,tmpy=0,tmpxy,tmp_sqrt=0;
  double tmp_angle=0,tmp_angle_1=0,angle2=0;

  tmpx = m->Pm.pz;
  tmpy = c1*m->Pm.px+s1*m->Pm.py;
  k = c34*ARM5_LENGTH+c3*ARM4_LENGTH+ARM3_LENGTH-s34*ARM6_D_LENGTH;

  tmpxy = PF(tmpy)+PF(tmpx);
  if(tmpxy < PF(k)) return 0xff;//根式不成立，返回错误提示

  tmp_sqrt = sqrt(tmpxy -PF(k));
  tmp_angle = Rounding((atan2(tmpy,tmpx)-atan2(k,tmp_sqrt))*180.0/PI);
  angle2 = tmp_angle;
  tmp_angle_1 = Rounding((atan2(tmpy,tmpx)-atan2(k,-tmp_sqrt))*180.0/PI);

  if(ANGLE_2_RANGE(tmp_angle)&&ANGLE_2_RANGE(tmp_angle_1))
  {
    //取最近的角度
    if(abs(tmp_angle - angle_old)>abs(tmp_angle_1 - angle_old))
    angle2 = tmp_angle_1;
  }
  else
  {
    if(ANGLE_2_RANGE(tmp_angle_1))
```

```
        angle2 = tmp_angle_1;
    }

    if(angle2 > RANGE_2_MAX)
    return 0xff;

    if(angle2 < RANGE_2_MIN)
    return 0xff;

    return angle2;
}
```

函数中调用的 calc_angle4( ) 为关节角 θ_4 求解函数，其原理为式(5-51)。需根据 $\sqrt{\lambda^2 - k^2}$ 的取值分情况对 θ_4 求解，其中：

$$k = \frac{P_x^2 + P_y^2 + P_z^2 - a_3^2 - a_4^2 - a_5^2 - d_6^2}{2} - a_3 a_4 C_3$$

$$\lambda = \sqrt{(a_4 a_5 + a_3 a_5 C_3 - a_3 d_6 S_3)^2 + (a_3 a_5 S_3 + a_4 d_6 + a_3 d_6 C_3)^2}$$

```
double calc_angle4(double fix_k,double c3,double s3,double angle_old)
{
    double k = 0,tmpx=0,tmpy=0,tmpxy,tmp_sqrt=0;
    double tmp_angle = 0,tmp_angle_1 = 0,angle4 = 0;

    k = fix_k-ARM3_LENGTH*ARM4_LENGTH*c3;

    tmpx = ARM6_D_LENGTH*ARM3_LENGTH*c3+ARM6_D_LENGTH*ARM4_LENGTH
            +ARM5_LENGTH*ARM3_LENGTH*s3;
    tmpy = ARM5_LENGTH*ARM4_LENGTH+ARM5_LENGTH*ARM3_LENGTH*c3
            -ARM6_D_LENGTH*ARM3_LENGTH*s3;
    tmpxy= PF(tmpx)+PF(tmpy);

//使根式sqrt(tmpxy-PF(k))成立，根式不成立，返回0xff
    if(tmpxy < PF(k)) return 0xff;

    tmp_sqrt = sqrt( tmpxy-PF(k));
    tmp_angle = Rounding((atan2(tmpy,tmpx)-atan2(k,tmp_sqrt))*180.0/PI);
    angle4 = tmp_angle;

    tmp_angle_1 = Rounding((atan2(tmpy,tmpx)-atan2(k,-tmp_sqrt))*180.0/PI);
    if(ANGLE_4_RANGE(tmp_angle)&&ANGLE_4_RANGE(tmp_angle_1))
```

```
    {
        //取最近的角度
        if(abs(tmp_angle - angle_old)>abs(tmp_angle_1 - angle_old))
        angle4 = tmp_angle_1;
    }
    else
    {
        if(ANGLE_4_RANGE(tmp_angle_1))
        angle4 = tmp_angle_1;
    }

    if(angle4 > RANGE_4_MAX)
    return 0xff;

    if(angle4 < RANGE_3_4_MIN)
    return 0xff;

    return angle4;
}
```

另一个调用函数 calc_angle3( )为关节角 θ_3 求解函数，其原理为式(5-53)。

```
//根据运动学逆问题中的公式计算角度3
double calc_angle3(double fix_k,double c4,double s4,double angle_old)
{
    double k = 0,tmpx=0 ,tmpy=0,tmpxy,tmp_sqrt=0;
    double tmp_angle = 0,tmp_angle_1 = 0,angle3 = 0;
    k = fix_k-ARM4_LENGTH*ARM5_LENGTH*c4+ARM4_LENGTH*ARM6_D_LENGTH*s4;
    tmpx = ARM6_D_LENGTH*ARM3_LENGTH*c4+ARM5_LENGTH*ARM3_LENGTH*s4;
    tmpy = ARM3_LENGTH*ARM4_LENGTH+ARM5_LENGTH*ARM3_LENGTH*c4
            -ARM6_D_LENGTH*ARM3_LENGTH*s4;
    tmpxy = PF(tmpx)+PF(tmpy);

    if(tmpxy < PF(k))
    return 0xff;

    tmp_sqrt = sqrt( tmpxy-PF(k));
    tmp_angle = Rounding((atan2(tmpy,tmpx)-atan2(k,tmp_sqrt))*180.0/PI);
    angle3 =tmp_angle;
    tmp_angle_1 = Rounding((atan2(tmpy,tmpx)-atan2(k,-tmp_sqrt))*180.0/PI);
```

```
if(ANGLE_3_RANGE(tmp_angle)&&ANGLE_3_RANGE(tmp_angle_1))
{
  //取最近的角度
  if(abs(tmp_angle - angle_old)>abs(tmp_angle_1 - angle_old))
  angle3 = tmp_angle_1;
}
else
{
  if(ANGLE_3_RANGE(tmp_angle_1))
  angle3 = tmp_angle_1;
}

if(angle3 > RANGE_3_MAX)
return 0xff;

if(angle3 < RANGE_3_4_MIN)
return 0xff;

return angle3;
}
```

这样，我们通过编程实现了机器人运动学逆问题的求解，编程时只需调用函数 MatrixInverse( )即可。

5.1.9　ABB IRB 1200 机器人运动学分析

常用工业机器人的结构各不相同，本节将以 ABB IRB 1200 型工业机器人(简称 IRB 1200 机器人)为例，进行运动学分析。扫描右下侧二维码可观看 IRB 1200 机器人运动学仿真视频。

ABB IRB 1200 型工业机器人为六轴工业机器人，且六个关节均为转动关节，具有占地少、速度快等特点。

IRB 1200 机器人运动学仿真

IRB 1200 机器人结构如图 5-11 所示，图中字母 A~F 标注了机器人的六个关节，对应的箭头指明了各关节的运动方向。

要对 IRB 1200 机器人进行运动学分析，需要先建立坐标系，获得其 D-H 参数。

从图 5-11 可以看出，B、C、E 三个关节的关节轴相互平行，而关节 A 的关节轴为竖直方向，使得机器人能够水平旋转，而 D、F 关节的关节轴重合。至此可知，相邻两个关节中，只有 B、C 两个关节的关节轴相互平行，而其他关节轴均相交，以此可确认各坐标系的 X 轴方向。进而可画出此机器人的坐标系，如图 5-12 所示。

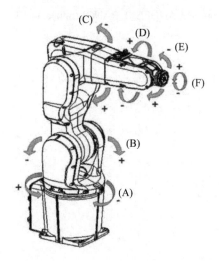

图 5-11 ABB IRB 1200 机器人结构示意图

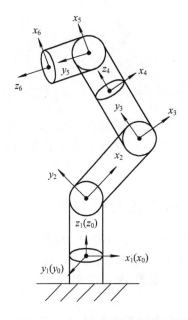

图 5-12 IRB 1200 工业机器人坐标系

同时也可以分析出 IRB 1200 机器人的 D-H 参数，如表 5-4 所示。

表 5-4 IRB 1200 型工业机器人 D-H 参数

i	a_{i-1}	α_{i-1}	d_i	θ_i
1	0	0°	0	θ_1
2	0	90°	0	θ_2
3	L	0°	0	θ_3
4	0	−90°	0	θ_4
5	0	90°	0	θ_5
6	0	−90°	0	θ_6

与教学机器人一样，我们可以根据机器人的 D-H 参数创建对应的 Matlab 对象。同样，可以在 robot 文件夹中建立一个以"ABB_IRB1200.m"为名的文件，用来保存机器人的连杆参数，具体程序如下：

```
clear L

L1=Link('d', 0, 'a', 0, 'alpha', 0,'modified');
L2=Link('d', 0, 'a', 0, 'alpha', pi/2,'modified');
L3=Link('d', 0, 'a', 35, 'alpha', 0,'modified');
L4=Link('d', 0, 'a', 0, 'alpha', -pi/2,'modified');
L5=Link('d', 0, 'a', 0, 'alpha', pi/2,'modified');
L6=Link('d', 0, 'a', 0, 'alpha', -pi/2,'modified');

abb = SerialLink([L1 L2 L3 L4 L5 L6], 'name', 'abb robot');

qs = [0 0 0 0 0 0];
qd=[0 pi/2 -pi/2 0 0 0];

clear L
```

　　创建机器人对象时，我们定义了机器人的两个位姿：一个是初始位姿 qs，另一个是目的位姿 qd。接下来，以机器人从初始位姿运动到目的位姿的运动路径为例，分析机器人的变换矩阵：

```
>> ABB_IRB_1200
>> t=[0:0.5:2];
>> q=jtraj(qs,qd,t)

q =

      0         0         0         0         0         0
      0   -0.0813    0.0813         0    0.0813         0
      0   -0.3927    0.3927         0    0.3927         0
      0   -0.7041    0.7041         0    0.7041         0
      0   -0.7854    0.7854         0    0.7854         0

>> abb.plot(q)
>> T=abb.fkine(q)

T(:,:,1) =

   1.0000         0         0   35.0000
```

```
        0      -1.0000    0.0000         0
        0      -0.0000   -1.0000         0
        0       0          0        1.0000


T(:,:,2) =

    0.9967    -0.0000   -0.0812    34.8844
    0.0000    -1.0000    0.0000    -0.0000
   -0.0812    -0.0000   -0.9967     2.8424
        0       0          0        1.0000


T(:,:,3) =

    0.9239    -0.0000   -0.3827    32.3358
    0.0000    -1.0000    0.0000    -0.0000
   -0.3827    -0.0000   -0.9239    13.3939
        0       0          0        1.0000


T(:,:,4) =

    0.7622    -0.0000   -0.6473    26.6769
    0.0000    -1.0000    0.0000    -0.0000
   -0.6473    -0.0000   -0.7622    22.6571
        0       0          0        1.0000


T(:,:,5) =

    0.7071    -0.0000   -0.7071    24.7487
    0.0000    -1.0000    0.0000    -0.0000
   -0.7071    -0.0000   -0.7071    24.7487
        0       0          0        1.0000
```

同样，可以使用 about 指令查看变换矩阵 **T** 的详细信息，也可以通过 subplot 指令生成坐标值变换曲线图。机器人运动正问题仿真能够解决机器人位姿变换矩阵的求解问题，通过运动学逆问题则可以确定机器人轨迹对应的目的位姿。仍然以初始位姿 qs 和目的位姿 qd 为例，假设已知其轨迹的变换矩阵，那么有

```
>> qi=abb.ikine(T ,'pinv')

qi =
```

0	0	0	0	0	0
0.0000	-0.0813	0.0813	0.0000	0.0813	-0.0000
0.0000	-0.3927	0.3927	-0.0000	0.3927	0.0000
0.0000	-0.7041	0.7041	-0.0000	0.7041	0.0000
0.0000	-0.7854	0.7854	0.0000	0.7854	0.0000

我们注意到，ikine 指令返回不止一个位姿数据，与我们所定义的目的位姿完全不一样。但是，qi 的第一个数据和最后一个数据与我们定义的 qs 和 qd 位姿是相同的。其实，qi 描述的是整个轨迹变换过程中所有采样点对应的位姿数据。我们可以对 qi 进行运动学正问题分析来验证一下：

```
>> T=abb.fkine(qi)

T(:,:,1) =

    1.0000        0        0   35.0000
        0   -1.0000   0.0000        0
        0   -0.0000  -1.0000        0
        0        0        0    1.0000


T(:,:,2) =

    0.9967   -0.0000   -0.0812   34.8844
    0.0000   -1.0000    0.0000   -0.0000
   -0.0812   -0.0000   -0.9967    2.8424
        0        0        0    1.0000


T(:,:,3) =

    0.9239   -0.0000   -0.3827   32.3358
    0.0000   -1.0000    0.0000   -0.0000
   -0.3827   -0.0000   -0.9239   13.3939
        0        0        0    1.0000


T(:,:,4) =

    0.7622   -0.0000   -0.6473   26.6769
    0.0000   -1.0000    0.0000   -0.0000
   -0.6473   -0.0000   -0.7622   22.6571
        0        0        0    1.0000
```

```
T(:,:,5) =

    0.7071    -0.0000    -0.7071    24.7487
    0.0000    -1.0000     0.0000    -0.0000
   -0.7071    -0.0000    -0.7071    24.7487
        0          0          0     1.0000
```

我们发现，两次运动学正问题仿真的结果其实是一致的。运用 Matlab 的运动学仿真功能，能够方便准确地判断机器人在空间中的位置和姿态，这对工业机器人的实际应用有非常重要的作用。

5.2 机器人运动分析

上一节中，我们主要研究了在不考虑机械臂运动所需力情况下机器人的运动特性。本节，我们将通过研究机器人的速度和静力引出机器人雅可比矩阵的概念，进而分析机器人运动所需力的问题，即机器人动力学。

5.2.1 矢量的速度和角速度表示方法

空间中位置矢量的速度可用该矢量所描述的空间内一点的线速度来表示，可通过位置矢量 $\boldsymbol{Q}$ 相对于坐标系$\{B\}$的微分来计算，即

$$^{B}\boldsymbol{V}_{Q} = \frac{\mathrm{d}}{\mathrm{d}t}\,^{B}\boldsymbol{Q} = \lim_{\Delta t \to 0}\frac{^{B}\boldsymbol{Q}(t+\Delta t) - ^{B}\boldsymbol{Q}(t)}{\Delta t} \tag{5-60}$$

式(5-60)描述的是，位置矢量 $\boldsymbol{Q}$ 的速度等于矢量 $\boldsymbol{Q}$ 所确定的空间中的一点在坐标系$\{B\}$中的微分。同运动学参数一样，位置矢量 $\boldsymbol{Q}$ 的速度也可以在其他坐标系中描述，在左上标处注明，如在坐标系$\{A\}$中描述坐标系$\{B\}$中的矢量 $\boldsymbol{Q}$ 对应的速度，可表示为

$$^{A}(^{B}\boldsymbol{V}_{Q}) = \frac{^{A}\mathrm{d}}{\mathrm{d}t}\,^{B}\boldsymbol{Q} \tag{5-61}$$

因此，描述空间中一点的速度矢量必须同时指明进行微分运算的坐标系和描述该速度的坐标系。例如，位置矢量 $\boldsymbol{Q}$ 相对于坐标系$\{B\}$是静止的，在坐标系$\{B\}$中描述其速度为 0，但是用其他坐标系来描述该矢量时，其速度可能不为 0。当然，当两个坐标系为同一坐标系时，式(5-61)中的左上标坐标系可省略。

我们知道，旋转矩阵可以描述两个坐标系之间的变换关系。所以可以用旋转矩阵来替代左上标的参考坐标系：

$$^{A}(^{B}\boldsymbol{V}_{Q}) = {}^{A}_{B}\boldsymbol{R} \cdot {}^{B}\boldsymbol{V}_{Q} \tag{5-62}$$

其实，在机器人动力学分析中，通常讨论的是坐标系原点相对于某一常见的世界坐标系的速度，而很少考虑坐标系中一般点的速度。针对这种情况，我们定义：

$$\boldsymbol{v}_{C} = {}^{U}\boldsymbol{V}_{\mathrm{CORG}} \tag{5-63}$$

其中，所求速度点为坐标系{C}的原点，参考坐标系为世界坐标系{U}。用 $^A\boldsymbol{v}_C$ 表示在坐标系{A}中描述坐标系{C}原点相对于坐标系{U}的速度。

线速度描述的是空间中一点的速度，而角速度则描述了空间中刚体运动情况。如图 5-13 所示，坐标系{B}相对于坐标系{A}作旋转运动，二者原点重合，则用 $^A\boldsymbol{\Omega}_B$ 的大小表示旋转速度，用 $^A\boldsymbol{\Omega}_B$ 的方向表示瞬时旋转轴。

同样，角速度也可以在任意坐标系中描述，用左上标表示描述角速度的参考坐标系，如 $^C(^A\boldsymbol{\Omega}_B)$ 表示坐标系{B}相对于坐标系{A}旋转的角速度在坐标系{C}中描述。而且也可以用 ω_C 来表示坐标系{C}的原点相对于已知坐标系{U}的角速度 $^U\boldsymbol{\Omega}_C$。

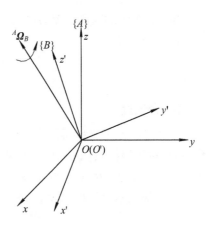

图 5-13　坐标系旋转变换

5.2.2　刚体的运动描述

刚体的运动描述主要与速度有关，包括线速度和角速度。由于坐标系均固连在刚体上，所以刚体运动可以用坐标系间的运动来描述，也可以说是将平移变换和旋转变换的描述推广到时变情况下。

1. 线速度

图 5-14 中，坐标系{A}和坐标系{B}均固连在刚体上，这里假设坐标系{A}是固定的，则坐标系{B}相对于坐标系{A}的位置可以用位置矢量 $^A\boldsymbol{P}_{O'}$ 和旋转矩阵 $^A_B\boldsymbol{R}$ 来描述，则坐标系{B}内一点 Q 在坐标系{A}中的位置为

$$^A\boldsymbol{Q} = {}^A\boldsymbol{P}_{O'} + {}^A_B\boldsymbol{R} \cdot {}^B\boldsymbol{Q} \tag{5-64}$$

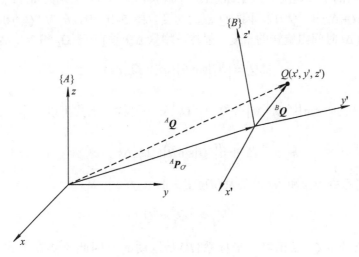

图 5-14　点的平移运动

假设旋转矩阵 $_B^A\boldsymbol{R}$ 不随时间变化，则 Q 点相对于坐标系 $\{A\}$ 的运动与 $^A\boldsymbol{P}_{o'}$ 和 $^B\boldsymbol{Q}$ 随时间的变化有关，即

$$^A\boldsymbol{V}_Q = {}^A\boldsymbol{V}_{o'} + {}_B^A\boldsymbol{R}\,{}^B\boldsymbol{V}_Q \tag{5-65}$$

3. 角速度

现在考虑两个坐标系原点始终重合，相对线速度为 0 的情况。如图 5-15 所示，坐标系 $\{B\}$ 相对于坐标系 $\{A\}$ 的方位随时间变化，旋转速度可用矢量 $^A\boldsymbol{\Omega}_B$ 表示。假设空间中一点 Q 相对于坐标系 $\{B\}$ 的方位不变，那么 Q 点相对于坐标系 $\{A\}$ 的速度可用 $^A\boldsymbol{\Omega}_B$ 表示。图 5-15 中并未表示出坐标系 $\{A\}$ 和坐标系 $\{B\}$ 对应的刚体。

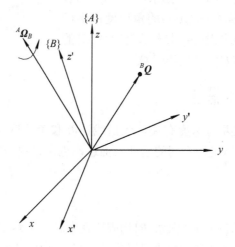

图 5-15　点的旋转运动

由于 Q 点相对于坐标系 $\{B\}$ 静止，因此，要求 Q 点的旋转速度，即是确定坐标系 $\{B\}$ 相对于坐标系 $\{A\}$ 的旋转速度。从坐标系 $\{A\}$ 中观察，通过 Q 点绕矢量 $^A\boldsymbol{\Omega}_B$ 旋转路径上的两个瞬时量 $^A\boldsymbol{Q}(t+\Delta t)$ 和 $^A\boldsymbol{Q}(t)$ 来计算 Q 点的速度。图 5-16 中，θ 为 $^A\boldsymbol{Q}(t)$ 和旋转轴 $^A\boldsymbol{\Omega}_B$ 之间的夹角，α 为 Δt 时间内旋转的角度。显然，增量 $\Delta\boldsymbol{Q}$ 垂直于 $^A\boldsymbol{\Omega}_B$ 和 $^A\boldsymbol{Q}$，$\Delta\boldsymbol{Q}$ 的大小为

$$\left|\Delta\boldsymbol{Q}\right| = \left(\left|{}^A\boldsymbol{Q}\right|\sin\theta\right)\sin\left(\left|{}^A\boldsymbol{\Omega}_B\right|\Delta t\right) \tag{5-66}$$

当 Δt 足够小时，$\sin\left(\left|{}^A\boldsymbol{\Omega}_B\right|\Delta t\right)$ 等效于 $\left|{}^A\boldsymbol{\Omega}_B\right|\Delta t$。这样，上式可以写作

$$\left|\Delta\boldsymbol{Q}\right| = \left(\left|{}^A\boldsymbol{Q}\right|\sin\theta\right)\left|{}^A\boldsymbol{\Omega}_B\right|\Delta t \tag{5-67}$$

等式左边可写成 $^A\boldsymbol{\Omega}_B$ 和 $^A\boldsymbol{Q}$ 的矢量积形式，即

$$^A\boldsymbol{V}_Q = {}^A\boldsymbol{\Omega}_B \times {}^A\boldsymbol{Q} \tag{5-68}$$

而通常情况下，Q 点相对于坐标系 $\{B\}$ 是运动的，因此需要在上式中加入此部分分量：

$$^AV_Q = {}^A\left(^BV_Q\right) + {}^A\boldsymbol{\Omega}_B \times {}^AQ \tag{5-69}$$

可以用旋转矩阵来简化：

$$^AV_Q = {}_B^A\boldsymbol{R}\,^BV_Q + {}^A\boldsymbol{\Omega}_B \times {}_B^A\boldsymbol{R}\,^BQ \tag{5-70}$$

这样便得到两个坐标系原点始终重合、相对线速度为 0 时的速度。

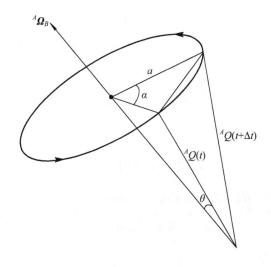

图 5-16　角速度表示点的速度

通过对上述两种特殊情况下空间内一点速度的讨论，我们更直观地认识了刚体线速度和角速度。一般情况下，两个相对运动的坐标系原点并不会重合，因此需要将原点的线速度分量添加到式中：

$$^AV_Q = {}^AV_{O'} + {}_B^A\boldsymbol{R}\,^BV_Q + {}^A\boldsymbol{\Omega}_B \times {}_B^A\boldsymbol{R}\,^BQ \tag{5-71}$$

由此得到从固定坐标系$\{A\}$观测运动坐标系$\{B\}$的矢量微分的完整结果。

式(5-68)是通过几何方法计算而来的，进而推导得出刚体角速度的一般表达式。再观察式(5-68)，设 $^A\boldsymbol{\Omega}_B=(\Omega_x,\ \Omega_y,\ \Omega_z)^{\mathrm{T}}$，$^AQ=(Q_x,\ Q_y,\ Q_z)^{\mathrm{T}}$，利用矢量积的计算方法可得

$$^AV_Q = {}^A\boldsymbol{\Omega}_B \times {}^AQ = \begin{bmatrix} i & j & k \\ \Omega_x & \Omega_y & \Omega_z \\ Q_x & Q_y & Q_z \end{bmatrix} \tag{5-72}$$

整理可得

$$^AV_Q = \begin{bmatrix} \Omega_y Q_z - \Omega_z Q_y \\ \Omega_z Q_x - \Omega_x Q_z \\ \Omega_x Q_y - \Omega_y Q_x \end{bmatrix} = \begin{bmatrix} 0 & -\Omega_z & \Omega_y \\ \Omega_z & 0 & -\Omega_x \\ -\Omega_y & \Omega_x & 0 \end{bmatrix} \begin{bmatrix} Q_x \\ Q_y \\ Q_z \end{bmatrix} \tag{5-73}$$

令

$$
{}_B^A S = \begin{bmatrix} 0 & -\Omega_z & \Omega_y \\ \Omega_z & 0 & -\Omega_x \\ -\Omega_y & \Omega_x & 0 \end{bmatrix}
$$

称为角速度矩阵，对应的 ${}^A\boldsymbol{\Omega}_B = (\Omega_x,\ \Omega_y,\ \Omega_z)^T$ 称为角速度矢量。角速度矩阵与旋转矩阵有关，可以根据旋转矩阵的特性证明。即对于正交矩阵 $\boldsymbol{R}$ 来说，它满足：

$$
\boldsymbol{R}\boldsymbol{R}^T = \boldsymbol{I}_n \tag{5-74}
$$

式中，$\boldsymbol{I}_n$ 为 $n \times n$ 阶单位矩阵。当 n 为 3 时，$\boldsymbol{R}$ 称为特征正交矩阵，即旋转矩阵。此时，对上式求导可得

$$
\dot{\boldsymbol{R}}\boldsymbol{R}^T + \boldsymbol{R}\dot{\boldsymbol{R}}^T = \boldsymbol{0}_3 \tag{5-75}
$$

也可以写为

$$
\dot{\boldsymbol{R}}\boldsymbol{R}^T + \left(\dot{\boldsymbol{R}}\boldsymbol{R}^T\right)^T = \boldsymbol{0}_3 \tag{5-76}
$$

这里，我们定义 $\boldsymbol{S} = \dot{\boldsymbol{R}}\boldsymbol{R}^T$ 为反对称矩阵，则有

$$
\boldsymbol{S} + \boldsymbol{S}^T = \boldsymbol{0}_3 \tag{5-77}
$$

且由正交矩阵的特性可知：

$$
\boldsymbol{S} = \dot{\boldsymbol{R}}\boldsymbol{R}^{-1} \tag{5-78}
$$

下面，我们证明角速度矩阵 $\boldsymbol{S}$ 的上下标和旋转矩阵 $\boldsymbol{R}$ 的上下标相同。对于坐标系$\{B\}$内的矢量 ${}^B\boldsymbol{P}$，它在坐标系$\{A\}$中的描述可表示为

$$
{}^A\boldsymbol{P} = {}_B^A\boldsymbol{R}\,{}^B\boldsymbol{P} \tag{5-79}
$$

若坐标系$\{B\}$相对于坐标系$\{A\}$旋转，则对上式求导可得

$$
{}^A\boldsymbol{V}_P = {}_B^A\dot{\boldsymbol{R}}\,{}^B\boldsymbol{P} \tag{5-80}
$$

上式中，用 ${}^A\boldsymbol{P}$ 表示 ${}^B\boldsymbol{P}$ 可得

$$
{}^A\boldsymbol{V}_P = {}_B^A\dot{\boldsymbol{R}}\,{}_B^A\boldsymbol{R}^{-1}\,{}^A\boldsymbol{P} \tag{5-81}
$$

由反对称矩阵定义可得

$$
{}^A\boldsymbol{V}_P = {}_B^A\boldsymbol{S}\,{}^A\boldsymbol{P} \tag{5-82}
$$

由此可见，角速度矩阵是与旋转矩阵相关的反对称矩阵，且它们描述的坐标系运动也是一样的。

5.2.3　连杆的运动描述

我们知道，刚体的线速度是相对于空间中一点描述的，而角速度是相对于某一物体描

述的。因此，机器人连杆速度包括两方面内容：连杆固连坐标系原点的线速度和连杆的角速度。一般情况下，每个连杆的线速度和角速度均以基础坐标系{0}为参考坐标系，这样，v_i 代表连杆坐标系{i}原点的线速度，ω_i 则表示连杆 i 的角速度。

其实，也可以直接用连杆本身的坐标系来描述连杆的速度。如图 5-17 所示，连杆 i 和连杆 $i+1$ 的速度矢量均在各自坐标系内表示。机器人是由若干个连杆组成的，每个连杆的运动都会受相邻连杆运动的影响。因此，连杆 $i+1$ 的角速度等于连杆 i 的角速度加上连杆 $i+1$ 绕关节 $i+1$ 旋转的角速度分量，即

$$^{i}\boldsymbol{\omega}_{i+1} = {^{i}}\boldsymbol{\omega}_{i} + {_{i+1}^{i}}\boldsymbol{R}\dot{\theta}_{i+1}{^{i+1}}\hat{z}_{i+1} \tag{5-83}$$

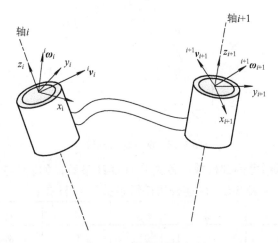

图 5-17　连杆的速度矢量

其中，$\dot{\theta}_{i+1}{^{i+1}}\hat{z}_{i+1} = {^{i+1}}\begin{bmatrix} 0 \\ 0 \\ \dot{\theta}_{i+1} \end{bmatrix}$ 表示连杆 $i+1$ 的角速度分量。上式两端同时左乘旋转矩阵 $^{i+1}_{i}\boldsymbol{R}$

可得

$$^{i+1}\boldsymbol{\omega}_{i+1} = {^{i+1}_{i}}\boldsymbol{R}{^{i}}\boldsymbol{\omega}_{i} + \dot{\theta}_{i+1}{^{i+1}}\hat{z}_{i+1} \tag{5-84}$$

此式即为连杆 $i+1$ 相对于坐标系{$i+1$}的角速度表达式。

同样，由式(5-71)可知，连杆 $i+1$ 对应坐标系原点的线速度等于坐标系{i}原点线速度和连杆 i 角速度分量之和，其中，Q 点在坐标系{i}中是静止的，对应速度 $^{B}V_{Q}$ 为 0，则有

$$^{i}\boldsymbol{v}_{i+1} = {^{i}}\boldsymbol{v}_{i} + {^{i}}\boldsymbol{\omega}_{i} \times {^{i}}\boldsymbol{Q}_{i+1} \tag{5-85}$$

等式两端同时左乘旋转矩阵 $^{i+1}_{i}\boldsymbol{R}$，则有

$$^{i+1}\boldsymbol{v}_{i+1} = {^{i+1}_{i}}\boldsymbol{R}\left({^{i}}\boldsymbol{v}_{i} + {^{i}}\boldsymbol{\omega}_{i} \times {^{i}}\boldsymbol{Q}_{i+1}\right) \tag{5-86}$$

若关节为移动关节，则对应的线速度和角速度公式可表示成

$$^{i+1}\boldsymbol{\omega}_{i+1} = {}^{i+1}_{i}\boldsymbol{R}\,{}^{i}\boldsymbol{\omega}_i$$

$$^{i+1}\boldsymbol{v}_{i+1} = {}^{i+1}_{i}\boldsymbol{R}\left({}^{i}\boldsymbol{v}_i + {}^{i}\boldsymbol{\omega}_i \times {}^{i}\boldsymbol{Q}_{i+1}\right) + \dot{d}_{i+1}\,{}^{i+1}\hat{\boldsymbol{z}}_{i+1}$$

按照连杆顺序依次应用此式，可计算出末端连杆对应的线速度 $^{n}\boldsymbol{v}_n$ 和角速度 $^{n}\boldsymbol{\omega}_n$。如果需要用坐标系{0}来描述线速度和角速度，可以在等式两边左乘 $^{n}_{0}\boldsymbol{R}$ 变换得到。

【例 5.2】 图 5-18 所示为两连杆机械臂，包含两个转动关节，分别用坐标系{0}和坐标系{3}描述末端执行器的角速度和线速度。

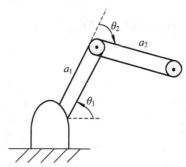

图 5-18 两连杆机械臂

通过建立连杆坐标系可得到机械臂各关节的 D-H 参数，如表 5-5 所示。

表 5-5 两连杆机械臂各关节 D-H 参数

i	a_{i-1}	α_{i-1}	d_i	θ_i
1	0	0°	0	θ_1
2	a_1	0°	0	θ_2
3	a_2	0°	0	0°

由此可得到坐标系间转换关系：

$$^{0}_{1}\boldsymbol{T} = \begin{bmatrix} C_1 & -S_1 & 0 & 0 \\ S_1 & C_1 & 0 & 0 \\ 0 & 0 & 1 & 0 \\ 0 & 0 & 0 & 1 \end{bmatrix}$$

$$^{1}_{2}\boldsymbol{T} = \begin{bmatrix} C_2 & -S_2 & 0 & a_1 \\ S_2 & C_2 & 0 & 0 \\ 0 & 0 & 1 & 0 \\ 0 & 0 & 0 & 1 \end{bmatrix}$$

$$^{2}_{3}\boldsymbol{T} = \begin{bmatrix} 1 & 0 & 0 & a_2 \\ 0 & 1 & 0 & 0 \\ 0 & 0 & 1 & 0 \\ 0 & 0 & 0 & 1 \end{bmatrix}$$

根据式(5-84)和式(5-86)依次计算各部分速度，其中 ${}^0\boldsymbol{\omega}_0$ 和 ${}^0\boldsymbol{v}_0$ 为 0。

$$
{}^1\boldsymbol{\omega}_1 = {}^1_0\boldsymbol{R} \cdot {}^0\boldsymbol{\omega}_0 + \begin{bmatrix} 0 \\ 0 \\ \dot{\theta}_1 \end{bmatrix} = \begin{bmatrix} 0 \\ 0 \\ \dot{\theta}_1 \end{bmatrix}
$$

$$
{}^1\boldsymbol{v}_1 = {}^1_0\boldsymbol{R} \cdot \left({}^0\boldsymbol{v}_0 + {}^0\boldsymbol{\omega}_0 \times {}^0\boldsymbol{Q}_1 \right) = \begin{bmatrix} 0 \\ 0 \\ 0 \end{bmatrix}
$$

$$
{}^2\boldsymbol{\omega}_2 = {}^2_1\boldsymbol{R} \cdot {}^1\boldsymbol{\omega}_1 + \begin{bmatrix} 0 \\ 0 \\ \dot{\theta}_2 \end{bmatrix} = \begin{bmatrix} C_2 & S_2 & 0 \\ -S_2 & C_2 & 0 \\ 0 & 0 & 1 \end{bmatrix} \cdot \begin{bmatrix} 0 \\ 0 \\ \dot{\theta}_1 \end{bmatrix} + \begin{bmatrix} 0 \\ 0 \\ \dot{\theta}_2 \end{bmatrix} = \begin{bmatrix} 0 \\ 0 \\ \dot{\theta}_1 + \dot{\theta}_2 \end{bmatrix}
$$

$$
\begin{aligned}
{}^2\boldsymbol{v}_2 = {}^2_1\boldsymbol{R} \cdot \left({}^1\boldsymbol{v}_1 + {}^1\boldsymbol{\omega}_1 \times {}^1\boldsymbol{Q}_2 \right) &= \begin{bmatrix} C_2 & S_2 & 0 \\ -S_2 & C_2 & 0 \\ 0 & 0 & 1 \end{bmatrix} \cdot \left(\begin{bmatrix} 0 \\ 0 \\ 0 \end{bmatrix} + \begin{bmatrix} 0 \\ 0 \\ \dot{\theta}_1 \end{bmatrix} \times \begin{bmatrix} a_1 \\ 0 \\ 0 \end{bmatrix} \right) \\
&= \begin{bmatrix} a_1 S_2 \dot{\theta}_1 \\ a_1 C_2 \dot{\theta}_1 \\ 0 \end{bmatrix}
\end{aligned}
$$

$$
{}^3\boldsymbol{\omega}_3 = {}^3_2\boldsymbol{R} \cdot {}^2\boldsymbol{\omega}_2 + \begin{bmatrix} 0 \\ 0 \\ 0 \end{bmatrix} = \begin{bmatrix} 1 & 0 & 0 \\ 0 & 1 & 0 \\ 0 & 0 & 1 \end{bmatrix} \cdot \begin{bmatrix} 0 \\ 0 \\ \dot{\theta}_1 + \dot{\theta}_2 \end{bmatrix} = \begin{bmatrix} 0 \\ 0 \\ \dot{\theta}_1 + \dot{\theta}_2 \end{bmatrix}
$$

$$
\begin{aligned}
{}^3\boldsymbol{v}_3 = {}^3_2\boldsymbol{R} \cdot \left({}^2\boldsymbol{v}_2 + {}^2\boldsymbol{\omega}_2 \times {}^2\boldsymbol{Q}_3 \right) &= \begin{bmatrix} 1 & 0 & 0 \\ 0 & 1 & 0 \\ 0 & 0 & 1 \end{bmatrix} \cdot \left(\begin{bmatrix} a_1 S_2 \dot{\theta}_1 \\ a_1 C_2 \dot{\theta}_1 \\ 0 \end{bmatrix} + \begin{bmatrix} 0 \\ 0 \\ \dot{\theta}_1 + \dot{\theta}_2 \end{bmatrix} \times \begin{bmatrix} a_2 \\ 0 \\ 0 \end{bmatrix} \right) \\
&= \begin{bmatrix} a_1 S_2 \dot{\theta}_1 \\ a_1 C_2 \dot{\theta}_1 + a_2(\dot{\theta}_1 + \dot{\theta}_2) \\ 0 \end{bmatrix}
\end{aligned}
\tag{5-87}
$$

式(5-87)即为坐标系{3}表示的机械臂末端执行器的速度 ${}^3\boldsymbol{v}_3$。用旋转矩阵 ${}^0_3\boldsymbol{R}$ 左乘 ${}^3\boldsymbol{v}_3$ 可得到相对于基坐标系的速度表达式：

$$
{}^0\boldsymbol{v}_3 = \begin{bmatrix} C_{12} & -S_{12} & 0 \\ S_{12} & C_{12} & 0 \\ 0 & 0 & 1 \end{bmatrix} \cdot \begin{bmatrix} a_1 S_2 \dot{\theta}_1 \\ a_1 C_2 \dot{\theta}_1 + a_2(\dot{\theta}_1 + \dot{\theta}_2) \\ 0 \end{bmatrix} = \begin{bmatrix} -a_1 \dot{\theta}_1 S_1 - a_2 S_{12}(\dot{\theta}_1 + \dot{\theta}_2) \\ a_1 \dot{\theta}_1 C_1 + a_2 C_{12}(\dot{\theta}_1 + \dot{\theta}_2) \\ 0 \end{bmatrix}
\tag{5-88}
$$

连杆速度推导公式除了计算各连杆的运动速度之外，还可以将计算过程写成子程序，编程进行求解。这种求解方法并不仅限于某一特定机械臂，而是适用于所有的机械臂。

5.2.4 雅可比矩阵

在例 5.2 中，我们通过推导得到了不同坐标系下末端执行器的速度表达式。其实，式(5-87)和式(5-88)均可以用矩阵乘法表示，即

$$
{}^3v_3 = \begin{bmatrix} a_1 S_2 \dot{\theta}_1 \\ a_1 C_2 \dot{\theta}_1 + a_2(\dot{\theta}_1 + \dot{\theta}_2) \\ 0 \end{bmatrix} = \begin{bmatrix} a_1 S_2 & 0 \\ a_1 C_2 + a_2 & a_2 \end{bmatrix} \begin{bmatrix} \dot{\theta}_1 \\ \dot{\theta}_2 \end{bmatrix} \tag{5-89}
$$

$$
{}^0v_3 = \begin{bmatrix} -a_1 S_1 \dot{\theta}_1 - a_2 S_{12}(\dot{\theta}_1 + \dot{\theta}_2) \\ a_1 \dot{\theta}_1 C_1 + a_2 C_{12}(\dot{\theta}_1 + \dot{\theta}_2) \\ 0 \end{bmatrix} = \begin{bmatrix} -a_1 S_1 - a_2 S_{12} & -a_2 S_{12} \\ a_1 C_1 + a_2 C_{12} & a_2 C_{12} \end{bmatrix} \begin{bmatrix} \dot{\theta}_1 \\ \dot{\theta}_2 \end{bmatrix} \tag{5-90}
$$

式(5-89)和式(5-90)描述了关节速度和末端执行器速度之间的关系。这里，矩阵

$$
\begin{bmatrix} a_1 S_2 & 0 \\ a_1 C_2 + a_2 & a_2 \end{bmatrix}
$$

和矩阵

$$
\begin{bmatrix} -a_1 S_1 - a_2 S_{12} & -a_2 S_{12} \\ a_1 C_1 + a_2 C_{12} & a_2 C_{12} \end{bmatrix}
$$

均被称为雅可比矩阵，只是参考坐标系不同。下面我们介绍一下雅可比矩阵。

1. 雅可比矩阵

事实上，雅可比矩阵就是偏导数矩阵。设有 6 个函数：

$$
\begin{cases} y_1 = f_1(x_1, x_2, x_3, x_4, x_5, x_6) \\ y_2 = f_2(x_1, x_2, x_3, x_4, x_5, x_6) \\ \vdots \\ y_6 = f_6(x_1, x_2, x_3, x_4, x_5, x_6) \end{cases} \tag{5-91}
$$

要计算 y_i 关于 x_i 的导数，有

$$
\begin{cases} \delta y_1 = \dfrac{\partial f_1}{\partial x_1} \delta x_1 + \dfrac{\partial f_1}{\partial x_2} \delta x_2 + \cdots + \dfrac{\partial f_1}{\partial x_6} \delta x_6 \\ \delta y_2 = \dfrac{\partial f_2}{\partial x_1} \delta x_1 + \dfrac{\partial f_2}{\partial x_2} \delta x_2 + \cdots + \dfrac{\partial f_2}{\partial x_6} \delta x_6 \\ \vdots \\ \delta y_6 = \dfrac{\partial f_6}{\partial x_1} \delta x_1 + \dfrac{\partial f_6}{\partial x_2} \delta x_2 + \cdots + \dfrac{\partial f_6}{\partial x_6} \delta x_6 \end{cases} \tag{5-92}
$$

可以简单写为

$$\delta Y = \frac{\partial F}{\partial X} \delta X \tag{5-93}$$

式(5-93)中 6×6 阶偏导数 $\frac{\partial F}{\partial X}$ 即为雅可比矩阵 $\boldsymbol{J}$。若函数 $f_1(X)$、$f_2(X)$、$\cdots$、$f_6(X)$ 均为

非线性函数，则偏导数 $\frac{\partial F}{\partial X}$ 为 x_i 的函数，则上式可表示为

$$\delta Y = \boldsymbol{J}(X)\delta X \tag{5-94}$$

若等式两端同时除以时间的微分，则有

$$\dot{Y} = \boldsymbol{J}(X)\dot{X} \tag{5-95}$$

观察上式，我们可以说雅可比矩阵 $\boldsymbol{J}(X)$ 是 X 的速度向 Y 速度的映射。而且，雅可比矩阵 $\boldsymbol{J}(X)$ 是时变的线性变换。这是因为对于任一个时间点，都有一个确定的 X 值与之对应，因此雅可比矩阵是线性变换，而且雅可比矩阵 $\boldsymbol{J}(X)$ 随 X 的变化而变化。

在机器人学中，雅可比矩阵通常用来描述关节速度和末端执行器的笛卡尔速度的关系，即

$$^0\boldsymbol{v} = {}^0\boldsymbol{J}(\dot{\boldsymbol{\Theta}})\dot{\boldsymbol{\Theta}} \tag{5-96}$$

其中，$\boldsymbol{\Theta}$ 为关节矢量，$\boldsymbol{v}$ 为末端执行器的笛卡尔速度，包含线速度和角速度。左上标表示笛卡尔速度的参考坐标系。需要注意的是，虽然说关节速度和末端执行器的速度为线性关系，但是这种线性关系是瞬时的，因为雅可比矩阵跟关节角有关，下一瞬间便会发生微小的变化。

通常情况下，雅可比矩阵的行等于机器人在笛卡尔空间内的自由度数量，矩阵的列等于机器人的关节数。但是也可以定义任意维数的雅可比矩阵。以六轴机器人为例，雅可比矩阵为 6×6 阶矩阵，速度矢量为 6×1 阶，且由 3×1 阶线速度矢量和 3×1 阶角速度矢量组成，即

$$^0\boldsymbol{v} = \begin{bmatrix} ^0\boldsymbol{\nu} \\ ^0\boldsymbol{\omega} \end{bmatrix} \tag{5-97}$$

2. 雅可比矩阵变换

描述机器人末端执行器速度的参考坐标系并不是唯一的。参考坐标系不同时，关节速度和笛卡尔速度便不相同，对应的雅可比矩阵也不相同。那么，不同参考坐标系的雅可比矩阵之间如何变换呢？设坐标系 $\{B\}$ 中的雅可比矩阵为

$$^B\boldsymbol{v} = \begin{bmatrix} ^B\boldsymbol{\nu} \\ ^B\boldsymbol{\omega} \end{bmatrix} = {}^B\boldsymbol{J}(\dot{\boldsymbol{\Theta}})\dot{\boldsymbol{\Theta}} \tag{5-98}$$

若以坐标系 $\{A\}$ 为参考坐标系，首先对于笛卡尔速度矢量来说，有如下变换：

$$\begin{bmatrix} ^A\boldsymbol{v} \\ ^A\boldsymbol{\omega} \end{bmatrix} = \begin{bmatrix} ^A_B\boldsymbol{R} & 0 \\ 0 & ^A_B\boldsymbol{R} \end{bmatrix} \begin{bmatrix} ^B\boldsymbol{v} \\ ^B\boldsymbol{\omega} \end{bmatrix} \tag{5-99}$$

那么，式(5-99)可写作：

$$^A\boldsymbol{v} = \begin{bmatrix} ^A\boldsymbol{v} \\ ^A\boldsymbol{\omega} \end{bmatrix} = \begin{bmatrix} ^A_B\boldsymbol{R} & 0 \\ 0 & ^A_B\boldsymbol{R} \end{bmatrix} {}^B\boldsymbol{J}(\dot{\boldsymbol{\Theta}})\dot{\boldsymbol{\Theta}}$$

推导可得到

$$^A\boldsymbol{J}(\dot{\boldsymbol{\Theta}}) = \begin{bmatrix} ^A_B\boldsymbol{R} & 0 \\ 0 & ^A_B\boldsymbol{R} \end{bmatrix} {}^B\boldsymbol{J}(\dot{\boldsymbol{\Theta}}) \tag{5-100}$$

上式即为雅可比矩阵在不同参考坐标系下的变换方法。

3. 雅可比矩阵的奇异性

通过上面的讨论，我们已经得出结论，关节速度矢量可以通过雅可比矩阵映射成机器人的笛卡尔速度矢量。那么，若末端执行器以某一速度在笛卡尔空间内运动，能否求出这一路径上每一瞬间的关节速度，也就是说雅可比矩阵是可逆的吗？事实上，多数机器人都存在使得雅可比矩阵不可逆的 $\boldsymbol{\Theta}$ 值，称为机构的奇异位形。当笛卡尔空间中的机器人位于奇异位形时，它会失去一个或多个自由度，则在这个方向上，无论关节速度多大，机器人都不会产生任何动作。

机器人的奇异位形可简单分为两类：一是工作空间边界奇异位形，二是工作空间内部奇异位形。前者是由于关节的运动范围到达极限位置使得机器人末端执行器到达或者接近工作空间边界所致，而后者通常是由于存在两个或以上的关节轴线共线造成的。

例 5.2 中，机械臂的末端执行器以坐标系{0}为参考坐标系时的雅可比矩阵的行列式为

$$\left| {}^0\boldsymbol{J}(\dot{\boldsymbol{\Theta}}) \right| = \begin{vmatrix} -a_1S_1 - a_2S_{12} & -a_2S_{12} \\ a_1C_1 + a_2C_{12} & a_2C_{12} \end{vmatrix} = a_1a_2S_2 \tag{5-101}$$

可知，当 $\sin\theta_2$ 的值为 0，即 θ_2 为 0° 或者 180° 时，矩阵的行列式为 0，机械臂处于奇异位形。也就是说，当机械臂完全展开($\theta_2 = 0°$)或者机械臂完全收回($\theta_2 = 180°$)时，机械臂失去一个自由度，只能沿着一个方向运动。假设，机械臂末端执行器以 1 m/s 的速度沿 x_0 轴运动，可求得非奇异位形处的关节速度：

$$^0\boldsymbol{J}^{-1}(\dot{\boldsymbol{\Theta}}) = \frac{1}{a_1a_2S_2} \begin{bmatrix} a_2C_{12} & a_2S_{12} \\ -a_1C_1 - a_2C_{12} & -a_1S_1 - a_2S_{12} \end{bmatrix} \tag{5-102}$$

$$\dot{\theta}_1 = \frac{C_{12}}{a_1S_2}, \quad \dot{\theta}_2 = \frac{-C_1}{a_2S_2} - \frac{-C_{12}}{a_1S_2} \tag{5-103}$$

由此可见，当机械臂 θ_2 趋近于 0° 或者 180° 时，关节 1 和关节 2 的速度均趋近于无穷大。

5.2.5　教学机器人的雅可比矩阵

从前面的分析我们可知，雅可比矩阵将 X 中的速度映射到 Y 中表示。而对于机器人来说，可以通过雅可比矩阵将机械臂关节角速度和笛卡尔速度联系起来。同样可以使用 Matlab 计算机器人的雅可比矩阵。

在 Matlab 中可通过 jacob0 和 jacobn 两个函数求解机器人的雅可比矩阵。其中，函数 jacob0 返回的是世界坐标系下的 $6 \times n$ 阶雅可比矩阵：

```
>> MyRobot
>> q=[0.1 0.75 -0.75 0 0.1 0];
>> J = bot.jacob0(q)

J =

    0.1157   -0.7225   -0.4296        0        0        0
    0.3495   -0.0725   -0.0431        0        0        0
   -0.0000    0.3362    0.0203        0        0        0
    0.0000    0.0998    0.0998    0.0000    0.0998   -0.0993
    0.0000   -0.9950   -0.9950    0.0000   -0.9950   -0.0100
    1.0000    0.0000    0.0000    1.0000    0.0000    0.9950
```

函数 jacobn 则返回末端执行器坐标系下的 $6 \times n$ 阶雅可比矩阵：

```
>> Jn = p560.jacobn(q)

Jn =

    0.1493   -0.6889   -0.4276        0        0        0
    0.3362    0.0000    0.0000        0        0        0
   -0.0150    0.4071    0.0633        0        0        0
    0.0998   -0.0000   -0.0000    0.0998        0        0
   -0.0000   -1.0000   -1.0000   -0.0000   -1.0000        0
    0.9950    0.0000    0.0000    0.9950    0.0000    1.0000
```

对于雅可比矩阵为 n 阶方阵的机器人来说，可以通过 det( )、inv( ) 函数等求解矩阵的行列式和其逆矩阵：

```
>> det(J)%求解雅可比矩阵的行列式，不为 0 时为奇异矩阵，可求逆矩阵
ans =

    0.0044

>> det(Jn)
ans =
```

0.0044

```
>> Ji = inv(J)%求解雅可比矩阵的逆矩阵
Ji =
```

-0.2969	2.9592	-0.0000	0.0000	0.0000	0.0000
0.1618	-0.0536	3.3101	0	-0.0000	-0.0000
-2.6795	0.8872	-5.5664	0.0000	-0.0000	0.0000
0.2969	-2.9592	0.0000	9.9169	0.9950	1.0000
2.5178	-0.8336	2.2563	0.0998	-0.9950	-0.0000
0.0000	-0.0000	0.0000	-9.9666	-1.0000	0.0000

```
>> Jni = inv(Jn)
Jni =
```

0.0000	2.9740	-0.0000	-0.0000	-0.0000	0.0000
0.4853	-0.0694	3.2780	0.0000	-0.0000	-0.0000
-3.1204	1.1503	-5.2812	-0.0000	0.0000	0.0000
0.0000	-2.9740	0.0000	10.0167	0	0
2.6351	-1.0808	2.0032	0	-1.0000	-0.0000
0.0000	-0.0000	0.0000	-9.9666	0.0000	1.0000

5.2.6　机械臂静力分析

　　机械臂静力分析就是求解机械臂末端执行器在工作空间内推动或者举起某个物体时达到静态平衡状态所需的一组关节力矩。由于机械臂是由多个连杆组成的链式结构，力和力矩在连杆间传递。我们讨论当末端执行器举起或推动某一物体时，系统保持静态平衡所需的关节力矩。所以在求解时，我们首先假设机械臂的各关节处于固定状态，然后对连杆进行受力分析，得到各连杆上力和力矩的平衡关系。最后，为了保持静态平衡，解出需对各关节轴所施加的力矩大小。

　　在此，我们先定义两个符号：

　　f_i：连杆 $i-1$ 作用在连杆 i 上的力。

　　n_i：连杆 $i-1$ 作用在连杆 i 上的力矩。

　　图 5-19 中，机械臂末端执行器对所夹持的负载作用的力和力矩分别为 f 和 n，为了保持静态平衡，机械臂各关节轴分别施加大小为 τ_1、τ_2、τ_3 的力矩，其方向为使关节角增大的方向。

　　为了分析施加在各连杆上的力和力矩，我们以机械臂的连杆 i 为例分析其受力情况。对于连杆 i，根据静力平衡可得

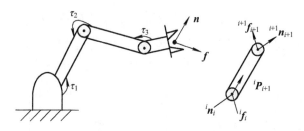

图 5-19　机械臂静力分析

$$\begin{cases} {}^i\boldsymbol{f}_i - {}^i\boldsymbol{f}_{i+1} = \boldsymbol{0} \\ {}^i\boldsymbol{n}_i - {}^i\boldsymbol{n}_{i+1} - {}^i\boldsymbol{P}_{i+1} \times {}^i\boldsymbol{f}_{i+1} = \boldsymbol{0} \end{cases} \tag{5-104}$$

其中，${}^i\boldsymbol{P}_{i+1} \times {}^i\boldsymbol{f}_{i+1}$ 为连杆 i 对连杆 $i+1$ 的作用力对应的力矩。上式可整理成

$$\begin{cases} {}^i\boldsymbol{f}_i = {}^i\boldsymbol{f}_{i+1} \\ {}^i\boldsymbol{n}_i = {}^i\boldsymbol{n}_{i+1} + {}^i\boldsymbol{P}_{i+1} \times {}^i\boldsymbol{f}_{i+1} \end{cases} \tag{5-105}$$

将式中所有分量变换为在本体坐标系中的描述，则有

$$\begin{cases} {}^i\boldsymbol{f}_i = {}^i_{i+1}\boldsymbol{R}\,{}^{i+1}\boldsymbol{f}_{i+1} \\ {}^i\boldsymbol{n}_i = {}^i_{i+1}\boldsymbol{R}\,{}^{i+1}\boldsymbol{n}_{i+1} + {}^i\boldsymbol{P}_{i+1} \times {}^i\boldsymbol{f}_i \end{cases} \tag{5-106}$$

依照此式，按连杆序号由高到低即可求解各连杆所受的力和力矩。

机械臂各连杆的力和力矩由机械臂本身来平衡，因而，关节轴力矩等于为保持机械臂平衡需要施加的关节力矩，即关节轴矢量与作用在连杆上的力矩的点积。对于转动关节，其关节力矩为

$$\boldsymbol{\tau}_i = \left({}^i\boldsymbol{n}_i\right)^{\mathrm{T}} {}^i\boldsymbol{z}_i \tag{5-107}$$

若关节为移动关节，则关节力矩为

$$\boldsymbol{\tau}_i = \left({}^i\boldsymbol{f}_i\right)^{\mathrm{T}} {}^i\boldsymbol{z}_i$$

【例 5.3】　以图 5-19 中两连杆机械臂为例，设末端执行器端所施加大小为 ${}^3\boldsymbol{F}$ 的作用力，作用点位于末端坐标系的原点，求解保持系统静态平衡所需的关节力矩。

根据式(5-106)，从末端连杆向基座开始计算：

$$ {}^2\boldsymbol{f}_2 = {}^2_3\boldsymbol{R}\,{}^3\boldsymbol{f}_3 = \begin{bmatrix} 1 & 0 & 0 \\ 0 & 1 & 0 \\ 0 & 0 & 1 \end{bmatrix} \begin{bmatrix} F_x \\ F_y \\ 0 \end{bmatrix} = \begin{bmatrix} F_x \\ F_y \\ 0 \end{bmatrix} $$

$$ {}^2\boldsymbol{n}_2 = {}^2_3\boldsymbol{R}\,{}^3\boldsymbol{n}_3 + {}^2\boldsymbol{P}_3 \times {}^2\boldsymbol{f}_2 = \begin{bmatrix} 0 \\ 0 \\ a_2 F_y \end{bmatrix} $$

$$\ ^{1}\boldsymbol{f}_1 = {}_{2}^{1}\boldsymbol{R}\ ^{2}\boldsymbol{f}_2 = \begin{bmatrix} C_2 & -S_2 & 0 \\ S_2 & C_2 & 0 \\ 0 & 0 & 1 \end{bmatrix} \begin{bmatrix} F_x \\ F_y \\ 0 \end{bmatrix} = \begin{bmatrix} C_2 F_x - S_2 F_y \\ S_2 F_x + C_2 F_y \\ 0 \end{bmatrix}$$

$$\ ^{1}\boldsymbol{n}_1 = {}_{2}^{1}\boldsymbol{R}\ ^{2}\boldsymbol{n}_2 + {}^{1}\boldsymbol{P}_2 \times {}^{1}\boldsymbol{f}_1 = \begin{bmatrix} 0 \\ 0 \\ a_1 S_2 F_x + (a_1 C_2 + a_2) F_y \end{bmatrix}$$

则关节轴 1 的关节力矩为

$$\boldsymbol{\tau}_1 = \left({}^{1}\boldsymbol{n}_1 \right)^{\mathrm{T}} {}^{1}\boldsymbol{z}_1 = a_1 S_2 F_x + (a_1 C_2 + a_2) F_y$$

关节轴 2 的关节力矩为

$$\boldsymbol{\tau}_2 = \left({}^{2}\boldsymbol{n}_2 \right)^{\mathrm{T}} {}^{2}\boldsymbol{z}_2 = a_2 F_y$$

将两个关节力矩表达式改写成矩阵算子：

$$\boldsymbol{\tau} = \begin{bmatrix} a_1 S_2 & a_1 C_2 + a_2 \\ 0 & a_2 \end{bmatrix} \begin{bmatrix} F_x \\ F_y \end{bmatrix} \tag{5-108}$$

我们注意到，式(5-108)中的矩阵为式(5-89)中所求雅可比矩阵的转置矩阵。这并不是偶然，可以从力和力矩作功的角度分析。当作用在物体上的力使物体产生了位移时，我们便称此力作了功。而对于静态受力平衡的情况，则认为其产生的位移趋近于零，可以利用虚功原理来描述。而且，功具有能量的单位，它在任何广义坐标系下的数值相同，所以笛卡尔空间内所作的功和关节空间中所作的功是相等的，则有

$$\boldsymbol{F} \cdot \delta \boldsymbol{x} = \boldsymbol{\tau} \cdot \delta \boldsymbol{\theta} \tag{5-109}$$

其中，$\boldsymbol{F}$ 为笛卡尔空间中作用在末端执行器上的力矢量，$\delta \boldsymbol{x}$ 为笛卡尔空间中趋近无穷小的末端执行器的位移矢量，$\boldsymbol{\tau}$ 为关节空间中的关节力矩矢量，$\delta \boldsymbol{\theta}$ 为关节空间中趋近无穷小的关节位移矢量。因此式(5-109)也可以写成

$$\boldsymbol{F}^{\mathrm{T}} \cdot \delta \boldsymbol{x} = \boldsymbol{\tau}^{\mathrm{T}} \cdot \delta \boldsymbol{\theta} \tag{5-110}$$

根据雅可比矩阵的定义可知：

$$\delta \boldsymbol{x} = \boldsymbol{J} \cdot \delta \boldsymbol{\theta} \tag{5-111}$$

则有

$$\boldsymbol{F}^{\mathrm{T}} \cdot \boldsymbol{J} \delta \boldsymbol{\theta} = \boldsymbol{\tau}^{\mathrm{T}} \cdot \delta \boldsymbol{\theta} \tag{5-112}$$

整理可得

$$\boldsymbol{F}^{\mathrm{T}} \boldsymbol{J} = \boldsymbol{\tau}^{\mathrm{T}} \tag{5-113}$$

对上式转置可得

$$\boldsymbol{\tau} = \boldsymbol{J}^{\mathrm{T}} \boldsymbol{F} \tag{5-114}$$

式(5-114)证明了式(5-108)的一般性,即雅可比矩阵的转置能够将笛卡尔空间里的力矩矢量映射成关节空间中的关节力矩矢量。同样,也可以用坐标系{0}描述:

$$^{0}\boldsymbol{\tau} = {}^{0}\boldsymbol{J}^{\mathrm{T}} \cdot {}^{0}\boldsymbol{F} \tag{5-115}$$

当雅可比矩阵为非满秩矩阵时,其行列式为 0,则空间内存在奇异位形,因此静力不能作用在某些特定方向上。也就是说,若雅可比矩阵 $\boldsymbol{J}$ 为奇异,则某些方向上,力矩 $\boldsymbol{\tau}$ 的值与 $\boldsymbol{F}$ 的大小无关。在这些方向上,即使施加很小的关节力矩,末端执行器也会产生非常大的力。这说明,力域和位置域中均存在奇异性问题。

5.2.7　速度和静力的笛卡尔变换

我们知道,刚体的广义速度包括线速度 $\boldsymbol{v}$ 和角速度 $\boldsymbol{\omega}$,可以用 6×1 维矩阵 $\boldsymbol{v}$ 表示:

$$\boldsymbol{v} = \begin{bmatrix} \boldsymbol{v} \\ \boldsymbol{\omega} \end{bmatrix} \tag{5-116}$$

同样,也可以用 6×1 维广义力矢量表示力矢量 $\boldsymbol{f}$ 和力矩矢量 $\boldsymbol{n}$:

$$\boldsymbol{F} = \begin{bmatrix} \boldsymbol{f} \\ \boldsymbol{n} \end{bmatrix} \tag{5-117}$$

显然,可以通过一个 6×6 维矩阵实现不同坐标系间速度和静力的变换。首先,根据式(5-84)和式(5-86)可写出坐标系{B}中的广义速度在坐标系{A}中的描述:

$$\begin{bmatrix} ^{A}\boldsymbol{v}_{A} \\ ^{A}\boldsymbol{\omega}_{A} \end{bmatrix} = \begin{bmatrix} ^{A}_{B}\boldsymbol{R} & -^{A}_{B}\boldsymbol{R}\,^{B}\boldsymbol{P}_{AORG} \times \\ 0 & ^{A}_{B}\boldsymbol{R} \end{bmatrix} \begin{bmatrix} ^{B}\boldsymbol{v}_{B} \\ ^{B}\boldsymbol{\omega}_{B} \end{bmatrix} \tag{5-118}$$

由于两个坐标系之间为刚性连接,所以令 $\dot{\theta}_{i+1}$ 为 0。称式中的 6×6 阶算子为速度变换矩阵,用 $\boldsymbol{T}_{v}$ 表示,上式可以表示为

$$^{A}\boldsymbol{v}_{A} = {}^{A}_{B}\boldsymbol{T}_{v} \cdot {}^{B}\boldsymbol{v}_{B} \tag{5-119}$$

同样,可以根据式(5-106)写出坐标系{B}中的广义力矢量在坐标系{A}中的描述:

$$\begin{bmatrix} ^{A}\boldsymbol{f}_{A} \\ ^{A}\boldsymbol{n}_{A} \end{bmatrix} = \begin{bmatrix} ^{A}_{B}\boldsymbol{R} & 0 \\ ^{A}_{B}\boldsymbol{R}\,^{A}\boldsymbol{P}_{BORG} \times & ^{A}_{B}\boldsymbol{R} \end{bmatrix} \begin{bmatrix} ^{B}\boldsymbol{f}_{B} \\ ^{B}\boldsymbol{n}_{B} \end{bmatrix} \tag{5-120}$$

也可以写成

$$^{A}\boldsymbol{F}_{A} = {}^{A}_{B}\boldsymbol{T}_{f} \cdot {}^{B}\boldsymbol{F}_{B} \tag{5-121}$$

上式中,$\boldsymbol{T}_{f}$ 表示力-力矩变换。事实上,与雅可比矩阵一样,速度变换矩阵和力变换矩阵有如下关系:

$$
{}_B^A\boldsymbol{T}_v = {}_B^A\boldsymbol{T}_f^{\mathrm{T}} \tag{5-122}
$$

而且，速度变换矩阵和力变换矩阵把不同坐标系中的速度和力联系起来。其实，实际应用中两个不同坐标系往往是处于运动状态的，所以这里所提及的坐标系间速度和力的变换是指瞬时状态下的变换，除非两个坐标系是相对静止的。

5.3　机器人仿真与实时控制

事实上，机器人系统是一个复杂的动力学系统。它由多个关节和连杆组成，包含多个输入和输出，存在着异常复杂的耦合关系和非线性关系。因此，研究机器人动力学是非常必要的。

同机器人运动学一样，机器人动力学主要解决两个问题：一个是根据已知末端执行器的轨迹点 $\boldsymbol{\Theta}$、$\dot{\boldsymbol{\Theta}}$、$\ddot{\boldsymbol{\Theta}}$ 求关节力矩矢量 $\boldsymbol{\tau}$，称为机器人动力学正问题；另一个是由已知关节力矩矢量 $\boldsymbol{\tau}$ 求轨迹点 $\boldsymbol{\Theta}$、$\dot{\boldsymbol{\Theta}}$、$\ddot{\boldsymbol{\Theta}}$，称为机器人动力学逆问题。机器人动力学正问题与机器人仿真有关，而动力学逆问题则适用于解决机器人实时控制的问题。

5.3.1　刚体加速度

刚体加速度包括线加速度和角加速度，可以通过对瞬时线速度和角速度求导得到，即

$$
\begin{cases}
{}^B\dot{\boldsymbol{V}}_Q = \dfrac{\mathrm{d}}{\mathrm{d}t}\,{}^B\boldsymbol{V}_Q = \lim\limits_{\Delta t \to 0} \dfrac{{}^B\boldsymbol{V}_Q(t+\Delta t) - {}^B\boldsymbol{V}_Q(t)}{\Delta t} \\[3mm]
{}^A\dot{\boldsymbol{\Omega}}_B = \dfrac{\mathrm{d}}{\mathrm{d}t}\,{}^A\boldsymbol{\Omega}_B = \lim\limits_{\Delta t \to 0} \dfrac{{}^A\boldsymbol{\Omega}_B(t+\Delta t) - {}^A\boldsymbol{\Omega}_B(t)}{\Delta t}
\end{cases} \tag{5-123}
$$

同线速度和角速度一样，当线加速度和角加速度的参考坐标系为世界坐标系 $\{U\}$ 时，可用 $\dot{\boldsymbol{v}}_A$ 和 $\dot{\boldsymbol{\omega}}_A$ 表示。

上一节中我们讨论了当两个坐标系原点重合时，坐标系 $\{B\}$ 中的位置矢量 ${}^B\boldsymbol{Q}$ 在坐标系 $\{A\}$ 中的线速度：

$$
{}^A\boldsymbol{V}_Q = {}_B^A\boldsymbol{R}\,{}^B\boldsymbol{V}_Q + {}^A\boldsymbol{\Omega}_B \times {}_B^A\boldsymbol{R}\,{}^B\boldsymbol{Q} \tag{5-124}
$$

由线速度与位移变化关系可知：

$$
{}^A\boldsymbol{V}_Q = \frac{\mathrm{d}}{\mathrm{d}t}\left({}^A\boldsymbol{Q}\right) \tag{5-125}
$$

而对于矢量 ${}^B\boldsymbol{Q}$ 来说，它在坐标系 $\{A\}$ 中的描述为

$$
{}^A\boldsymbol{Q} = {}_B^A\boldsymbol{R}\,{}^B\boldsymbol{Q} \tag{5-126}
$$

则有

$$
\frac{\mathrm{d}}{\mathrm{d}t}\left({}_B^A\boldsymbol{R}\,{}^B\boldsymbol{Q}\right) = {}_B^A\boldsymbol{R}\,{}^B\boldsymbol{V}_Q + {}^A\boldsymbol{\Omega}_B \times {}_B^A\boldsymbol{R}\,{}^B\boldsymbol{Q} \tag{5-127}
$$

应记住此式的求解方法，后面求解中会多次用到。

刚体线加速度可由线速度求导得到

$$^A\dot{V}_Q = \frac{\mathrm{d}}{\mathrm{d}t}(^A_B\boldsymbol{R}\,^B\boldsymbol{V}_Q) + ^A\boldsymbol{\Omega}_B \times ^A_B\boldsymbol{R}\,^B\boldsymbol{Q} + ^A\boldsymbol{\Omega}_B \times \frac{\mathrm{d}}{\mathrm{d}t}(^A_B\boldsymbol{R}\,^B\boldsymbol{Q}) \tag{5-128}$$

应用式(5-127)整理可得

$$^A\dot{V}_Q = ^A_B\boldsymbol{R}\,^B\dot{V}_Q + 2\,^A\boldsymbol{\Omega}_B \times ^A_B\boldsymbol{R}\,^B\boldsymbol{V}_Q + ^A\dot{\boldsymbol{\Omega}}_B \times ^A_B\boldsymbol{R}\,^B\boldsymbol{Q} + ^A\boldsymbol{\Omega}_B \times (^A\boldsymbol{\Omega}_B \times ^A_B\boldsymbol{R}\,^B\boldsymbol{Q}) \tag{5-129}$$

通常情况下，两个坐标系的原点不会在同一点。所以，需要增加一个坐标系{B}的原点线加速度分量，即

$$^A\dot{V}_Q = ^A\dot{V}_{O'} + ^A_B\boldsymbol{R}\,^B\dot{V}_Q + 2\,^A\boldsymbol{\Omega}_B \times ^A_B\boldsymbol{R}\,^B\boldsymbol{V}_Q + ^A\dot{\boldsymbol{\Omega}}_B \times ^A_B\boldsymbol{R}\,^B\boldsymbol{Q} + ^A\boldsymbol{\Omega}_B \times (^A\boldsymbol{\Omega}_B \times ^A_B\boldsymbol{R}\,^B\boldsymbol{Q}) \tag{5-130}$$

而当位置矢量 $^B\boldsymbol{Q}$ 为常量时，对应的速度和加速度均为 0，则有

$$^A\dot{V}_Q = ^A\dot{V}_{O'} + ^A\dot{\boldsymbol{\Omega}}_B \times ^A_B\boldsymbol{R}\,^B\boldsymbol{Q} + ^A\boldsymbol{\Omega}_B \times (^A\boldsymbol{\Omega}_B \times ^A_B\boldsymbol{R}\,^B\boldsymbol{Q}) \tag{5-131}$$

此式即为旋转关节连杆的线加速度表达式。

对于连杆角加速度，我们考虑如下情况。假设坐标系{B}相对于坐标系{A}以角速度 $^A\boldsymbol{\Omega}_B$ 运动，而坐标系{C}相对于坐标系{B}以角速度 $^B\boldsymbol{\Omega}_C$ 运动。我们知道，只有同一坐标系下的矢量才可以运算，所以

$$^A\boldsymbol{\Omega}_C = ^A\boldsymbol{\Omega}_B + ^A_B\boldsymbol{R}\,^B\boldsymbol{\Omega}_C \tag{5-132}$$

求导可得

$$^A\dot{\boldsymbol{\Omega}}_C = ^A\dot{\boldsymbol{\Omega}}_B + ^A_B\boldsymbol{R}\,^B\dot{\boldsymbol{\Omega}}_C + ^A\boldsymbol{\Omega}_B \times ^A_B\boldsymbol{R}\,^B\boldsymbol{\Omega}_C \tag{5-133}$$

此式用来计算机械臂连杆的角加速度。

5.3.2　牛顿方程和欧拉方程

机器人是由连杆和关节组成的机械结构，我们认为机器人的连杆为刚体。而连杆发生运动所需的作用力与连杆的期望加速度和质量分布有关。恰好，牛顿方程、欧拉方程描述了力、惯量和加速度之间的关系。

1. 质量分布

前面说到，连杆运动所需的力的大小除了与连杆加速度有关之外，还与连杆的质量分布有关。对于三维空间中自由刚体来说，用惯性张量来描述刚体质量的分布情况。一般用固连在刚体上的坐标系来表示惯性张量。对于任一刚体，其惯性张量用固连坐标系{A}中的一个对称矩阵表示，其元素为三个转动惯量和三个惯性积的负值，即

$$\boldsymbol{I} = \begin{bmatrix} I_{xx} & -I_{xy} & -I_{xz} \\ -I_{xy} & I_{yy} & -I_{yz} \\ -I_{xz} & -I_{yz} & I_{zz} \end{bmatrix} \tag{5-134}$$

其中：

$$I_{xx} = \iiint_v (y^2 + z^2)\rho\mathrm{d}v$$

$$I_{yy} = \iiint_v (x^2 + z^2)\rho\mathrm{d}v$$

$$I_{zz} = \iiint_v (x^2 + y^2)\rho\mathrm{d}v$$

$$I_{xy} = \iiint_v xy\rho\mathrm{d}v$$

$$I_{xz} = \iiint_v xz\rho\mathrm{d}v$$

$$I_{yz} = \iiint_v yz\rho\mathrm{d}v$$

我们称 I_{xx}、I_{yy}、I_{zz} 为惯量矩，表示质量单元的质量与其到转动中心距离的平方之积的总和；称 I_{xy}、I_{xz}、I_{yz} 为惯量积，表示质量单元的质量与其到两个垂直平面的距离之积的总和。惯性张量用来表征刚体质量分布的特征，与选取的参考坐标系有关。如果所选的参考坐标系使得惯性积为 0，惯性张量为对角型矩阵，则称该坐标系各轴为惯性主轴，对应的惯量矩为主惯量矩。

需要注意的是，由于实际应用的机械臂结构较复杂，所以通常使用测量而不是计算的方法获得惯量矩。

2. 牛顿方程

对于刚体来说，可以用牛顿方程来解决质心的平移运动问题。如图 5-20 所示，刚体质心以加速度 $\dot{v}_C$ 作加速运动，则可通过牛顿方程计算引起刚体质心作加速运动的力的大小为

$$F = m\dot{v}_C \tag{5-135}$$

其中，m 为刚体的总质量。

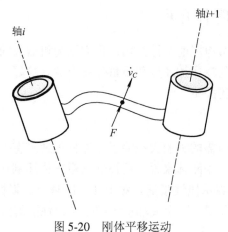

图 5-20　刚体平移运动

3. 欧拉方程

欧拉方程主要用于描述刚体的旋转运动。图 5-21 中，设连杆旋转运动的角速度和角

加速度分别为 ω 和 $\dot{\omega}$，则引起此旋转运动的力矩 N 可通过欧拉方程计算：

$$N = {}^C\!\boldsymbol{I}\dot{\boldsymbol{\omega}} + \boldsymbol{\omega} \times {}^C\!\boldsymbol{I}\boldsymbol{\omega} \tag{5-136}$$

其中，${}^C\!\boldsymbol{I}$ 为坐标系 $\{C\}$ 下的刚体的惯性张量。

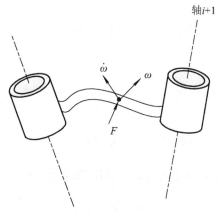

图 5-21　刚体旋转运动

5.3.3　牛顿-欧拉动力学方程

这一小节我们将讨论机器人运动轨迹的力矩计算问题，即已知各关节的位置 $\boldsymbol{\theta}$、速度 $\dot{\boldsymbol{\theta}}$ 和加速度 $\ddot{\boldsymbol{\theta}}$，通过牛顿-欧拉方程计算驱动关节运动所需要的力矩。

1. 迭代法计算关节速度和加速度

通过之前的讨论，我们已经得到通过迭代法计算连杆角速度的方法：

$$ {}^{i+1}\boldsymbol{\omega}_{i+1} = {}^{i+1}_{i}\boldsymbol{R}\,{}^{i}\boldsymbol{\omega}_i + \dot{\boldsymbol{\theta}}_{i+1}\,{}^{i+1}\hat{\boldsymbol{z}}_{i+1} \tag{5-137}$$

而机器人连杆角加速度的计算公式为

$$ {}^A\dot{\boldsymbol{\Omega}}_C = {}^A\dot{\boldsymbol{\Omega}}_B + {}^A_B\boldsymbol{R}\,{}^B\dot{\boldsymbol{\Omega}}_C + {}^A\boldsymbol{\Omega}_B \times {}^A_B\boldsymbol{R}\,{}^B\boldsymbol{\Omega}_C \tag{5-138}$$

可知：

$$ {}^{i+1}\dot{\boldsymbol{\omega}}_{i+1} = {}^{i+1}_{i}\boldsymbol{R}\,{}^{i}\dot{\boldsymbol{\omega}}_i + \ddot{\boldsymbol{\theta}}_{i+1}\,{}^{i+1}\hat{\boldsymbol{z}}_{i+1} + {}^{i+1}_{i}\boldsymbol{R}\,{}^{i}\boldsymbol{\omega}_i \times \dot{\boldsymbol{\theta}}_{i+1}\,{}^{i+1}\hat{\boldsymbol{z}}_{i+1} \tag{5-139}$$

由式(5-131)可得线加速度为

$$ {}^{i+1}\dot{\boldsymbol{v}}_{i+1} = {}^{i+1}_{i}\boldsymbol{R}\left({}^{i}\boldsymbol{\omega}_i \times {}^{i}\boldsymbol{P}_{i+1} + {}^{i}\boldsymbol{\omega}_i \times ({}^{i}\boldsymbol{\omega}_i \times {}^{i}\boldsymbol{P}_{i+1}) + {}^{i}\dot{\boldsymbol{v}}_i\right) \tag{5-140}$$

同理可得，连杆质心的线加速度为

$$ {}^{i}\dot{\boldsymbol{v}}_{c_i} = {}^{i}\dot{\boldsymbol{\omega}}_i \times {}^{i}\boldsymbol{P}_{c_i} + {}^{i}\boldsymbol{\omega}_i \times ({}^{i}\boldsymbol{\omega}_i \times {}^{i}\boldsymbol{P}_{c_i}) + {}^{i}\dot{\boldsymbol{v}}_i \tag{5-141}$$

其中，坐标系 $\{C_i\}$ 固连在连杆 i 上，原点为连杆质心，且坐标轴与原连杆坐标系的坐标轴方向相同。需要注意的是，${}^0\boldsymbol{\omega}_0 = {}^0\dot{\boldsymbol{\omega}}_0 = \boldsymbol{0}$。

2. 迭代法计算连杆力和力矩

经过上面的讨论可以计算连杆线加速度和角加速度，根据牛顿-欧拉方程可进一步计算出驱动关节作相应运动所需作用在连杆质心上的力和力矩，即

$$\begin{cases} \boldsymbol{F}_i = m\dot{\boldsymbol{v}}_{C_i} \\ \boldsymbol{N}_i = {}^{C_i}\boldsymbol{I}\dot{\boldsymbol{\omega}}_i + \boldsymbol{\omega}_i \times {}^{C_i}\boldsymbol{I}\boldsymbol{\omega}_i \end{cases} \tag{5-142}$$

3. 迭代法计算关节力矩

所谓关节力矩是指实际作用在连杆上的力和力矩。从图 5-22 可以看出，作用在连杆质心的力 $\boldsymbol{F}_i$ 满足：

$$ {}^i\boldsymbol{F}_i = {}^i\boldsymbol{f}_i - {}^i_{i+1}\boldsymbol{R}{}^{i+1}\boldsymbol{f}_{i+1} \tag{5-143}$$

其中，$\boldsymbol{f}_i$ 表示连杆 $i-1$ 作用在连杆 i 上的力，则实际作用在连杆上的力为

$$ {}^i\boldsymbol{f}_i = {}^i\boldsymbol{F}_i + {}^i_{i+1}\boldsymbol{R}{}^{i+1}\boldsymbol{f}_{i+1} \tag{5-144}$$

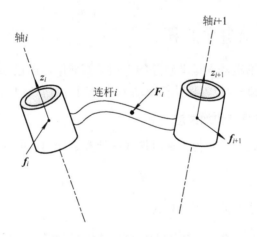

图 5-22　连杆所受的关节力矩分析

图 5-23 中描述了连杆所受力矩情况。对于力矩 $\boldsymbol{N}_i$，令所有作用在质心的力矩之和为 0，可得

$$ \boldsymbol{N}_i = {}^i\boldsymbol{n}_i - {}^i\boldsymbol{n}_{i+1} + (-{}^i\boldsymbol{P}_{C_i}) \times {}^i\boldsymbol{f}_i - ({}^i\boldsymbol{P}_{i+1} - {}^i\boldsymbol{P}_{C_i}) \times {}^i\boldsymbol{f}_{i+1} \tag{5-145}$$

其中，$\boldsymbol{n}_i$ 表示连杆 $i-1$ 对连杆 i 作用的力矩，${}^i\boldsymbol{P}_{C_i} \times {}^i\boldsymbol{f}_i$ 和 $({}^i\boldsymbol{P}_{i+1} - {}^i\boldsymbol{P}_{C_i}) \times {}^i\boldsymbol{f}_{i+1}$ 分别表示连杆作用力对应的力矩。整理可得

$$ \boldsymbol{N}_i = {}^i\boldsymbol{n}_i - {}^i_{i+1}\boldsymbol{R}{}^{i+1}\boldsymbol{n}_{i+1} - {}^i\boldsymbol{P}_{C_i} \times {}^i\boldsymbol{f}_i - {}^i\boldsymbol{P}_{i+1} \times {}^i_{i+1}\boldsymbol{R}{}^{i+1}\boldsymbol{f}_{i+1} \tag{5-146}$$

从而可得到作用在连杆上的力矩：

$$ {}^i\boldsymbol{n}_i = \boldsymbol{N}_i + {}^i_{i+1}\boldsymbol{R}{}^{i+1}\boldsymbol{n}_{i+1} + {}^i\boldsymbol{P}_{C_i} \times {}^i\boldsymbol{f}_i + {}^i\boldsymbol{P}_{i+1} \times {}^i_{i+1}\boldsymbol{R}{}^{i+1}\boldsymbol{f}_{i+1} \tag{5-147}$$

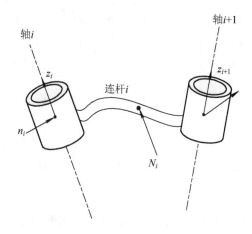

图 5-23　连杆所受力矩分析

那么，关节力矩等于连杆所受的相邻连杆作用的力矩在 z 轴方向的分量，即

$$\tau_i = {}^i\boldsymbol{n}_i^{\mathrm{T}}\, {}^i\hat{\boldsymbol{z}}_i \tag{5-148}$$

通常情况下，对于自由空间中的机器人来说，可以令 ${}^{N+1}\boldsymbol{f}_{N+1}$ 和 ${}^{N+1}\boldsymbol{n}_{N+1}$ 等于零。这样可以先求解连杆 n 的关节力矩。

至此，我们可以总结出计算关节力矩的基本步骤：首先，按照连杆 1 到连杆 n 的顺序计算连杆的速度和加速度，然后按照连杆 n 到基座的顺序计算连杆力和力矩，最后计算驱动连杆所需的关节力矩。

同时应该注意到，我们是在忽略重力影响的情况下进行讨论的，若考虑重力因素对动力学的影响，只需令 ${}^0\dot{\boldsymbol{v}}_0 = \boldsymbol{G}$，其中 $\boldsymbol{G}$ 与重力矢量大小相等，方向相反，等效于机器人以 1 g 的加速度向上作加速运动。

【例 5.4】　图 5-24 所示为两连杆机械臂，设每个连杆的质量均集中在连杆末端，分别为 m_1 和 m_2，运用牛顿-欧拉方程进行动力学分析。

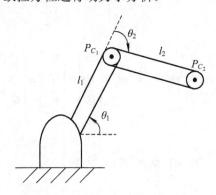

图 5-24　两连杆机械臂动力学分析

从图 5-24 中可以看出，此机械臂的三个关节的关节轴相互平行且垂直于纸面，进而可确定连杆坐标系及坐标变换矩阵：

$$
{}_1^0\boldsymbol{R} = \begin{bmatrix} C_1 & -S_1 & 0 \\ S_1 & C_1 & 0 \\ 0 & 0 & 1 \end{bmatrix} \quad {}_2^1\boldsymbol{R} = \begin{bmatrix} C_2 & -S_2 & 0 \\ S_2 & C_2 & 0 \\ 0 & 0 & 1 \end{bmatrix} \quad {}_3^2\boldsymbol{R} = \begin{bmatrix} C_3 & -S_3 & 0 \\ S_3 & C_3 & 0 \\ 0 & 0 & 1 \end{bmatrix}
$$

由逆矩阵的求解方法可依次求得旋转矩阵的逆矩阵 ${}_i^{i+1}\boldsymbol{R}$:

$$
{}_0^1\boldsymbol{R} = \begin{bmatrix} C_1 & S_1 & 0 \\ -S_1 & C_1 & 0 \\ 0 & 0 & 1 \end{bmatrix} \quad {}_1^2\boldsymbol{R} = \begin{bmatrix} C_2 & S_2 & 0 \\ -S_2 & C_2 & 0 \\ 0 & 0 & 1 \end{bmatrix} \quad {}_2^3\boldsymbol{R} = \begin{bmatrix} C_3 & S_3 & 0 \\ -S_3 & C_3 & 0 \\ 0 & 0 & 1 \end{bmatrix}
$$

而且，被视作连杆 0 的机器人底座固定不动，因此相应的角速度 ${}^0\boldsymbol{\omega}_0$、角加速度 ${}^0\dot{\boldsymbol{\omega}}_0$ 均为 0。考虑重力因素，则有 ${}^0\dot{\boldsymbol{v}}_0 = g\hat{\boldsymbol{y}}_0$。

假设各连杆的质量集中在连杆末端，即连杆质心位于连杆末端，由此可得，连杆质心矢量即力臂为

$$
{}^1\boldsymbol{P}_{C_1} = l_1\hat{\boldsymbol{x}}_1 = \begin{bmatrix} l_1 \\ 0 \\ 0 \end{bmatrix}
$$

$$
{}^2\boldsymbol{P}_{C_2} = l_2\hat{\boldsymbol{x}}_2 = \begin{bmatrix} l_2 \\ 0 \\ 0 \end{bmatrix}
$$

然后，计算连杆 1 的速度和力：

$$
{}^1\boldsymbol{\omega}_1 = {}_0^1\boldsymbol{R}\,{}^0\boldsymbol{\omega}_0 + \dot{\theta}_1\,{}^1\hat{\boldsymbol{z}}_1 = \begin{bmatrix} 0 \\ 0 \\ \dot{\theta}_1 \end{bmatrix}
$$

$$
{}^1\dot{\boldsymbol{\omega}}_1 = {}_0^1\boldsymbol{R}\,{}^0\dot{\boldsymbol{\omega}}_0 + {}_0^1\boldsymbol{R}\,{}^0\boldsymbol{\omega}_0 \times \begin{bmatrix} 0 \\ 0 \\ \dot{\theta}_1 \end{bmatrix} + \begin{bmatrix} 0 \\ 0 \\ \ddot{\theta}_1 \end{bmatrix} = \begin{bmatrix} 0 \\ 0 \\ \ddot{\theta}_1 \end{bmatrix}
$$

$$
{}^1\dot{\boldsymbol{v}}_1 = {}_0^1R({}^0\dot{\boldsymbol{\omega}}_0 \times {}^0\boldsymbol{P}_1 + {}^0\boldsymbol{\omega}_0 \times ({}^0\boldsymbol{\omega}_0 \times {}^0\boldsymbol{P}_1)) + {}^0\dot{\boldsymbol{v}}_0) = \begin{bmatrix} C_1 & S_1 & 0 \\ -S_1 & C_1 & 0 \\ 0 & 0 & 1 \end{bmatrix}\begin{bmatrix} 0 \\ g \\ 0 \end{bmatrix} = \begin{bmatrix} gS_1 \\ gC_1 \\ 0 \end{bmatrix}
$$

$$
{}^1\dot{\boldsymbol{v}}_{C_1} = {}^1\dot{\boldsymbol{\omega}}_1 \times {}^1\boldsymbol{P}_{C_1} + {}^1\boldsymbol{\omega}_1 \times ({}^1\boldsymbol{\omega}_1 \times {}^1\boldsymbol{P}_{C_1}) + {}^1\dot{\boldsymbol{v}}_1 = \begin{bmatrix} gS_1 - l_1\dot{\theta}_1 \\ gC_1 + l_1\ddot{\theta}_1 \\ 0 \end{bmatrix}
$$

$$^{1}\boldsymbol{F}_{1}=m_{1}{}^{1}\dot{\boldsymbol{v}}_{C_{1}}=m_{1}\begin{bmatrix} gS_{1}-l_{1}\dot{\theta}_{1} \\ gC_{1}+l_{1}\ddot{\theta}_{1} \\ 0 \end{bmatrix}$$

$$^{1}\boldsymbol{N}_{1}={}^{C_{1}}\boldsymbol{I}_{1}{}^{1}\dot{\boldsymbol{\omega}}_{1}+{}^{1}\boldsymbol{\omega}_{1}\times{}^{C_{1}}\boldsymbol{I}_{1}{}^{1}\boldsymbol{\omega}_{1}=\begin{bmatrix} 0 \\ 0 \\ 0 \end{bmatrix}$$

同理可求连杆 2 的速度和加速度：

$$^{2}\boldsymbol{\omega}_{2}={}_{1}^{2}\boldsymbol{R}^{1}\boldsymbol{\omega}_{1}+\dot{\theta}_{2}{}^{2}\hat{z}_{2}=\begin{bmatrix} 0 \\ 0 \\ \dot{\theta}_{1}+\dot{\theta}_{1} \end{bmatrix}$$

$$^{2}\dot{\boldsymbol{\omega}}_{2}={}_{1}^{2}\boldsymbol{R}^{1}\dot{\boldsymbol{\omega}}_{1}+{}_{1}^{2}\boldsymbol{R}^{1}\boldsymbol{\omega}_{1}\times\begin{bmatrix} 0 \\ 0 \\ \dot{\theta}_{2} \end{bmatrix}+\begin{bmatrix} 0 \\ 0 \\ \ddot{\theta}_{2} \end{bmatrix}=\begin{bmatrix} 0 \\ 0 \\ \ddot{\theta}_{1}+\ddot{\theta}_{2} \end{bmatrix}$$

$$^{2}\dot{\boldsymbol{v}}_{2}={}_{1}^{2}\boldsymbol{R}({}^{1}\dot{\boldsymbol{\omega}}_{1}\times{}^{1}\boldsymbol{P}_{2}+{}^{1}\boldsymbol{\omega}_{1}\times({}^{1}\boldsymbol{\omega}_{1}\times{}^{1}\boldsymbol{P}_{2})+{}^{1}\dot{\boldsymbol{v}}_{1})=\begin{bmatrix} gS_{12}-l_{1}\dot{\theta}_{1}^{2}C_{2}+l_{1}\ddot{\theta}_{1}^{2}S_{2} \\ gC_{12}+l_{1}\dot{\theta}_{1}^{2}S_{2}+l_{1}\ddot{\theta}_{1}^{2}C_{2} \\ 0 \end{bmatrix}$$

$$^{2}\dot{\boldsymbol{v}}_{C_{2}}={}^{2}\dot{\boldsymbol{\omega}}_{2}\times{}^{2}\boldsymbol{P}_{C_{2}}+{}^{2}\boldsymbol{\omega}_{2}\times({}^{2}\boldsymbol{\omega}_{2}\times{}^{2}\boldsymbol{P}_{C_{2}})+{}^{2}\dot{\boldsymbol{v}}_{2}=\begin{bmatrix} gS_{12}-l_{1}\dot{\theta}_{1}^{2}C_{2}+l_{1}\ddot{\theta}_{1}^{2}S_{2}-l_{2}(\dot{\theta}_{1}+\dot{\theta}_{2})^{2} \\ gC_{12}+l_{1}\dot{\theta}_{1}^{2}S_{2}+l_{1}\ddot{\theta}_{1}^{2}C_{2}-l_{2}(\ddot{\theta}_{1}+\ddot{\theta}_{2}) \\ 0 \end{bmatrix}$$

$$^{2}\boldsymbol{F}_{2}=m_{2}{}^{2}\dot{\boldsymbol{v}}_{2}=m_{2}\begin{bmatrix} gS_{12}-l_{1}\dot{\theta}_{1}^{2}C_{2}+l_{1}\ddot{\theta}_{1}^{2}S_{2}-l_{2}(\dot{\theta}_{1}+\dot{\theta}_{2})^{2} \\ gC_{12}+l_{1}\dot{\theta}_{1}^{2}S_{2}+l_{1}\ddot{\theta}_{1}^{2}C_{2}-l_{2}(\ddot{\theta}_{1}+\ddot{\theta}_{2}) \\ 0 \end{bmatrix}$$

$$^{2}\boldsymbol{N}_{2}={}^{C_{2}}\boldsymbol{I}_{2}{}^{2}\dot{\boldsymbol{\omega}}_{2}+{}^{2}\boldsymbol{\omega}_{2}\times{}^{C_{2}}\boldsymbol{I}_{2}{}^{2}\boldsymbol{\omega}_{2}=\begin{bmatrix} 0 \\ 0 \\ 0 \end{bmatrix}$$

最后计算关节力矩。末端连杆的力 $\boldsymbol{f}_{3}$ 和力矩 $\boldsymbol{n}_{3}$ 均为 0。

对于连杆 2 有：

$$^{2}\boldsymbol{f}_{2}={}_{3}^{2}\boldsymbol{R}^{3}\boldsymbol{f}_{3}+{}^{2}\boldsymbol{F}_{2}={}^{2}\boldsymbol{F}_{2}$$

$$^2\boldsymbol{n}_2 = {}^2\boldsymbol{N}_2 + {}^2_3\boldsymbol{R}\,{}^3\boldsymbol{n}_3 + {}^2\boldsymbol{P}_{C_2} \times {}^2_3\boldsymbol{R}\,{}^3\boldsymbol{f}_3 = \begin{bmatrix} 0 \\ 0 \\ m_2 l_1 l_2 C_2 \ddot{\theta}_1 + m_2 l_1 l_2 S_2 \dot{\theta}_1^2 + m_2 l_2 g C_{12} + m_2 l_2^2 (\ddot{\theta}_1 + \ddot{\theta}_2) \end{bmatrix}$$

对于连杆 1 有：

$$^1\boldsymbol{f}_1 = {}^1_2\boldsymbol{r}\,{}^2\boldsymbol{f}_2 + {}^1\boldsymbol{F}_1 = \begin{bmatrix} (m_1 + m_2)g S_1 - (m_1 + m_2) l_1 \dot{\theta}_1^2 - m_2 l_2 C_2 (\dot{\theta}_1 + \dot{\theta}_2)^2 - m_2 l_2 S_2 (\ddot{\theta}_1 + \ddot{\theta}_2) \\ (m_1 + m_2) g C_1 + (m_1 + m_2) l_1 \ddot{\theta}_1 - m_2 l_2 S_2 (\dot{\theta}_1 + \dot{\theta}_2)^2 + m_2 l_2 C_2 (\ddot{\theta}_1 + \ddot{\theta}_2) \\ 0 \end{bmatrix}$$

$$^1\boldsymbol{n}_1 = {}^1\boldsymbol{N}_1 + {}^1_2\boldsymbol{R}\,{}^2\boldsymbol{n}_2 + {}^1\boldsymbol{P}_{C_1} \times {}^1\boldsymbol{F}_1 + {}^1\boldsymbol{P}_{C_1} \times {}^1_2\boldsymbol{R}\,{}^2\boldsymbol{f}_2$$

$$= \begin{bmatrix} 0 \\ 0 \\ m_2 l_1 l_2 C_2 \ddot{\theta}_1 + m_2 l_1 l_2 S_2 \dot{\theta}_1^2 + m_2 l_2 g C_{12} + m_2 l_2^2 (\ddot{\theta}_1 + \ddot{\theta}_2) \end{bmatrix}$$

$$+ \begin{bmatrix} 0 \\ 0 \\ m_2 l_1^2 \ddot{\theta}_1 - m_2 l_1 l_2 S_2 (\dot{\theta}_1 + \dot{\theta}_2)^2 + m_2 l_1 g S_1 S_{12} + m_2 l_1 l_2 C_2 (\ddot{\theta}_1 + \ddot{\theta}_2) + m_2 l_1 g C_1 C_{12} \end{bmatrix}$$

$$+ \begin{bmatrix} 0 \\ 0 \\ m_1 l_1^2 \ddot{\theta}_1 + m_1 l_1 g C_1 \end{bmatrix}$$

至此，我们可以得到关节力矩为

$$\boldsymbol{\tau}_1 = [m_2 l_2^2 + 2 m_2 l_1 l_2 C_2 + (m_1 + m_2) l_1^2] \ddot{\theta} + (m_2 l_2^2 + m_2 l_1 l_2 C_2) \ddot{\theta}_2$$
$$- m_2 l_1 l_2 S_2 \dot{\theta}_1^2 - 2 m_2 l_1 l_2 S_2 \dot{\theta}_1 \dot{\theta}_2 + m_2 l_2 g C_{12} + (m_1 + m_2) l_1 g C_1$$

$$\boldsymbol{\tau}_2 = (m_2 l_1 l_2 C_2 + m_2 l_2^2) \ddot{\theta}_1 + m_2 l_2^2 \ddot{\theta}_2 + m_2 l_1 l_2 S_2 \dot{\theta}_1^2 + m_2 l_2 g C_{12}$$

上式描述了关节力矩与关节位置、速度、加速度之间的关系。可以看出，即便是最简单的两连杆操作臂，其关节力矩的表达式也非常复杂。因此，对于结构更加复杂的六轴机械臂来说，其关节力矩会更加繁琐。事实上，我们可以忽略方程的细节，只用方程的结构来简单地描述机械臂的动力学方程。例如，可以用

$$\boldsymbol{\tau} = \boldsymbol{M}(\boldsymbol{\Theta}) \ddot{\boldsymbol{\Theta}} + \boldsymbol{V}(\boldsymbol{\Theta}, \dot{\boldsymbol{\Theta}}) + \boldsymbol{G}(\boldsymbol{\Theta}) \tag{5-149}$$

来描述机械臂的动力学问题。其中，$\boldsymbol{M}(\boldsymbol{\Theta})$ 为 n 阶质量矩阵，$\boldsymbol{V}(\boldsymbol{\Theta}, \dot{\boldsymbol{\Theta}})$ 为 $n \times 1$ 阶离心力和哥氏力矩阵，$\boldsymbol{G}(\boldsymbol{\Theta})$ 为 $n \times 1$ 阶重力矢量。这样，由例 5.4 中的关节力矩表达式可表示为

$$\begin{cases} M(\Theta) = \begin{bmatrix} m_2 l_2^2 + 2m_2 l_1 l_2 C_2 + (m_1 + m_2)l_1^2 & m_2 l_2^2 + m_2 l_1 l_2 C_2 \\ m_2 l_1 l_2 C_2 + m_2 l_2^2 & m_2 l_2^2 \end{bmatrix} \\ V(\Theta, \dot{\Theta}) = \begin{bmatrix} -m_2 l_1 l_2 S_2 \dot{\theta}_1^2 - 2m_2 l_1 l_2 S_2 \dot{\theta}_1 \dot{\theta}_2 \\ m_2 l_1 l_2 S_2 \end{bmatrix} \\ G(\Theta) = \begin{bmatrix} m_2 l_2 g C_{12} + (m_1 + m_2)l_1 g C_1 \\ m_2 l_2 g C_{12} \end{bmatrix} \end{cases} \tag{5-150}$$

这里，$V(\Theta, \dot{\Theta})$包含了所有与速度有关的项，而 $G(\Theta)$包含了所有与重力加速度 g 有关的项。

这种描述机器人动力学的方程称为状态空间方程。另外，我们也可以用位形空间方程

$$\tau = M(\Theta)\ddot{\Theta} + B(\Theta)[\dot{\Theta}, \dot{\Theta}] + C(\Theta)[\dot{\Theta}^2] + G(\Theta) \tag{5-151}$$

来描述动力学问题。其中，$B(\Theta)$为 $n \times n(n-1)/2$ 阶哥氏力系数矩阵，$[\dot{\Theta}, \dot{\Theta}]$为 $n(n-1)/2 \times 1$ 阶关节速度矢量，$C(\Theta)$为 $n \times n$ 阶离心力矩阵，$[\dot{\Theta}^2]$为 $n \times 1$ 阶矢量。同样，我们可以将例 5.4 中的关节力矩表达式改成用位形空间方程来描述。其中：

$$[\dot{\Theta}, \dot{\Theta}] = [\dot{\theta}_1, \dot{\theta}_2] \tag{5-152}$$

$$[\dot{\Theta}^2] = \begin{bmatrix} \dot{\theta}_1^2 \\ \dot{\theta}_2^2 \end{bmatrix} \tag{5-1`53}$$

则有

$$B(\Theta) = \begin{bmatrix} -2m_2 l_1 l_2 S_2 \\ 0 \end{bmatrix}$$
$$C(\Theta) = \begin{bmatrix} 0 & -m_2 l_1 l_2 S_2 \\ m_2 l_1 l_2 S_2 & 0 \end{bmatrix} \tag{5-154}$$

上面讨论的是机器人动力学逆问题，即已知连杆的位移、速度和加速度确定连杆运动所需的关节力和力矩的问题，是机器人实时控制的关键步骤。

我们可以看到，求解机器人连杆运动所需的力和力矩的计算量大且复杂，但在实际求解过程中，我们其实只需要确定随着机器人连杆运动而变化的函数部分即可。而状态空间方程和位形空间方程的重点正是描述关节位置变化的函数，完全能够反馈关节位置的变化情况。

5.3.4 拉格朗日方程

与牛顿-欧拉方程基于连杆受力情况分析机器人动力学问题不同，拉格朗日方程是一种基于系统能量分析的动力学求解方法。这里所说的系统能量包括系统的动能和势能。其中，连杆 i 的动能表达式为

$$k_i = \frac{1}{2} m_i v_{C_i}^{\mathrm{T}} v_{C_i} + \frac{1}{2} {}^i \omega_i^{\mathrm{T}} {}^{C_i} I_i {}^i \omega_i \tag{5-155}$$

其中，前一项为连杆质心的速度产生的动能，后一项为连杆角速度产生的动能。而连杆 i 的势能可以描述为

$$u_i = -m_i \, {}^0\boldsymbol{g}^{\mathrm{T}} \, {}^0\boldsymbol{P}_{C_i} + u_i' \tag{5-156}$$

这里，${}^0\boldsymbol{g}$ 为以基坐标系为参考坐标系下的重力矢量，u_i' 是使 u_i 的最小值为零的常数，可设为零值。可以看出连杆动能 k 是 $(\boldsymbol{\Theta}, \dot{\boldsymbol{\Theta}})$ 的函数，而连杆势能是 $\boldsymbol{\Theta}$ 的函数。

由此，我们可以由动能和势能的差值得到拉格朗日函数，即

$$L(\boldsymbol{\Theta}, \dot{\boldsymbol{\Theta}}) = k(\boldsymbol{\Theta}, \dot{\boldsymbol{\Theta}}) - u(\boldsymbol{\Theta}) \tag{5-157}$$

则机器人关节力矩可表示为

$$\boldsymbol{\tau} = \frac{\mathrm{d}}{\mathrm{d}t} \frac{\partial L}{\partial \dot{\boldsymbol{\Theta}}} - \frac{\partial L}{\partial \boldsymbol{\Theta}} \tag{5-158}$$

同样以两连杆机械臂为例，用拉格朗日方式分析机械臂动力学方程。首先，求解连杆的动能和势能。对于连杆 1：

$$\begin{cases} k_1 = \dfrac{1}{2} m_1 \boldsymbol{v}_{C_1}{}^{\mathrm{T}} \boldsymbol{v}_{C_1} = \dfrac{1}{2} m_1 (l_1 \dot{\theta}_1)^2 \\ u_1 = -m_1 \, {}^0\boldsymbol{g}^{\mathrm{T}} \, {}^0\boldsymbol{P}_{C_1} = -m_1 g l_1 S_1 \end{cases} \tag{5-159}$$

对于连杆 2，首先确定连杆 2 的质心的位置为

$$\begin{cases} x_2 = l_1 C_1 - l_2 C_{12} \\ y_2 = l_1 S_1 + l_2 S_{12} \end{cases} \tag{5-160}$$

其对应的速度分量为

$$\begin{cases} \dot{x}_2 = -l_1 S_1 \dot{\theta}_1 + l_2 S_{12} (\dot{\theta}_1 + \dot{\theta}_2) \\ \dot{y}_2 = l_1 C_1 \dot{\theta}_1 + l_2 C_{12} (\dot{\theta}_1 + \dot{\theta}_2) \end{cases} \tag{5-161}$$

进而，可以得到连杆 2 的质心速度为

$$v_{c_2} = \dot{x}_2{}^2 + \dot{y}_2{}^2 = l_1{}^2 \dot{\theta}_1{}^2 + l_2{}^2 (\dot{\theta}_1 + \dot{\theta}_2)^2 + 2 l_1 l_2 \dot{\theta}_1 (\dot{\theta}_1 + \dot{\theta}_2) \cos(2\theta_1 + \theta_2) \tag{5-162}$$

则连杆 2 的动能和势能为

$$\begin{cases} k_2 = \dfrac{1}{2} m_2 \boldsymbol{v}_{C_2}{}^{\mathrm{T}} \boldsymbol{v}_{C_2} = \dfrac{1}{2} m_2 [l_1{}^2 \dot{\theta}_1{}^2 + l_2{}^2 (\dot{\theta}_1 + \dot{\theta}_2)^2 + 2 l_1 l_2 \dot{\theta}_1 (\dot{\theta}_1 + \dot{\theta}_2) \cos(2\theta_1 + \theta_2)] \\ u_2 = -m_2 \, {}^0\boldsymbol{g}^{\mathrm{T}} \, {}^0 P_{C_2} = -m_2 g (l_1 S_1 + l_2 S_{12}) \end{cases} \tag{5-163}$$

则拉格朗日方程可表示为

$$\begin{aligned} L &= k_1(\theta_1, \dot{\theta}_1) + k_2(\theta_2, \dot{\theta}_2) - u_1(\theta_1) - u_2(\theta_2) \\ &= \frac{1}{2} (m_1 + m_2) l_1{}^2 \dot{\theta}_1{}^2 + (m_1 + m_2) g l_1 S_1 + \frac{1}{2} m_2 l_2{}^2 (\dot{\theta}_1 + \dot{\theta}_2)^2 \\ &\quad + m_2 l_1 l_2 (\dot{\theta}_1{}^2 + \dot{\theta}_1 \dot{\theta}_2) \cos(2\theta_1 + \theta_2) + m_2 g l_2 S_{12} \end{aligned} \tag{5-164}$$

进而可写出机械臂动力学方程：

$$\frac{\partial L}{\partial \dot{\theta}_1} = (m_1 + m_2)l_1{}^2\dot{\theta}_1 + m_2l_2{}^2(\dot{\theta}_1 + \dot{\theta}_2) + m_2l_1l_2(2\dot{\theta}_1 + \dot{\theta}_2)\cos(2\theta_1 + \theta_2) \tag{5-165}$$

$$\begin{aligned}\frac{\mathrm{d}}{\mathrm{d}t}\frac{\partial L}{\partial \dot{\theta}_1} = {}& [(m_1 + m_2)l_1{}^2 + m_2l_2{}^2 + 2m_2l_1l_2\cos(2\theta_1 + \theta_2)]\ddot{\theta}_1 \\ & + [m_2l_2{}^2 + m_2l_1l_2\cos(2\theta_1 + \theta_2)]\ddot{\theta}_2 - m_2l_1l_2\dot{\theta}_2{}^2\sin(2\theta_1 + \theta_2) \\ & - 4m_2l_1l_2\dot{\theta}_1{}^2\sin(2\theta_1 + \theta_2) - 4m_2l_1l_2\dot{\theta}_1\dot{\theta}_2\sin(2\theta_1 + \theta_2)\end{aligned} \tag{5-166}$$

$$\frac{\partial L}{\partial \theta_1} = (m_1 + m_2)gl_1C_1 + m_2gl_2C_{12} - 2m_2l_1l_2(\dot{\theta}_1{}^2 + \dot{\theta}_1\dot{\theta}_2)\sin(2\theta_1 + \theta_2) \tag{5-167}$$

$$\frac{\partial L}{\partial \dot{\theta}_2} = m_2l_2{}^2(\dot{\theta}_1 + \dot{\theta}_2) + m_2l_1l_2\dot{\theta}_1\cos(2\theta_1 + \theta_2) \tag{5-168}$$

$$\begin{aligned}\frac{\mathrm{d}}{\mathrm{d}t}\frac{\partial L}{\partial \dot{\theta}_2} = {}& [m_2l_2{}^2 + m_2l_1l_2\cos(2\theta_1 + \theta_2)]\ddot{\theta}_1 + m_2l_2{}^2\ddot{\theta}_2 \\ & - 2m_2l_1l_2\sin(2\theta_1 + \theta_2)\dot{\theta}_1{}^2 - m_2l_1l_2\sin(2\theta_1 + \theta_2)\dot{\theta}_1\dot{\theta}_2\end{aligned} \tag{5-169}$$

$$\frac{\partial L}{\partial \theta_2} = m_2gl_2C_{12} - m_2l_1l_2(\dot{\theta}_1{}^2 + \dot{\theta}_1\dot{\theta}_2)\sin(2\theta_1 + \theta_2) \tag{5-170}$$

则有

$$\begin{cases} \tau_1 = \dfrac{\mathrm{d}}{\mathrm{d}t}\dfrac{\partial L}{\partial \dot{\theta}_1} - \dfrac{\partial L}{\partial \theta_1} \\[2mm] \tau_2 = \dfrac{\mathrm{d}}{\mathrm{d}t}\dfrac{\partial L}{\partial \dot{\theta}_2} - \dfrac{\partial L}{\partial \theta_2} \end{cases} \tag{5-171}$$

值得注意的是，对于同一个机械臂来说，运用牛顿-欧拉方程和拉格朗日方程求解的动力学方程是等效的。但牛顿-欧拉方程更适合分析简单系统的动力学问题，而拉格朗日方程更适合结构复杂的机械臂系统。

5.3.5 动力学的 Matlab 分析

利用 Matlab 进行机器人动力学仿真时，需要提供机器人动力学的相关参数，这属于机器人设计参数，并不对外开放，所以无法以 ABB IRB 1200 机器人为模型进行仿真。本节中，我们以 Matlab 自带的 PUMA 560 机器人模型进行动力学分析。如图 5-25 所示，PUMA 560 机器人是典型的六轴机械臂，关节 1、2 和关节 3 决定末端执行器的位置，而关节 4、5 和关节 6 决定末端执行器的姿态。

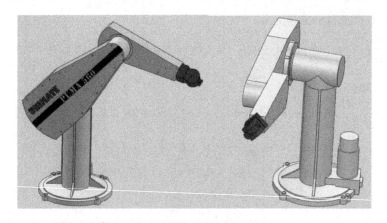

图 5-25　PUMA 560 机械臂结构

根据建立连杆坐标系规则可构建机械臂的坐标系，如图 5-26 所示。其中关节 1 和关节 2 的轴线相交，因此两个坐标系的原点为同一点，同为轴线交点。关节 4、5 和关节 6 的轴线相交，这三个关节的坐标系原点为轴线交点。需要注意的是，此图是各关节角 θ 均为 0 时机器人的姿态表示，所以坐标系 0 和坐标系 1 的 X 轴重合。

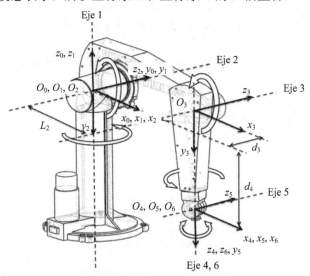

图 5-26　PUMA 560 机械臂坐标系

由此可得机械臂各关节的 D-H 参数，如表 5-6 所示。

表 5-6　PUMA 560 机械臂各关节 D-H 参数

i	a_{i-1}	α_{i-1}	d_i	θ_i
1	0	90°	0	θ_1
2	0.4318	0°	0	θ_2
3	0.0203	−90°	0.15	θ_3
4	0	90°	0.4318	θ_4
5	0	−90°	0	θ_5
6	0	0°	0	θ_6

我们通过 Matlab 分析机械臂动力学问题，包括动力学正问题和动力学逆问题。要说明的是，Matlab 中正向动力学是指通过给定的关节位置、速度和力矩计算其加速度，逆向动力学与之相反，主要求解机械臂的各关节以指定速度和加速度运动到指定位姿时，所需要的关节力矩。这与前面我们所说的动力学正问题和动力学逆问题并不相同，但是不影响机器人的动力学分析。

对于 PUMA 560 机器人来说，其对应的机器人对象在 mdl_puma560.m 文件中定义，编程之前先调用此机器人对象。首先，我们考虑机器人静止在初始状态，关节受力为 0 时，关节的加速度可通过以下指令求解：

```
>> mdl_puma560
>> p560.accel(qz, zeros(1,6), zeros(1,6))

ans =

  -0.2462
  -8.6829
   3.1462
   0.0021
   0.0603
   0.0001
```

这里，accel(q,qd,torque)函数返回机器人关节加速度值，此函数包括三个参数，分别为关节姿态、关节速度和施加在关节上的力矩。由于机器人处于静止状态，且各关节受力为 0，所以参数 qd 和 torque 为 0，我们用函数 zeros(1,6)生成一个 1×6 维零向量来定义这两个参数。

当然，也可以直接定义关节速度 qd 和关节力矩 torque 为零向量，程序运行结果不会改变。程序如下：

```
>> mdl_puma560
>> qd=[0,0,0,0,0,0];
>> tau=[0,0,0,0,0,0];
>> p560.accel(qz,qd,tau);
```

运动学正问题是一个综合性应用，在 Matlab 中可以通过指令 fdyn( ) 来分析。机器人在初始位置未受关节力矩的情况下，其仿真结果为

```
>> tic
>> [t q qd]=p560.nofriction().fdyn(10, [], qz);
>> toc
时间已过 100.834795 秒。
>> p560.plot(q)
```

PUMA560 机器人动力学仿真

运行结果可以通过指令 plot( )查看。可以看出，在不考虑关节间摩擦受力的情况下，若关节力矩为 0，则机械臂从初始位置开始，在重力和惯性的作用下最终静止在中心位置，如图 5-27 所示。扫描右上侧二维码可观看 PUMA560 机器人动力学仿真视频。

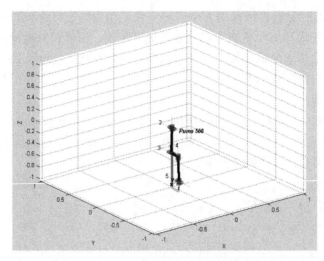

图 5-27　关节力矩为 0 时机械臂静止状态

　　当然，我们可以画出各关节角随时间变化的曲线图，如图 5-28 所示。

```
>> subplot(6,2,1);plot(t,q(:,1));xlabel('Time (s)');ylabel('Joint 1 (rad)');
>> subplot(6,2,2);plot(t,q(:,4));xlabel('Time (s)');ylabel('Joint 4 (rad)');
>> subplot(6,2,3);plot(t,q(:,2));xlabel('Time (s)');ylabel('Joint 2 (rad)');
>> subplot(6,2,4);plot(t,q(:,5));xlabel('Time (s)');ylabel('Joint 5 (rad)');
>> subplot(6,2,5);plot(t,q(:,3));xlabel('Time (s)');ylabel('Joint 3 (rad)');
>> subplot(6,2,6);plot(t,q(:,6));xlabel('Time (s)');ylabel('Joint 6 (rad)');
```

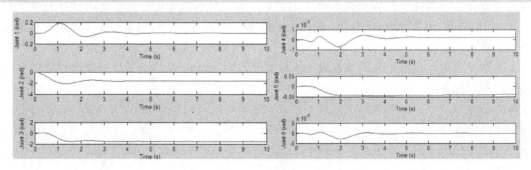

图 5-28　PUMA560 机械臂关节角变化情况

　　通常情况下，我们调用的 fdyn( ) 函数使用自带的 ode45 方法来计算关节加速度值。此外，系统还允许用户自己编写求解机械手关节力矩的函数，并在 fdyn( ) 函数的第二个参数中调用，进而计算关节加速度。

　　在 Matlab 中，机器人运动学逆问题仿真需要调用 rne( ) 指令，并提供关节位姿、角速度和角加速度等参数。如，当 PUMA 560 处于零转角状态时，设其角速度为 5 rad/s，角加速度为 1 rad/s，则需要的关节力矩为

```
>> mdl_puma560
>> %ones(m×n) 生成一个m×n维数组，数组元素均为1
>> %如，ones(1,6)=[1 1 1 1 1 1]
```

```
>> tau=p560.rne(qz,5*ones(1,6),ones(1,6))

tau =

    -0.4696    84.2133    47.9966    3.1039    3.0466    1.5770
```

对于机器人在关节坐标系中的运动轨迹来说，同样可以计算对应的关节力矩。以 Matlab 中 PUMA560 机器人的 qz 和 qr 两个位姿为例，分析机器人从 qz 运动到 qr 过程所需要的关节力矩：

```
>> t=[0:0.5:2];
>> [q,qd,qdd]=jtraj(qz,qr,t);
>> tau=p560.rne(q,qd,qdd);
>> tau

tau =

         0    37.4837     0.2489         0         0         0
   -0.7635    67.6971    -9.5395    0.0000    0.0013         0
   -1.0223    53.9989   -10.6766    0.0000    0.0019         0
    1.4528    16.9106    -8.2233   -0.0000   -0.0026    0.0000
   -0.0000    -0.7752     0.2489    0.0000    0.0000         0
```

时间向量 t 中定义了运动时间为 2 s，采样频率为 0.5，即系统间隔 0.5 s 采样一次，jtraj( )函数返回两点间的关节速度和关节加速度，再计算一次关节力矩值。图 5-29 为关节力矩变化曲线。

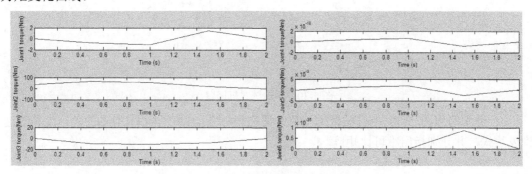

图 5-29　PUMA 560 机械臂关节力矩变化情况

本 章 小 结

通过本章的学习，读者应当了解：

◇ 机器人运动学研究的是在不考虑受力的情况下机器人的运动特性，包括机器人的位置、速度和加速度等内容。机器人运动学问题分析的是机器人以何种姿态到达目标位置的问题。

◇ 机器人动力学研究的是由驱动器作用的力矩或者外力所引起的运动分析。机器人动力学问题与机器人的仿真和实时控制有关。

◇ 机器人运动学正问题分析是指根据机器人自身参数确定机器人在空间中的位置和姿态，即求解机器人末端连杆坐标系$\{n\}$相对于基坐标系$\{0\}$的变换矩阵。机器人运动学逆问题是正问题的相反过程，即根据机器人末端执行器的位置和姿态确定机器人各关节角度。需要注意的是，机器人运动学逆问题的解并不确定。也就是说，解可能不存在，也可能存在多个，需要根据实际情况选取最恰当的一组解。

◇ 雅可比矩阵通常用来描述关节速度$\dot{\Theta}$和末端执行器的笛卡尔速度v的关系。同时，雅可比矩阵的转置能够将笛卡尔空间里的力矩矢量映射成关节空间中的关节力矩矢量。

◇ 牛顿-欧拉方程和拉格朗日方程都是机器人动力学公式。前者是基于力平衡的分析方法，后者则是基于能量平衡的分析方法。对于同一机器人来说，这两种方法得到的运动方程是相同的。

本 章 练 习

1. 简述机器人运动学和动力学分别包含几个问题，以及具体内容是什么。

2. 图 5-30 所示为六轴机械臂，建立连杆坐标系并进行运动学分析，写出其运动学方程。

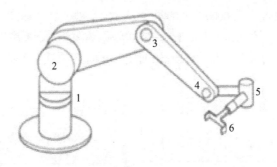

图 5-30　六轴链式机械臂

3. 分别写出图 5-30 中机械臂末端执行器在坐标系$\{0\}$和坐标系$\{3\}$下的角速度和线速度表达式，并分别指出雅可比矩阵。

第6章 工业机器人编程基础

本章目标

- 了解工业机器人的几种编程技术。

- 了解离线编程的常用语言和软件。

- 掌握开发环境 RobotStudio 的安装和配置。

- 掌握 Rapid 语言的功能和架构。

- 掌握 Rapid 语言的常用数据类型。

- 掌握 Rapid 语言的常用语句和运算符。

- 掌握 Rapid 语句的常用指令。

目前，在工业领域应用最为广泛的是六轴工业机器人。在实际应用中，除了六个轴的运动，机器人还能与视觉、触觉、力觉等多种传感器相结合，应用于搬运、焊接、激光切割、码垛、打磨等多种工业场景。

对工业机器人编程，指的是通过其示教器和离线编程软件进行软件开发，使机器人的动作和流程符合实际的生产需求。本章将以 ABB 机器人为例，详细讲解机器人控制系统的编程方式，并重点介绍离线编程语言——Rapid 语言有关的数据类型、语句、指令等内容。

6.1 工业机器人编程

对于工业机器人来说，控制系统是其重要组成部分。大多数工业机器人采用"工控机+运动控制器"的控制模式，能够通过示教编程或离线编程等方式实现运动控制、示教再现、环境感知、人机交互等功能。

起初，机器人的应用场合简单、功能单一，用户可通过固定程序或示教编程的方式对机器人进行编程，完成不同场合所需要的任务。但随着机器人的功能和作业环境越来越复杂多变，固定程序或示教编程越来越无法满足要求，因此适应性更强的机器人控制系统应运而生。它具有更多样的编程方式，更丰富的传感器接口，更丰富的通信方式。

对机器人控制系统进行软件开发，需要在特定的机器人软件开发环境中进行。一般工业机器人公司都有自己独立的开发环境和独立的机器人编程语言，如日本 Motoman 公司、德国 KUKA 公司、美国的 Adept 公司、瑞典的 ABB 公司等。

6.1.1 控制系统编程

机器人控制系统通过指令描述机器人的动作，使机器人能够顺利完成指定操作，而且能够详尽地描述机器人的作业环境，并利用传感器的状态信息使机器人具有判断、规划、决策等功能。

为了更精确地描述机器人的运动过程，机器人控制系统必须做到：

(1) 正确建立世界模型。机器人及相应的工具、工件都是在三维空间中运动的，所以需要给机器人及工具、工件等物体建立对应的坐标系，包括世界坐标系、工件坐标系、工具坐标系等。在不同坐标系下，机器人编程系统必须能够描述物体的位置和姿态信息。

(2) 正确描述机器人作业环境。机器人能否正常完成作业任务与机器人的作业环境息息相关。机器人编程系统对于机器人作业环境的描述水平，决定了机器人作业任务的完成水平。若无法详尽地描述机器人的作业环境、构建环境模型，则机器人就无法准确无误地完成操作任务。

(3) 正确描述机器人的运动。机器人的运动过程可以转化为机器人编程系统中的动作指令。用户可通过编程语言中的指令进行运动速度、运动时间、路径规划等操作，定义机器人的动作，完成机器人运动过程。

(4) 允许用户定义执行过程。同其他机器语言一样，机器人编程系统也需要允许用户定义机器人的执行过程，包括指令动作、循环执行、定义中断等。

（5）包含人机接口和传感器接口。人机接口用于人与机器人之间的信息交流，有利于及时处理运行过程中产生的故障，提高安全性。同样，传感器接口也是必不可少的。具备传感器接口的机器人语言系统能够根据传感器的信息，结合已有的决策能力，更有效地控制程序流程。

（6）具备良好的编程环境。一个具有良好编程环境的软件有利于提高程序员的工作效率，机器人编程系统也是一样。例如，对于复杂的机器人编程步骤，一个包含中断功能的编程语言会大大简化编程人员的工作过程。此外，环境友好的机器人编程系统还应该具有在线修改、立即重启、仿真等功能。

对工业机器人控制系统进行编程的结构示意图如图 6-1 所示。从图中可知，机器人的控制系统有三种基本操作状态：监控状态、编辑状态和执行状态。下面对这三种状态予以说明。

（1）监控状态：操作者可以利用示教器修改机器人的空间位姿、运动速度等。

（2）编辑状态：操作者可利用机器人编程语言在编程环境中定义机器人动作。

（3）执行状态：系统执行机器人程序，操作者不能再编辑或修改机器人的任一参数。

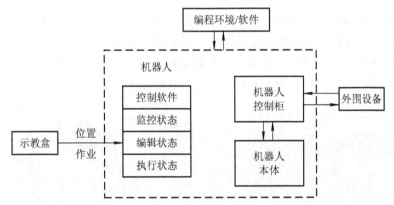

图 6-1　机器人编程系统功能结构

从图 6-1 可以看出，工业机器人包括机器人本体、机器人控制柜及机器人控制软件。对机器人进行编程，实际是在编程环境中对机器人的动作、业务逻辑、输入输出、外围设备等进行控制，从而使机器人实现特定的动作或流程。这一过程所形成的程序，被下载到机器人控制柜，并在机器人自动工作时执行。

6.1.2　编程方式

常用的机器人编程方式包括示教编程和离线编程两种。

示教编程是指操作者通过示教器手动调节机器人关节，控制机器人以一定的姿态运动到指定的位置，同时记录并上传此位置到机器人控制器中，达到机器人能够自动重复此操作的目的。常用示教器如图 6-2 所示。

示教编程主要应用于码垛、搬运等轨迹简单的场合，具有编程简单的优点，但是存在操作精度不可控、编程效率低等问题。

图 6-2　常用示教器

随着机器人应用场合越来越复杂，很多场合下示教编程不再适用，离线编程逐渐成为主流编程方式。

离线编程是指利用计算机图形学和图形处理工具建立机器人工作场景的几何模型，操作者根据实际需求控制机器人模型完成操作，并利用规划算法生成机器人运动轨迹，并转化为机器人程序用于控制机器人运动。与示教编程不同，离线编程的过程不与机器人发生关系，机器人可以照常工作。图 6-3 为常用离线编程软件。

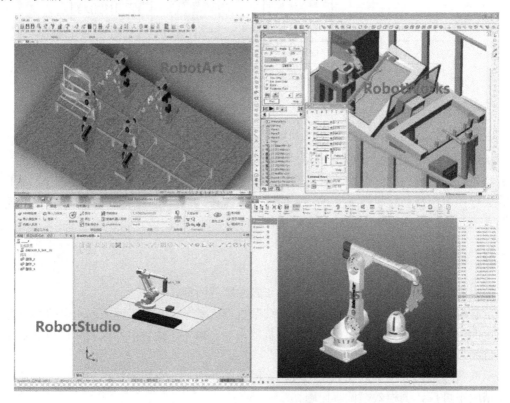

图 6-3　常用离线编程软件

示教编程和离线编程既相互独立，又相互补充。离线编程更适用于像喷涂、焊接、打磨等轨迹复杂的应用场合，但对于点焊、搬运这些运动轨迹简单的场合，示教编程则更具优势。而且，离线编程的精度受模型误差、装配误差、机器人绝对定位误差的影响，可以结合示教编程以减少或消除误差。

下面进一步详细介绍这两种编程方式。

1．示教编程

示教编程通常由操作者通过示教盒控制机器人末端执行器以指定的姿态到达特定位置，同时记录机器人位姿数据并编写机器人运动指令，完成机器人的轨迹规划、关节数据采集记录等工作。

示教器示教具有在线示教的优势，操作简便直观。例如，汽车车身焊接环节中，可采用示教编程控制机器人进行点焊操作。首先，操作人员通过示教器控制机器人到达各个焊点完成示教工作，由系统存储各焊点的位置信息和轨迹，然后通过示教再现功能重复示教动作，完成车身的焊接工作，如图 6-4 所示。

原则上，示教过的点焊机器人可以对同类型工件进行无限次循环操作。但是，并不能保证焊接工件的位置完全一致，所以在实际焊接工作中，通常需要增加激光传感器等来对焊接

图 6-4　示教编程在点焊中的应用

路径进行纠偏和校正。而且一些条件恶劣的工作环境，操作人员不能直接进入环境内进行示教，需要采用遥控示教结合辅助示教的方法操作机器人。

2．离线编程

机器人离线编程是利用计算机图形学的成果，在仿真环境中建立真实工作环境的三维模型，利用规划算法控制和操作机器人模型，进而产生机器人程序。但是，整个过程并不影响实际机器人运行轨迹。

离线编程技术直接关系到机器人执行任务的运动轨迹、运行速度、运作的精确度，对于生产制造起着关键作用。与在线编程相比，离线编程具有如下优点：

(1) 减少停机的时间，当对下一个任务进行编程时，机器人仍可在生产线上工作。

(2) 使编程者远离危险的工作环境，改善了编程环境。

(3) 使用范围广，可以对各种机器人进行编程，并能方便地实现优化编程。

(4) 便于和 CAD/CAM 系统结合，做到 CAD/CAM/ROBOTICS 一体化。

(5) 可使用高级计算机编程语言对复杂任务进行编程。

(6) 便于修改机器人程序。

离线编程除了在计算机上建立机器人及工作环境的三维物理模型之外，还要根据机器人工作任务进行轨迹规划、编程和动画仿真，甚至还需要对编程结果做后置处理。

一般来说，典型的离线编程系统包括系统建模、离线编程和图形仿真等步骤，其处理

流程如图 6-5 所示。

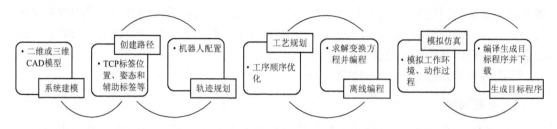

图 6-5　离线编程系统处理流程

1) 系统建模

系统建模包括机器人、工作环境、零件的建模，以及模型的图形处理。一般情况下，根据机器人的理论参数所建立的模型与实际模型之间会存在一定的误差，所以应当对机器人进行标定，分析、校正模型误差，提高模型精度。同时，机器人的工作环境对机器人执行任务有着重要的影响，因此，应当及时更新工作环境模型，否则可能导致机器人不能正常执行任务。

2) 离线编程

离线编程模块包括对机器人作业任务的描述、轨迹规划、建立变换方程并求解、编程等。而且，在对机器人动作进行仿真之后，需根据仿真结构对程序中的不合理内容进行修正，以保证机器人能够正常作业，并且需要在线控制机器人完成操作任务。

3) 图形仿真

离线编程方法与示教编程方法最大的区别是，离线编程无法实时查看机器人的运动状态。而为了保证离线编程的准确性，必须对离线程序进行仿真，即在不触发实际机器人的情况下，通过图形仿真技术模拟机器人工作环境，并模拟机器人动作过程，从得到的仿真数据中分析验证离线编程的正确性。

4) 后置处理

机器人离线编程中的后置处理是指当程序经仿真验证能够满足机器人作业要求时，将离线编程的源程序编译为机器人控制系统能够识别的目标程序，并通过通信接口下载到机器人控制柜中，驱动机器人完成操作任务。同时，也应该注意到，图形仿真和实际操作机器人所需的数据内容并不相同，所以，后置处理过程中会生成两套数据分别用于仿真和控制柜操作中。

随着传感技术的发展，传感器在机器人应用中发挥着越来越重要的作用，传感器仿真也成为离线编程的重要组成部分。传感器的测量信号易受环境因素干扰，因此对于存在传感器的机器人系统来说，其操作精度和准确性受传感器的影响较大。而传感器仿真能够生成有效的传感器控制方法，减少实际应用中的误差，提高系统离线编程的准确性。

6.1.3　离线编程软件

为了提高作业效率，同时能够对系统进行优化，很多机器人公司推出了针对本公司机器人系统的离线仿真软件，譬如 ABB 离线仿真软件 Robot Studio，以及 KUKA 机器人公司的 OfficeLite 离线仿真软件等，这些软件通常运行于 PC 上，在该环境中仿真的结果可以直接下载到相应的机器人控制器中。

相对于示教编程来说，离线编程解决了效率、精度和复杂路径规划的问题，且编程过程中不会影响机器人的正常工作。

常用离线编程软件一般包括几何建模功能、基本模型库、运动学建模功能、工作单元布局功能、路径规划功能、自动编程功能、多机协调编程与仿真功能。按支持机器人型号的不同，可将离线编程软件分为通用和专用两类。通用离线编程软件支持不同厂家的多种机器人型号，例如，RobotArt、RobotMaster、RobotWorks 等。而专用离线编程软件为某机器人厂家开发的，仅支持自家机器人的编程软件，如 RobotStudio(ABB)、RobotGuide(Fanuc)、KUKASim(库卡)、MotoSim(安川)等。

下面对这些离线编程软件进行介绍。

1．RobotArt

RobotArt 是国产的离线编程软件。该软件可以根据几何数模的拓扑信息自动生成机器人运动轨迹，并进行轨迹仿真、路径优化、后置代码等操作，同时集碰撞检测、场景渲染、动画输出于一体，可快速生成效果逼真的模拟动画，广泛应用于打磨、去毛刺、焊接、激光切割、数控加工等领域。

图 6-6 为 RobotArt 离线编程仿真软件的界面。

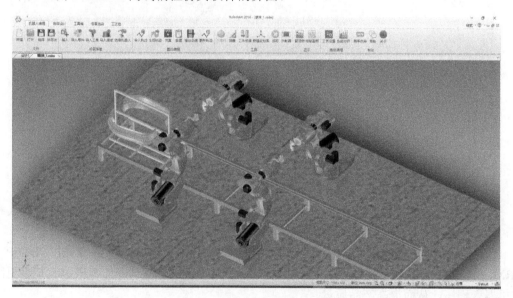

图 6-6　RobotArt 离线编程软件

RobotArt 编程软件不能对整个生产线进行仿真，也不支持国外小品牌机器人编程。但是，它依旧具有众多优点：

(1) 支持多种格式的三维 CAD 模型，可导入扩展名为 step、igs、stl、x_t、prt(UG)、prt(ProE)、CATPart、sldpart 等的格式。

(2) 支持多种品牌工业机器人离线编程操作，如 ABB、KUKA、Fanuc、Yaskawa、Staubli、KEBA 系列、新时达、广数等。

(3) 拥有大量航空航天高端应用经验。

(4) 可自动识别与搜索 CAD 模型的点、线、面信息生成轨迹。

(5) 支持轨迹与 CAD 模型特征相关联，若模型移动或变形则轨迹自动变化。

(6) 具备一键优化轨迹与几何级别的碰撞检测。

(7) 支持多种工艺包，如切割、焊接、喷涂、去毛刺、数控加工。

(8) 支持将整个工作站仿真动画发布到网页、手机端。

2. RobotStudio

RobotStudio 是瑞士 ABB 公司配套的软件，是机器人本体商做得最好的一款软件。RobotStudio 软件操作界面如图 6-7 所示。

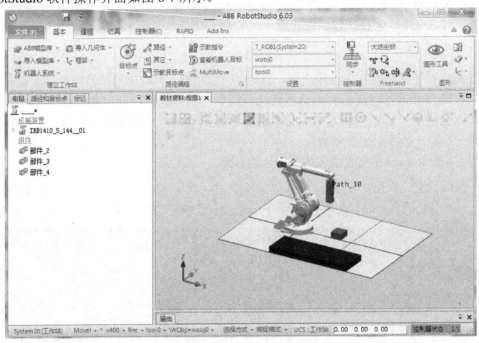

图 6-7　RobotStudio 离线编程软件

RobotStudio 编程软件使用图形化编程手段编辑和调试机器人系统、创建机器人程序，同时支持模拟仿真机器人运动轨迹，具体功能包括：

(1) CAD 导入。可方便地导入各种主流 CAD 格式的数据，包括 IGES、STEP、VRML、VDAFS、ACIS 及 CATIA 等。机器人程序员可依据这些精确的数据编制精度更高的机器人程序，从而提高产品质量。

(2) Auto Path 功能。该功能通过使用待加工零件的 CAD 模型，仅在数分钟之内便可自动生成跟踪加工曲线所需的机器人位置(路径)，而这项任务以往通常需要数小时甚至数天。

(3) 程序编辑器。可生成机器人程序，使用户能够在 Windows 环境中离线开发或维护机器人程序，可显著缩短编程时间、改进程序结构。

(4) 路径优化。如果程序包含接近奇异点的机器人动作，RobotStudio 可自动检测出并发出报警，从而防止机器人在实际运行中发生这种现象。仿真监视器是一种用于机器人运动优化的可视工具，红色线条显示可改进之处，以使机器人按照最有效的方式运行。可以对 TCP 速度、加速度、奇异点或轴线等进行优化，缩短周期时间。

(5) 可达性分析。通过 Autoreach 可自动进行可到达性分析，使用十分方便。用户可通过该功能任意移动机器人或工件，直到所有位置均可到达，在数分钟之内便可完成工作单元平面布置验证和优化。

(6) 虚拟示教台(QuickTeach™)。它是实际示教台的图形显示，其核心技术是 Virtual Robot。从本质上来讲，所有可以在实际示教台上进行的工作都可以在虚拟示教台上完成，因而是一种非常出色的教学和培训工具。

(7) 事件表。这是一种用于验证程序的结构与逻辑的理想工具。程序执行期间，可通过该工具直接观察工作单元的 I/O 状态，可将 I/O 连接到仿真事件，实现工位内机器人及所有设备的仿真。事件表是一种十分理想的调试工具。

(8) 碰撞检测。碰撞检测功能可避免设备碰撞造成的严重损失。选定检测对象后，RobotStudio 可自动监测并显示程序执行时这些对象是否会发生碰撞。

(9) VBA 功能。可采用 VBA 改进和扩充 RobotStudio 功能，根据用户具体需要开发功能强大的外接插件、宏，或定制用户界面。

(10) 直接上传和下载。整个机器人程序无需任何转换便可直接下载到实际机器人系统。该功能得益于 ABB 独有的 Virtual Robot 技术。

3. RobotMaster

RobotMaster 是一款由加拿大厂商开发的机器人编程软件，是国外顶尖离线编程软件，几乎支持市场上绝大多数的机器人品牌，例如 KUKA、ABB、Fanuc、Motoman、史陶比尔、珂玛、三菱、DENSO、松下等。

图 6-8 为 RobotMaster 软件界面。

图 6-8　RobotMaster 离线编程软件

RobotMaster 中集成了机器人编程、仿真和代码生成等功能，大大提高了机器人的编程速度，而且能够按照产品数字模型生成机器人程序，特别适用于切割、铣削、焊接、喷涂等场合。此外，RobotMaster 中还具有独家优化功能，其运动规划和碰撞检测十分精确，并支持外部轴及复合外部轴组合系统。但是，RobotMaster 暂不支持多台机器人同时模拟仿真，而且软件价格昂贵。

4．RobotWorks

RobotWorks 是来自以色列的机器人离线编程仿真软件，与 RobotMaster 类似，是基于 Solidworks 做的二次开发。使用时，需要先安装 SolidWorks。其主要功能如下：

(1) 全面的数据接口。RobotWorks 是基于 SolidWorks 平台开发的，SolidWorks 允许通过 IGES、DXF、DWG、PrarSolid、Step、VDA、SAT 等标准接口进行数据转换。

(2) 强大的编程能力。从输入 CAD 数据到输出机器人加工代码只需四步。

第一步：从 SolidWorks 直接创建或直接导入其他三维 CAD 数据，选取定义好的机器人工具与要加工的工件组合成装配体。所有装配夹具和工具，客户均可以用 SolidWorks 自行创建调用。

第二步：RobotWorks 选取工具，然后直接选取曲面的边缘或者样条曲线进行加工产生数据点。

第三步：调用所需的机器人数据库，开始做碰撞检查和仿真，在每个数据点均可以自动修正，包含工具角度控制、引线设置、增加/减少加工点、调整切割次序，在每个点增加工艺参数。

第四步：RobotWorks 自动产生各种机器人代码，包含笛卡尔坐标数据、关节坐标数据、工具与坐标系数据、加工工艺等，按照工艺要求保存不同的代码。

(3) 强大的工业机器人数据库。支持市场上主流的大多数的工业机器人，提供各大工业机器人各个型号的三维数模。

(4) 完美的仿真模拟。独特的机器人加工仿真系统可对机器人手臂、工具与工件之间的运动进行自动碰撞检查、轴超限检查，自动删除不合格路径并调整，还可以自动优化路径，减少空跑时间。

(5) 开放的工艺库定义。系统提供了完全开放的加工工艺指令文件库，用户可以按照自己的实际需求自行定义添加设置自己的独特工艺，添加的任何指令都能输出到机器人加工数据里。

RobotWorks 具有多种生成轨迹的方式，而且支持不同类型机器人，且支持带外部轴的机器人系统。但是，由于 RobotWorks 是基于 SolidWorks 开发的，而 SolidWorks 本身不具备 CAM 功能，因此其编程较为繁琐，运动学规划的智能化程度较低。

5．RobCAD

RobCAD 是西门子旗下的机器人编程软件，软件较庞大，重点在生产线仿真。该软件支持离线点焊、多台机器人仿真、非机器人运动机构仿真、精确的节拍仿真，主要应用于产品生命周期中的概念设计和结构设计两个前期阶段，能够与主流的 CAD 软件(如 NX、CATIA、IDEAS)无缝集成，可实现工具、机器人和操作者的三维可视化。RobCAD 的主要功能包括：

(1) 对白车身(Body-in-White)生产线进行设计、管理和信息控制。

(2) 完成点焊工艺设计和离线编程。

(3) 分析人与机器的相互影响及协作，实现人因工程分析。

(4) 实现生产制造中喷涂、弧焊、激光加工、滚边等工艺仿真验证及离线程序输出。

但 RobCAD 软件离线功能较差，其编程界面是由 UNIX 移植过来的，人机界面友好性也较差，而且软件价格昂贵。RobCAD 软件界面如图 6-9 所示。

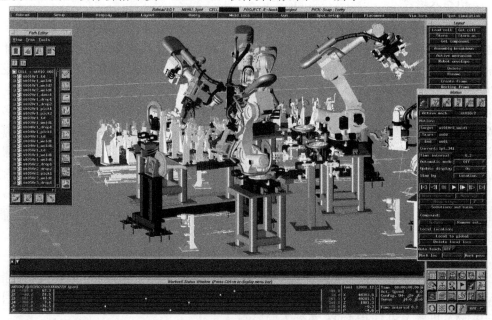

图 6-9　RobCAD 离线编程软件

6. DELMIA

DELMIA 是法国达索旗下的产品。DELMIA 包含六大功能模块，其中 Robotics 解决方案涵盖汽车领域的发动机、总装和白车身，航空领域的机身装配、维修维护，以及一般制造业的制造工艺。该软件利用 PPR 集成中枢迅速完成机器人工作单元的建立、仿真和验证等工作，是一个完整的、可伸缩的、柔性的解决方案。

DELMIA 机器人模块提供了超过 400 种机器人资源，用户可以按需下载机器人及其他的工具资源，而且用户可以充分利用工厂布置规划工程师所完成的工作，还允许在工作单元中加入工艺所需的资源进一步细化布局。但是，DELMIA 属于专家型软件，操作难度较高，不适合初学者使用。

6.1.4　离线编程语言

随着机器人技术的不断发展，工业机器人的功能越来越复杂，对现场环境的适应性要求也越来越高。相应地，机器人语言也随之发展进步，机器人编程语言逐渐取代了早期固定、单一的编程或示教模式，发展成为机器人技术的重要组成部分。

作为一种程序描述语言，机器人编程语言是指用机器人的语言来描述其运动轨迹。机器人编程语言既要做到精确描述机器人的动作，又要能够准确描述机器人的现场工作环境，包括描述传感器的状态信息等，而且还要能够引入逻辑判断、决策、规划和人工智能等功能。

总的来说，机器人编程语言能够用简单的程序描述机器人的动作和工作环境，具有结构简单、易操作、扩展性好等特点。下面对其进行展开说明。

1. 机器人语言

自机器人诞生以来，机器人语言也随着机器人功能的拓展而不断发展。1973 年，世界上第一种机器人语言 WAVE 由美国斯坦福大学研发成功。WAVE 语言是机器人动作级语言的一种，主要用于描述机器人的动作，兼顾力和接触的控制。此外，WAVE 语言还能够利用视觉传感器完成机器人的手、眼的协调控制。

在此基础上，1974 年斯坦福大学又开发出了 AL。AL 是一种可编译语言，它的结构与 ALGOL 计算机语言相似。用户可以在指令编译器中编写好机器人控制的源程序，编译下载后控制机器人完成操作任务。AL 除了描述机器人抓手的动作之外，还能够记住机器人的工作环境，包括环境内物体间的相对位置等，而且能够实现多台机器人的协调控制。

1975 年，美国 IBM 公司也开发出了一种主要用于机器人装配作业的 ML，接着又研发出 AUTOPASS 的机器人语言。AUTOPASS 语言是一种应用于装配的更高级语言，能够对几何模型类的任务进行半自动编程。

1979，美国 Unimation 公司在 BASIC 语言的基础上开发出了一款机器人语言——VAL。VAL 具有与 BASIC 语言相同的内核和结构，并在此基础上增加了机器人编程指令和 VAL 监控操作系统，能够完成连续实时运算和复杂运动控制等任务。目前，VAL 主要用于 PUMA 机器人和 UNIMATE 机器人的控制。

除此之外，常用的机器人编程语言还包括 RAIL、MCL 等。由美国 Automatix 公司开发的 RAIL 可以利用传感器信息完成零件作业检测的任务。而由麦道公司开发的 MCL 则是一种主要用于数控机床、机器人等柔性加工单元的编程语言。

2. 机器人语言的分类

由于机器人语言种类繁多，通用性差，因此随着机器人功能的不断扩展，就需要不断开发新的语言来配合机器人的工作。尽管机器人有很多编程方法，但根据对任务描述的水平高低，可将机器人语言分为动作级、对象级和任务级三种类别。

1) 动作级编程语言

动作级编程语言是最低一级的机器人编程语言。VAL 就是典型的动作级编程语言。它主要描述机器人的运动，一条编程指令控制机器人执行一个动作，即表示机器人的一次位姿变换。动作级编程语言语句简单，编程易于实现，但是存在不能进行复杂的数学运算、不能处理复杂的传感器信息、通信能力差的缺陷，因而应用范围受限。

动作级编程语言可分为关节级编程语言和末端执行器级编程语言两种。

(1) 关节级编程语言。以机器人关节为编程对象，在关节坐标系中根据机器人各关节的位置与时间关系进行编程的方法称为关节级编程。关节级编程语言特别适合用于直角关节和圆柱关节的机器人编程，它既可以通过编程指令实现，也可以通过示教实现。

(2) 末端执行器级编程语言。末端执行器级编程则是在机器人的基坐标系中进行的。编程时，给出末端执行器的位姿与时间的关系序列，同时也包含力觉、视觉等传感器的时间关系序列，进而统一协调控制机器人的动作。末端执行器级编程语言具有较强的实时数据处理能力，而且允许程序中包含简单的条件分支。

2) 对象级编程语言

对象级编程语言是比动作级编程语言高一级的编程语言。它并不直接描述机器人抓手的动作，而是以作业和作业物体本身为编程对象，通过编程的形式来描述机器人的作业过程和环境模型，最后通过编译程序控制机器人动作。

对象级编程语言用类似自然语言的方法来描述机器人对象的动作过程。它将机器人的尺寸参数、作业对象和工具等一般参数存储到系统的知识库和数据库中，并用表达式的形式表示运算功能、位姿时序、作业量、作业对象承受力和力矩等内容。在编译时调用所有信息对机器人的动作过程进行仿真，仿真完成后才控制作业对象动作，同时完成实时监控并处理传感器、其他通信设备信息等工作。

这类语言的典型例子有 AML 及 AUTOPASS 语言，其特点为：

(1) 具有动作级编程语言的全部动作功能。

(2) 有较强的感知能力，能处理复杂的传感器信息，可以利用传感器信息来修改、更新环境的描述和模型，也可以利用传感器信息进行控制、测试和监督。

(3) 具有良好的开放性，语言系统提供开发平台，用户可以根据需要增加指令，扩展语言功能。

(4) 数字计算和数据处理能力强，可以处理浮点数，能与计算机进行即时通信。

3) 任务级编程语言

任务级编程语言是一种理想的机器人高级语言。它既不需要描述机器人的运动，也不需要描述机器人操作对象之间的关系，只需要按照预先定义好的规则描述机器人对象的初始状态和目标状态即可，而机器人语言系统可根据已有的环境信息、知识库、数据库进行推理计算，自主生成机器人详细的动作、姿态等数据，从而使得机器人完成指定任务。

例如，一装配机器人欲完成某一螺钉的装配，螺钉的初始位置和装配后的目标位置已知，当发出抓取螺钉的命令时，语言系统从初始位置到目标位置之间寻找路径，在复杂的作业环境中找出一条不会与周围障碍物产生碰撞的合适路径，在初始位置处选择恰当的姿态，沿此路径运动到目标位置抓取螺钉。在此过程中，作业中间状态，即作业方案的设计、工序的选择、动作的前后安排等一系列问题都由计算机自动完成。

当然，要做到机器人自主规划运行轨迹，这对编程语言的要求是极高的。目前，任务级编程语言尚未成熟，并非十分完善，还需要人工智能、大型知识库、数据库等技术的支持。但是，随着人工智能、数据库等相关技术的不断发展，任务级编程语言必然会得到长足发展，取代其他编程语言，极大地简化机器人编程。

在现实中，不同厂商的工业机器人控制系统通常会采用不同的编程语言，这些编程语言通常内置于机器人控制器中。譬如，ABB 机器人采用的 RAPID 编程语言，KUKA 机器人采用的 KRL 编程语言，FANUC 机器人采用的 Karel 编程语言等，这些编程语言类似 C 或者 VB 这些高级编程语言的结构形式，同时增加了机器人运动的控制以及对外输入输出点的控制等。

6.2 开发环境配置

在进行正式的编程学习之前，需要构建必要的开发环境，也就是要安装好 RobotStudio 仿真软件，并创建机器人编程的工作站。下面分步骤进行说明。这一过程也可通过扫描右侧二维码观看视频。

构建开发环境

6.2.1 安装 RobotStudio

在本书提供的配套教学资源的【工具与资料】文件夹中，可以找到 RobotStudio 软件的安装文件，如图 6-10 所示。

图 6-10 安装包

解压缩后，找到文件夹中的 setup.exe 文件，双击打开。弹出的界面如图 6-11 所示。

图 6-11 选择语言

选择"中文(简体)"，单击【确定】按钮，进行解压缩。解压缩成功后出现的界面如图 6-12 所示。

图 6-12 安装向导

单击【下一步】按钮，出现的界面如图 6-13 所示。

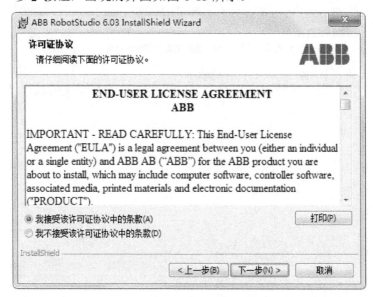

图 6-13 协议

点选"我接受该许可证协议中的条款(A)"，并单击【下一步】按钮，出现的界面如图 6-14 所示。

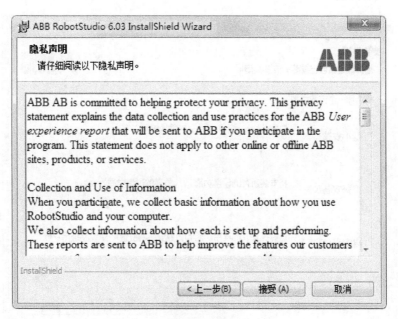

图 6-14 隐私声明

单击【接受】按钮，进入如图 6-15 所示界面。

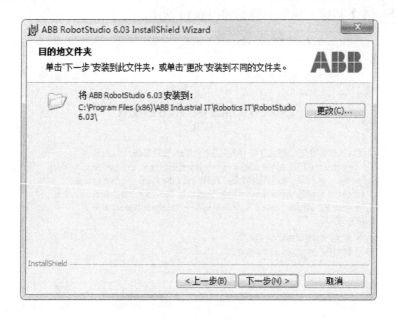

图 6-15　安装目录

如果需要修改安装路径，可单击【更改】按钮。选择完毕后单击【下一步】按钮，出现如图 6-16 所示界面。

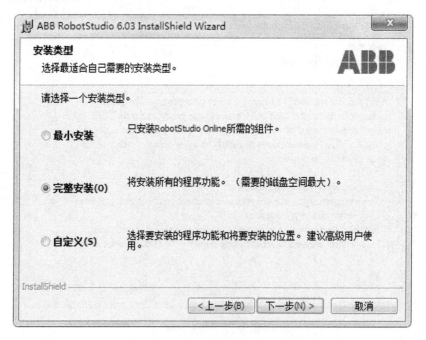

图 6-16　安装类型

点选"完整安装"，并单击【下一步】按钮。出现的界面如图 6-17 所示。

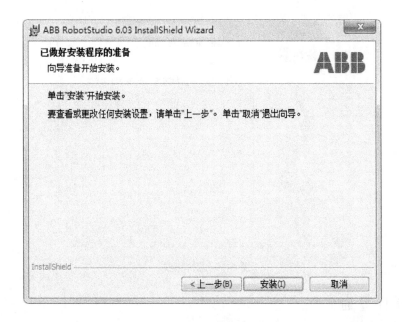

图 6-17   开始安装

单击【安装】按钮进行安装，出现的界面如图 6-18 所示。此过程会持续几分钟。

图 6-18   正在安装

安装完成后，弹出如图 6-19 所示界面。

单击【完成】按钮完成安装。此时，安装的 RobotStudio 软件为 30 天试用版本。RobotStudio 安装成功后，在桌面上会生成两个图标，双击任意图标，即可打开RobotStudio 软件。

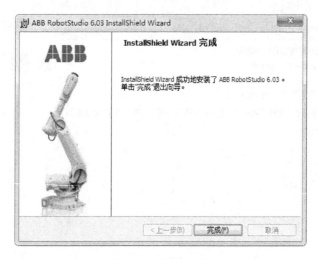

图 6-19　安装完成

6.2.2　软件界面

RobotStudio 软件打开后，会出现如图 6-20 所示界面。在此界面上，可以实现创建新工作站、创造新机器人系统、创建文件等功能，并能看到两个配置文件："RAPID 模块文件"和"控制器配置文件"，以及"RAPID"选项卡。

图 6-20　软件界面

下面介绍基本、建模、仿真、控制器及 RAPID 等选项卡。

(1)【基本】选项卡：包含搭建工作站、创建系统、编程路径和摆放物体所需的控件等项目，如图 6-21 所示。

图 6-21 【基本】选项卡

(2)【建模】选项卡：包含创建和分组工作站组件、创建实体、测量以及其他 CAD 操作所需的控件等项目，如图 6-22 所示。

图 6-22 【建模】选项卡

(3)【仿真】选项卡：包含创建、控制、监控和记录仿真所需的控件等项目，如图 6-23 所示。

图 6-23 【仿真】选项卡

(4)【控制器】选项卡：包含用于虚拟控制器(VC)的同步、配置和分配给它的任务控制措施等项目，还包含用于管理真实控制器的控制功能，如图 6-24 所示。

图 6-24 【控制器】选项卡

(5)【RAPID】选项卡：包括 RAPID 编辑器的功能、RAPID 文件的管理，以及用于 RAPID 编程的其他控件等项目，如图 6-25 所示。

图 6-25 【RAPID】选项卡

6.2.3 构建工作站

基本的工业机器人工作站包含工业机器人及工作对象。下面在 RobotStudio 软件里，建立一个工作站，命名为"robot-AI"，保存在 D 盘"test1"的文件夹里，并导入 IRB

1200 型工业机器人，具体步骤如下：

(1) 创建工作站。在【文件】选项卡页面，选择【新建】，点击选择【空工作站】，单击【创建】，如图 6-26 所示。

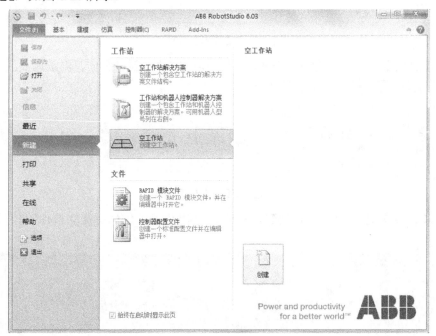

图 6-26　创建工作站

几分钟后，工作站创建成功，弹出界面如图 6-27 所示。

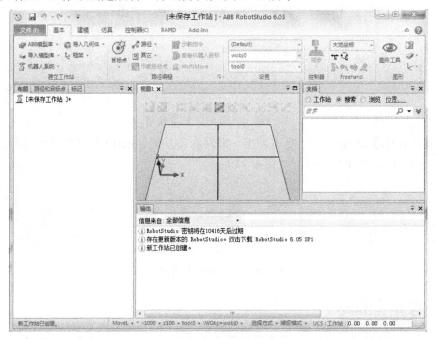

图 6-27　工作站首页

N

在图 6-27 中单击左上角的保存按钮，将工作站保存到 D 盘 test1 文件夹中(如没有此文件夹，则创建一个)，并命名为 robot-AI，如图 6-28 所示。

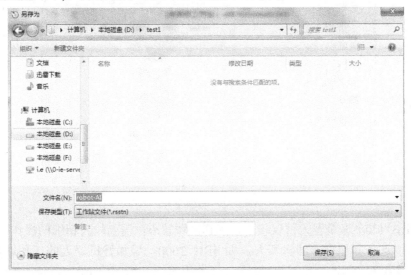

图 6-28　保存工作站

此后，图 6-27 中的[未保存工作站]会变为工作站的名字"robot-AI"。

(2) 选择机器人，型号为 IRB 1200。

在【基本】选项卡中，选择左上角的【ABB 模型库】，选择 IRB 1200，如图 6-29 所示。

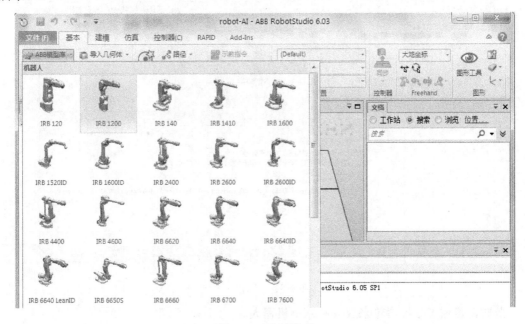

图 6-29　选择模型

在弹出的界面中，设定参数，单击【确定】按钮，如图 6-30 所示。

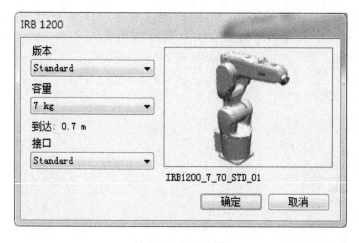

图 6-30　设定参数

由于 IRB 1200 型机器人臂展较小、工作区域较小，需要较为精细的操作。在构建工作站时，可以选择其他型号的机器人，如 IRB 2600。添加好机器人的工作站如图 6-31 所示。

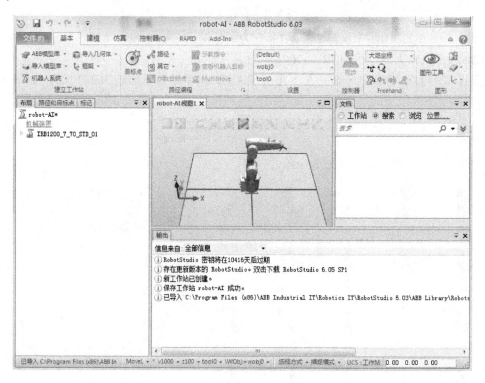

图 6-31　工作站

此时，可通过鼠标滑轮来放大和缩小机器人。

(3) 导入机器人工具。

在【基本】选项卡中，单击【导入模型库】菜单下面的小三角，选择【设备】，弹出设备库，如图 6-32 所示。

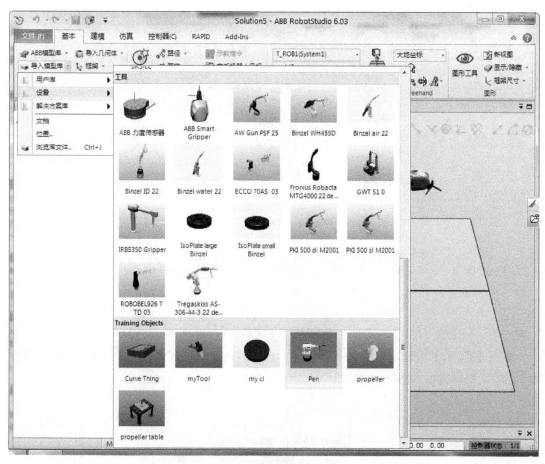

图 6-32 选择工具

选择库里自带的 Pen 作为工具。此时，Pen 的位置如图 6-33 所示。

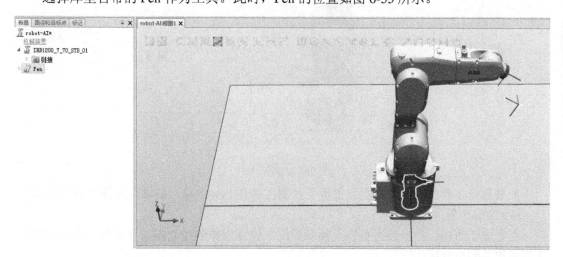

图 6-33 选择 Pen 工具

在图 6-33 左侧的布局框中，鼠标左键长按工具 Pen，并拖动到上方的【IRB1200_7_70_STD_01】上。松开左键，弹出提示，如图 6-34 所示。

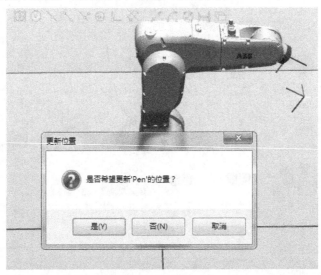

图 6-34　更新工具位置

单击【是(Y)】按钮，更新 Pen 的位置。此时，Pen 的位置如图 6-35 所示，表示工具 Pen 已经安装到机器人的法兰盘上了。

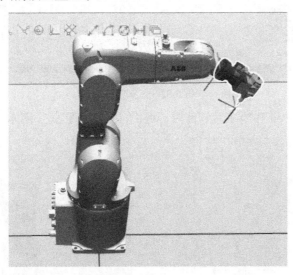

图 6-35　安装工具

如果想将工具从机器人法兰盘上拆下，则可以在 Pen 上单击右键，选择"拆除"。

(4) 加载机器人系统。

在完成了布局以后，要为机器人加载系统，建立虚拟的控制器，使其具有电气的特性来完成相关的仿真操作。

在【基本】选项卡下，单击【机器人系统】菜单下的【从布局…】，如图 6-36 所示。

图 6-36　从布局加载系统

设定好系统名字与保存的位置后，选中 RobotWare 框中的系统，单击【下一个】按钮，如图 6-37 所示。

图 6-37　系统参数

在弹出界面中选择机械装置后，单击【下一个】按钮，如图 6-38 所示。

图 6-38　机械装置

此时，系统会自动配置系统参数，单击【完成】按钮，如图 6-39 所示。

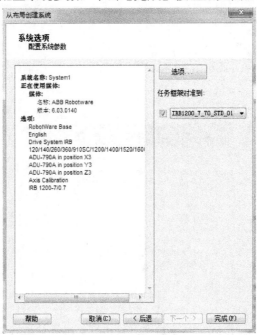

图 6-39　配置系统参数

　　注：如此时【完成】为灰色，不可点击，则可以后退至前几步，确认是否按照之前的操作进行。

系统建立完成后,右下角【控制器状态】应为绿色,如图 6-40 所示。如果控制器状态为正在启动,则需要等待几分钟,直到系统完全启动。

图 6-40 控制器状态

机器人系统加载成功后,就可以对机器人进行仿真和编程的操作了。

(5) 单击【RAPID】选项卡,目前程序中仅有两个系统模块 BASE 和 user,如图 6-41 所示。

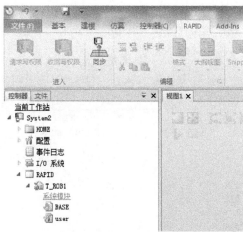

图 6-41 系统模块

在 T_ROB1 上单击鼠标右键,选择【新建模块...】,如图 6-42 所示。

图 6-42 新建模块

在弹出的界面中输入模块名称"test1"，如图 6-43 所示。

图 6-43　模块属性

单击【确定】按钮，建立一个程序模块 test1。双击"test1"，打开程序编辑界面，如图 6-44 所示。

图 6-44　模块代码

接下来要学习的 Rapid 语言，其代码举例，均可以在右侧编辑页面下进行编写。

6.3　Rapid 语言介绍

不同厂商所用的机器人语言的开发环境也不一样，都有自己独立的编程开发环境，例如日本 Motoman 公司、德国 KUKA 公司、美国的 Adept 公司、瑞典的 ABB 公司等。

以 ABB 机器人为例，它的离线编程软件 RobotStudio 软件与实际生产中运行的软件完全一致，提供了各种工具，供用户在不影响生产的前提下进行编程、优化、仿真等操作，产生的程序和配置文件可直接应用到生产现场。

ABB 的 RobotStudio 中使用的是 Rapid 语言。Rapid 是一种高级编程语言，所包含的指令可以移动机器人、设置输出、读取输入，还能实现决策、重复其他指令、构造程序与系统操作员交流等功能。机器人应用程序是通过使用 Rapid 编程语言的特定词汇和语法编写而成的。

Rapid 语言不区分大小写，本书在讲述语句、指令时多以小写字母讲述，在代码示例时，多以程序示教器中的显示举例。如讲述时描述为 goto 语句，但代码示例中为 GOTO，这是由示教器的显示决定的。

6.3.1　Rapid 语言程序架构

Rapid 语言的程序由系统模块和程序模块两部分组成。其中，系统模块由机器人制造商或生产线的创建者编写，用于存储系统控制，并且在系统启动过程中进入任务缓冲区，对系统数据、接口等进行预定义。程序模块则由用户定义，可根据执行功能的不同而定义不同的程序模块，如图 6-45 所示。

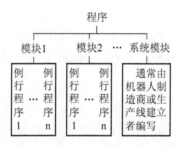

图 6-45　Rapid 语言程序结构

一般情况下，每个程序模块都可以包含程序数据、例行程序、中断程序和功能中的一种或几种对象。并且，不同程序模块之间的程序数据、例行程序、中断程序和功能可相互调用。例行程序是由指令集构成的 Rapid 代码源程序，它定义了机器人系统实际执行的任务。一个 Rapid 程序中必须包含一个名为 main 的例行程序作为程序的执行起点，它可在任意一个程序模块中定义。

6.3.2　程序及声明

Rapid 中的程序是指利用 Rapid 语言的词汇和语法编写的，为了实现一定功能而构成的指令和语句的集合。

Rapid 语言中，按照程序定义的来源不同，可分为预定义程序和用户程序。预定义程序由系统提供，用户仅能调用而不能修改预定义程序，而用户程序是由操作者根据功能需求而定义的，操作者可随时修改用户程序。

此外，按用户程序有无返回值可将程序分为有返回值程序、无返回值程序和软中断程序。其中，无返回值程序执行完毕后并不会返回任何类型的数值，常用于语句中；而有返回值程序在程序执行之后返回一个特定类型的数值，可用于表达式中；软中断程序则提供了一种中断响应方式，通过将软中断程序与特定中断关联起来，在产生该中断时，系统自动执行相应的软中断程序。而且，软中断程序不能被调用。

注意，用户程序需要先声明。程序声明应指明程序名称、返回值的数据类型、参数和程序所包含的数据声明及语句指令等内容。当然，不同类型的程序对应的标识符也不同，同样需要在程序声明中标明。而且，程序声明不允许嵌套，也就是说，不能在程序声明中再声明其他程序。

1. 无返回值程序

无返回值程序的标识符为 PROC，声明以 PROC 开头，以 ENDPROC 结尾。另外，也可以用 RETURN 语句终止无返回值程序。

例如，定义一个无返回值程序，程序名称为 Path_10：

```
VAR num b;
PROC Path_10()   !定义程序
    a:=10;          !程序语句
    b:=5;
ENDPROC            !程序结束
```

这里，我们定义了一个名为 Path_10 的无返回值程序。并且可以看到，此程序未定义参数，表示此程序无参数表。其实，主程序 main 也是一个无返回值、无参数的程序，main 程序定义如下：

```
!省略 Path 程序声明
PROC main()
    Path;   !调用 Path 程序
ENDPROC
```

同样，也可以定义一个带参数的无返回值程序：

```
VAR num a;
VAR num b;
PROC Path(VAR num c)
        a1:
①            a:=a+c;
②       IF a=15   stop;
        goto a1;
ENDPROC
```

程序 Path 被定义为一个带参数的无返回值程序，所以，在调用该程序时，必须定义一个参数，并用此参数的值替代参数 c。

请思考，若 main 程序中的指令如下，那么程序是否能执行 stop 语句？

```
PROC main()
    a:=10;
    b:=5;
    Path b;
ENDPROC
```

答案是：可以执行 stop 语句。原因是当执行 Path 程序时，b 的值(也就是 5)被传递给

Path 程序的参数 c。当执行①处的语句后，参数 a 被赋值为 10 和 5 的和，也就是 15。因此，当执行②处的语句，即判断 a 是否等于 15 时，其结果为真，因此，执行 stop 语句。

2．有返回值程序

有返回值的程序也称为功能程序，必须用于表达式中，其标识符为 FUNC，且只能以 RETURN 语句结束程序。此外，有返回值程序的返回值可以定义为任何数据类型，但是并不能返回数组值。

理解下列代码：

```
FUNC num veclen(pos vector) !声明一个有返回值程序，返回值类型为 num
    RETURN sqrt(quad(vector.x) + quad(vector.y) + quad(vector.z));
    ERROR
    IF ERRNO = ERR_OVERFLOW THEN
        RETURN maxnum;
    ENDIF
ENDFUNC
```

上述代码声明了一个名为 veclen 的有返回值程序，返回值类型为 num 型。程序的功能是计算并返回矢量的长度。当然，如果发生时钟溢出的错误，程序将返回 maxnum 值。

3．软中断程序

软中断程序的标识符为 TRAP，以 RETURN 结束，或者执行到程序末端结束，并跳转到发生中断的位置继续运行。软中断程序可以通过 CONNECT 语句与特定的中断编号关联起来，当发生中断时，系统会自动执行与该中断编号相关联的软中断程序。一个软中断程序可以与多个中断编号关联，也可以不与任何中断编号关联。

软中断程序声明代码如下：

```
TRAP feeder_empty
    wait_feeder;
    ! return to point of interrupt
    RETURN;
ENDTRAP
```

可以看到，软中断程序并不需要定义参数。系统执行软中断程序时，将执行 wait_feeder 程序，待该程序执行完成之后，将会跳转到发生中断的位置继续运行。

事实上，按照程序的不同作用范围，还可以将用户程序分为全局程序和局部程序。一般来说，只要程序未声明为局部程序，则该程序被认为是全局程序。

```
LOCAL PROC local_routine()
...
ENDPROC


PROC global_routine()
...
```

ENDPROC

上述代码分别声明了一个局部程序 local_routine 和一个全局程序 global_routine。其中，局部程序 local_routine 仅能在声明它的模块中调用，全局程序 global_routine 则可在所有模块中调用。当然，若全局程序 global_routine 的名称与模块内的程序或者数据的名称相同，该程序将被隐藏，不会被其他程序所使用。扫描右侧二维码可观看演示视频。

程序声明及演示

6.3.3 数据与程序数据

Rapid 语言中，工具、位置、负载等不同信息以不同的数据形式被保存。数据由用户声明，且可任意命名。而程序数据是指在程序模块或系统模块中定义的值或者环境数据。同样，程序数据也需要声明，以明确程序数据的存储方式，分配存储空间。常用的数据存储方式，即数据声明类型包括常量、变量、永久数据对象三种。

1. 常量 CONST

常量是指在程序执行期间数值不会改变的数据。通常情况下，会在程序的开始处直接初始化以方便使用。

```
CONST num pi := 3.14;
CONST pos ore := [[1,2,3],[4,5,6],[7,8,9]];
```

这里，标识符 CONST 表明了数据 pi 为常量，其数据类型为 num 型，初始值为 3.14，且此值不会发生变化。而对于数据 ore 来说，它是一个位置型常量，且每个元素也被定义为一个三维数组。

2. 变量 VAR

变量指在程序执行期间数值可发生改变，但并不能改变其初始值的数据。程序变量必须用常量表达式来初始化，未定义初始化值的变量数据，其值默认初始化为 0。

```
VAR num globalvar := 123;
TASK VAR num taskvar := 456;
LOCAL VAR num localvar := 789;
```

上述代码中，标识符 VAR 表明数据为变量，数据类型为 num 型，且数据均被初始化。标识符 TASK 和 LOCAL 则表示数据 taskvar 和 localvar 分别为任务全局变量和局部变量，未定义作用范围的变量为系统全局变量。

同样，变量也可以被初始化为数组或者字符串。

```
VAR string name := "ABB_1200";
VAR pos ini_position := [10,20,5];
VAR num des{5} := [1,2,3,4,5];
```

3. 永久数据对象 PERS

永久数据对象的数值在程序运行期间允许被改变，但是与变量不同的是，永久数据对象的当前值发生改变时，其初始化值也会发生改变。例如：

PERS num reg1 := 0;

...

reg1 := 5;

当再次执行此程序或者保存模块之后，数据 reg1 的初始值会发生改变，即

PERS num reg1 := 5;

...

永久数据对象可定义为系统全局、任务全局或者局部永久数据对象。并且，永久数据对象只能在模块中进行声明，而不能在程序中声明。

PERS num globalpers := 123;

TASK PERS num taskpers := 456;

LOCAL PERS num localpers := 789;

我们知道，Rapid 中的数据必须由用户声明之后才能调用。但是，这并不包括预定义数据对象和循环变量。预定义数据对象是由系统自动声明的，允许任何模块调用，而循环变量指的是用在 for 语句等循环语句中递增或递减的数据，也不需要声明。

6.4　Rapid 数据类型

在 Rapid 语言中，所有的值、表达式、有返回值的程序等对象都应定义一个数据类型。根据数据类型的应用场景，Rapid 数据类型可分为内置型、安装型和用户定义型，其中内置型是 Rapid 语言的一部分，安装型可支持安装程序的使用，而用户定义型则是为应用程序工程师准备的易编程应用包。但是对于用户来说，这三种数据类型的使用方法并无太大区别。

此外，根据数据类型的用法，数据类型又分为原子型、记录型和别名型等多种类型。其中，原子型的定义必须为内置型或安装型，而记录型或别名型也可以为用户定义型。

6.4.1　原子型

原子型数据类型是指不基于其他数据类型而定义的，且不能再分为多个部分的基本数据类型。典型的原子型数据有数字型 num、逻辑型 bool、字符型 string。

1．数字型 num

数字型 num 对象可用于表示一个整数值或小数值，有效子域范围为 −8388607～+8388608。

VAR num counter; !声明一个名为 counter 的 num 类型的变量

CONST num times;

PERS num reg1;

counter := 250; !变量赋值，:=为赋值运算符

times := 1E3;

reg1 := 0.5;

可以看出，上述语句定义了 3 个 num 型数据，分别为变量 counter、常量 times 和永久数据对象 reg1。同时可以看到，也可以使用指数的形式赋值 num 型数据。

2. 逻辑型 bool

bool 型通过定义一个逻辑变量提供一种逻辑计算和关联计算的方法。bool 型变量的取值范围为 TRUE 或 FALSE。实际应用中，可以直接对 bool 型数据赋值：

```
VAR bool active; !声明一个名为 active 的 bool 型变量
active := TRUE; !active 赋值为 TRUE
```

此外，还可以通过逻辑表达式对逻辑变量赋值：

```
VAR num value; !声明一个名为 value 的 num 型变量
VAR bool IsHigh;
...
IsHigh := value > 10;
```

在这里，若 num 型变量 value 的值大于 10，则 bool 型变量 IsHigh 的当前值设为 TRUE，否则，IsHigh 的当前值为 FALSE。

3. 字符型 string

string 定义一个字符串对象，由一串包含在双引号(" ")中的字符组成：

```
VAR string str1;
str1:= "START";
TPWrite str1;
```

定义一个字符串变量，其内容为"START"，并且在示教器上输出。而需要注意的是，如果字符串中必须包含引号或者反斜线(\)，必须同时输入两个引号或者两个反斜线符号。

```
VAR string str1;
VAR string str2;
str1 := "" string1"";
str2 := "\\ string2";
```

这样，从示教器输出的字符串中将会包含引号和反斜线。此外，一个字符串的长度最大为 80 个字符，其中包括额外的引号和反斜线。

原子型数据类型的使用及示例可通过扫描右侧二维码观看视频。

原子型代码示例

6.4.2 别名型

别名型按定义来说等同于另一类型，具有另一类型的特征。别名型提供一种对象分类手段，系统可采用别名分类来查找和显示与类型相关的对象。

1. 字节型 byte

byte 定义一个整数字节值对象，字节范围为 0~255。其实，byte 型数据是一种限定数值范围的 num 型，可看作 num 的别名型，具有 num 型特征。

```
VAR byte data := 130;
```

此外，字节型数据允许按位修改数据值。

```
VAR byte data := 130;
VAR num parity_bit := 8;
BitClear data, parity_bit;
```

这里，定义一个字节型变量 data，并赋初始值为 130。同时，定义了一个值为 8 的 num 型变量 parity_bit，并且使用 BitClear 指令使字节 data 的第 8 位置 0，则 data 的值被修改为 2。

2．dionum 型

dionum 型数据的本质就是取值仅为 0 和 1 的 num 型数据，具有 num 型数据的特征，常用于处理数字输入或输出信号的指令和函数中。

```
CONST dionum close := 1;
SetDO grip1, close;
```

代码中定义了一个值为 1 的 dionum 型常量 close，并将信号 grip1 设置为 close 状态，即 1。另外，Rapid 系统中已经包含了预定义常量 high、low，代表电平的"高"和"低"状态，供程序模块使用。

```
CONST dionum low:=0;
CONST dionum high:=1;
```

3．中断识别号 intnum

intnum 型定义一个中断识别号，用于识别一次中断。程序中需先使用 CONNECT 指令建立该识别号与对应的软中断处理程序的对应关系。当该中断发生时，系统自动执行对应的软中断程序。需要注意的是，intnum 型变量为全局型变量，即需要在模块中声明。而且，允许多个中断编号与同一软中断相连。

```
VAR intnum feeder_error; !定义中断编号 feeder_error
...
PROC main()
CONNECT feeder_error WITH correct_feeder;   !连接中断处理程序
ISignalDI di1, 1, feeder_error;   !指明中断事件
...
ENDPROC
```

别名型代码示例

上述代码在输入 di1 的信号为 1 时会产生中断，然后调用 correct_feeder 软中断程序。通过注释，理解代码的功能即可。涉及的指令和函数，将在后续课程中讲解。

别名型数据类型的声明及示例可通过扫描右侧二维码观看视频。

6.4.3　记录型

记录型是包含多个带有命名的有序分量的复合类型，其值为由各分量的值组成的复合

值。分量的数据类型可定义为原子型或记录型。常用的记录型有 pos 型、orient 型和 pose 型等。

1. 位置数据 pos 型

pos 型定义的对象表示机器人在 3D 空间中的矢量位置。pos 型数据有三个 num 数字型分量，即[x, y, z]，其值为 x 轴、y 轴和 z 轴的坐标，如表 6-1 所示。

表 6-1　pos 型数据分量

分　量	数据类型	描　述
x	num	位置的 x 轴分量
y	num	位置的 y 轴分量
z	num	位置的 z 轴分量

下面的代码显示了如何声明并使用 pos 定义变量 p1。

```
VAR pos p1;      !变量的声明
VAR pos p2;      !变量的声明
p1 := [10, 10, 55.7];   !对变量进行赋值
p2 := [65, 58, 250];    !对变量进行赋值
```

代码中首先声明了两个 pos 型变量 p1 和 p2，然后分别对两个变量进行赋值操作。其中，p1 的位置分量分别为 x=10 mm、y=10 mm、z=55.7 mm，而 p2 的位置分量则为 x=65 mm、y=58 mm、x=250 mm。而且，两个 pos 型变量之间可以进行四则运算。当然，也可以只改变 pos 型变量的某一部分数值，如：

```
p1.z := p1.z + 250;    !使用 pos 型变量 p1 的分量
p1:=p1+p2;             !使用加法运算符
```

这里，通过 p1.z 的格式调用变量 p1 的 z 分量，并对其进行四则运算。可以这样理解这条语句：相当于变量 p1 的位置在 z 轴正方向上移动了 250 mm。同样，第二条赋值语句相当于把 p1 的位置分别沿 x 轴、y 轴和 z 轴分别移动了 65 mm、58 mm 和 250 mm。

2. 姿态数据 orient 型

orient 型数据以四元数的形式描述空间中坐标系的姿态。四元数包含 q1、q2、q3 和 q4 四个 num 型分量，如表 6-2 所示。

表 6-2　orient 型数据分量

分　量	数据类型	描　述
q1	num	第一个四元数分量
q2	num	第二个四元数分量
q3	num	第三个四元数分量
q4	num	第四个四元数分量

四元数表示法是表示空间中的方位的最简洁的方法。orient 对象以四元数的形式来描述姿态，把四元数当成一种记录旋转量的形式，像轴角、旋转矩阵一样。四元数的平方和必须为 1，即$(q1)^2 + (q2)^2 + (q3)^2 + (q4)^2 = 1$。

下面的代码定义了变量 orient1，并向 orient1 姿态分配值 q1=1，q2–q4=0；这相当于

未旋转。

```
VAR orient orient1;
orient1 := [1, 0, 0, 0];
orient1.q1:=-1;
```

有关四元数的概念，可以参考技术手册《rapid 指令、函数及数据类型》中 3.52 一节。

3. 坐标变换 pose 型

pose 数据类型用于描述坐标变换，指明如何用参考坐标系来定位目标坐标系。pose 型数据包含 trans 和 rot 两个分量，分别用于描述目标坐标系位移和旋转分量，如表 6-3 所示。

表 6-3 pose 型数据分量

分量	数据类型	描 述
trans	pos	坐标系位置(x、y 和 z)的位移
rot	orient	坐标系的旋转

以下示例介绍了数据类型 pose：

```
VAR pose frame1;      !声明一个名为 frame1 的 pose 型数据
frame1.trans := [50, 0, 40];      !坐标系位移分量，x=50 mm，y=0 mm，z=40 mm
frame1.rot := [1, 0, 0, 0];      !坐标系旋转分量，表示未发生旋转
```

上述代码向 frame1 坐标变换分配一个值，相当于位置位移，其中 x=50 mm，y=0 mm，z=40 mm，但是并不存在旋转。

4. 速度数据 speeddata 型

speeddata 型定义的对象用于描述机器人和外轴均开始移动时的速率，包括工具中心点的移动速率、工具重定位速率、线性和旋转外轴速率，具体如表 6-4 所示。

表 6-4 speeddata 型数据分量

分 量	数据类型	描 述
v_tcp	num	工具中心点的速率，以 mm/s 计。如果使用固定工具或协调外轴，则规定相对于工件的速率
v_ori	num	TCP 的重新定位速率，以°/s 表示。 如果使用固定工具或协调外轴，则规定相对于工件的速率
v_leax	num	线性外轴的速率，以 mm/s 计
v_reax	num	旋转外轴的速率，以°/s 计

当结合多种不同类型的移动时，其中一个较低速率的运动会限制所有运动，减小其他运动的速率，使得所有的运动同时停止执行，机器人达到某一个姿态。

系统中预定义了若干用于机械臂和外轴移动的速度数据，如表 6-5 所示，需要时调用即可。

表 6-5　系统预定义 speeddata 变量

名称	TCP 速度	方向	线性外轴速度	旋转外轴速度
v5	5 mm/s	500°/s	5000 mm/s	1000°/s
v10	10 mm/s	500°/s	5000 mm/s	1000°/s
v20	20 mm/s	500°/s	5000 mm/s	1000°/s
v30	30 mm/s	500°/s	5000 mm/s	1000°/s
v40	40 mm/s	500°/s	5000 mm/s	1000°/s
v50	50 mm/s	500°/s	5000 mm/s	1000°/s
v60	60 mm/s	500°/s	5000 mm/s	1000°/s
v80	80 mm/s	500°/s	5000 mm/s	1000°/s
v100	100 mm/s	500°/s	5000 mm/s	1000°/s
v150	150 mm/s	500°/s	5000 mm/s	1000°/s
v200	200 mm/s	500°/s	5000 mm/s	1000°/s
v300	300 mm/s	500°/s	5000 mm/s	1000°/s
v400	400 mm/s	500°/s	5000 mm/s	1000°/s
v500	500 mm/s	500°/s	5000 mm/s	1000°/s
v600	600 mm/s	500°/s	5000 mm/s	1000°/s
v800	800 mm/s	500°/s	5000 mm/s	1000°/s
v1000	1000 mm/s	500°/s	5000 mm/s	1000°/s
v1500	1500 mm/s	500°/s	5000mm/s	1000°/s
v2000	2000 mm/s	500°/s	5000 mm/s	1000°/s
v2500	2500 mm/s	500°/s	5000 mm/s	1000°/s
v3000	3000 mm/s	500°/s	5000 mm/s	1000°/s
v4000	4000 mm/s	500°/s	5000 mm/s	1000°/s
v5000	5000 mm/s	500°/s	5000 mm/s	1000°/s
v6000	6000 mm/s	500°/s	5000 mm/s	1000°/s
v7000	7000 mm/s	500°/s	5000 mm/s	1000°/s
vmax	*	500°/s	5000 mm/s	1000°/s

当然，也可以自定义 speeddata 类型的数据：

VAR speeddata vmedium := [1000, 30, 200, 15];

speeddata 型变量 vmedium 定义的 TCP 点的速率为 1000 mm/s，TCP 重定位速率为 30°/s，而线性外轴和旋转外轴的速率分别为 200 mm/s 和 15°/s。并且，可以单独更改变量 vmedium 的任一组件值。例如，将 TCP 的速率值改为 900 mm/s，则有

vmedium.v_tcp := 900;

记录型代码示例

记录型数据类型的声明及示例可通过扫描右侧二维码观看视频。

6.4.4　非值型

原子型、记录型和别名型三种数据类型定义的变量值均可以被改变。此外，Rapid 语言中还包括一些用户无法改变其数值的数据类型，称为非值型。非值型表示此类数据类型定义的对象不允许面向数值的操作。

1. 时钟 clock 型

clock 型定义的对象是一个用于定时的时钟数据。此时钟时间单位为秒(s)，分辨率可达 0.001 s。用户不能直接操作 clock 数据存储的时间测量值，需通过 ClkRead 函数读取定时时间。除了读取时间的函数 ClkRead 之外，与 clock 数据有关的还有三个指令，即 ClkStart、ClkStop 和 ClkReset 指令，如表 6-6 所示。

表 6-6　与时钟 clock 数据有关的指令

类别	描　述
ClkReset	重置作为定时用秒表的时钟。使用时钟之前，可以使用此指令，以确保设置为 0。如果时钟正在运行，则使其停止，然后再设置为 0
ClkStart	启动作为定时用秒表的时钟。时钟启动后，可以进行读数、停止或重置指令
ClkStop	停止作为定时用秒表的时钟。时钟停止后，可以进行读数、重启或重置指令
ClkRead	读取作为定时用秒表的时钟。参数为时钟变量，返回值为秒表的时间(单位为秒)

这四个与 clock 型时钟数据相关的指令用法可用如下代码描述：

```
VAR clock clock2;
VAR num time;
ClkReset clock2;
ClkStart clock2;
WaitUntil di1 = 1;
ClkStop clock2;
time:=ClkRead(clock2);
```

此段代码功能为计算变量 di1 的值变为 1 所用的时间。代码中定义了一个 clock 型变量 clock2 和一个 num 型变量 time。其中，通过 ClkReset、ClkStart 指令复位并重启时钟 clock2，然后程序会一直检查变量 di1 的值。当 di1 的值变为 1 时，利用 ClkRead 指令读取当前的定时值并存储到变量 time 中。

2. 机械装置 mecunit 型

mecunit 型定义的对象用于描述不同的机械单元。此类对象需要在系统参数中定义，程序中仅可以控制和访问。典型的 mecunit 型变量为 ROB_ID，它由系统定义且仅允许系统对其进行修改，包括了所有在实际任务程序中引用的机械臂对象。ROB_ID 也可看作别名型变量，包括 ROB_1 到 ROB_6，共 6 个分量。若实际操作控制了机械臂，则 ROB_ID 会包含其中之一，否则，ROB_ID 无效。与 mecunit 型有关的函数有 5 个，如表 6-7 所示。

表 6-7 与 mecunit 型变量有关的函数

类别	描　　述
TaskRunRob	用于检查程序任务中是否控制了包含 TCP 的机械臂，返回值为 bool 型
TaskRunMec	用于检查程序任务中是否控制了所有的机械臂，返回值为 bool 型
GetNextMechUnit	用于检索机械单元的名称，返回值为 bool 型
ActUnit	用于启用机械单元
DeactUnit	用于停用机械单元

以下示例介绍了数据类型 mecunit：

```
IF TaskRunRob() THEN    !若实际应用中控制了机器人，返回值为 1，条件成立
IndReset ROB_ID, 6;     !重置机器人的 6 轴
ENDIF
```

3. 中断数据 trapdata 型

trapdata 型定义的对象用于存储可使当前中断程序开始执行的中断数据。trapdata 类数据代表与中断相关的内部信息，此中断使得当前软中断程序开始执行。其内容取决于中断类型。

以下代码介绍了数据类型 trapdata：

```
VAR errdomain err_domain;
VAR num err_number;
VAR errtype err_type;
VAR trapdata err_data;
!省略部分代码
TRAP trap_err
    GetTrapData err_data;
    ReadErrData err_data, err_domain, err_number, err_type;
ENDTRAP
```

当错误被困于软中断程序 trap_err 中时，将错误域、错误编号和错误类型保存在适当的 trapdata 型非值变量中。

非值型数据类型的声明及示例可通过扫描右侧二维码观看视频。

非值型代码示例

6.4.5　组合数据类型

以上述及的数据类型较为简单，还有一些与指令相关的、复杂的数据类型。

1. 外轴位置 extjoint 型

extjoint 型用于确定附加轴、定位器或工件机器人的轴位置。除 6 个内部轴外，机器人可控制多达 6 个附加轴，即总共 12 个轴。最常用的附加轴是滑轨(直线轴)，如图 6-46 所示。

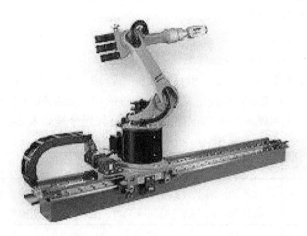

图 6-46　常用附加轴——滑轨

与物理轴相连的逻辑轴分别用 a～f 来表示。extjoint 型数据包含 6 个分量，用于保存各逻辑轴的位置值，但是若物理轴上未连接逻辑轴，则对应分量赋值为 9E9。逻辑轴的位置值定义如下：对于旋转轴，其位置定义为从校准位置起旋转的度数；对于线性轴，其位置定义为与校准位置的距离(以 mm 计)。extjoint 型数据分量如表 6-8 所示。

表 6-8　extjoint 型数据分量

分量	数据类型	描　述
eax_a	num	外部逻辑轴 a 的位置，以度或毫米来表示(取决于轴的类型)
...	...	...
eax_f	num	外部逻辑轴 f 的位置，以度或毫米来表示(取决于轴的类型)

以下示例介绍了数据类型 extjoint：

```
VAR extjoint axpos10 := [ 11, 12.3, 9E9, 9E9, 9E9, 9E9] ;
```

上述代码定义了外部定位器的位置 axpos10，并将外部逻辑轴 a 的位置设置为 11，以度或毫米来表示(取决于轴的类型)；将外部逻辑轴 b 的位置设置为 12.3，以度或毫米来表示(取决于轴的类型)；未定义轴 c 到轴 f。

2. 轴角度 robjoint 型

robjoint 型定义的对象用来描述并存储机器人 1～6 轴的位置，单位为角度。将轴位置定义为各轴(臂)从轴校准位置沿正方向或负方向旋转的度数。robjoint 型数据分量如表 6-9 所示。

表 6-9　robjoint 型数据分量

分量	数据类型	描　述
rax_1	num	机器人轴 1 位置距离校准位置的度数
...	...	...
rax_6	num	机器人轴 6 位置距离校准位置的度数

3. 配置数据 confdata 型

在讨论机器人运动学逆问题时，机器人关节的不同位姿可能会使末端执行器呈现同一位姿，其实可以通过 confdata 数据对机器人关节进行不同的配置。confdata 定义的对象用于描述机器人的轴配置数据。通过使用直角坐标系，定义和储存机器人的所有位置。以六轴机器人为例，通过 confdata 数据定义的 4 个轴的值确定机械臂的配置。对于旋转轴来说，该值确定的是机械臂轴的当前象限。confdata 型数据分量如表 6-10 所示。

表 6-10　confdata 型数据分量

分量	数据类型	描　述
cf1	num	旋转轴：轴 1 的当前象限，表示为一个正整数或负整数。 线性轴：轴 1 的当前间隔米数，表示为一个正整数或负整数
cf4	num	旋转轴：轴 4 的当前象限，表示为一个正整数或负整数。 线性轴：轴 4 的当前间隔米数，表示为一个正整数或负整数
cf6	num	旋转轴：轴 6 的当前象限，表示为一个正整数或负整数。 线性轴：轴 6 的当前间隔米数，表示为一个正整数或负整数
cfx	num	取值为 0～7，代表机器人的 8 个姿态

confdata 型数据的定义如下：

```
VAR confdata conf15 := [1, -1, 0, 0];
```

有关一种涂漆机器人类型的机器人配置 conf15 定义如下：

(1) 机器人轴 1 的轴配置为象限 1，即 $90° \sim 180°$。

(2) 机器人轴 4 的轴配置为象限-1，即 $-90° \sim 0°$。

(3) 机器人轴 6 的轴配置为象限 0，即 $0° \sim 90°$。

(4) 机器人的位姿为 cfx=0 所定义的位姿。

4. 位置数据 robtarget 型

robtarget 型定义的对象用来描述机器人在空间中的位置数据，通常用在移动机器人和附加轴的指令中。通常情况下，机器人能够以多种不同的方式达到这个位置，此时，可使用轴配置 robconf 来规定机器人达到这一位置的运动方向。如果使用了轴配置分量数据，机器人的运动仍存在不明确之处，则可以通过定义轴值来明确机器人的运动。robtarget 型数据分量如表 6-11 所示。

表 6-11　robtarget 型数据分量

分量	数据类型	描　　述
trans	pos	用 mm 来表示工具中心点的位置(x、y 和 z)。规定相对于当前目标坐标系的位置，包括程序位移。如果未规定任何工件，则为世界坐标系
rotation	orient	工具位方以四元数的形式表示(q1、q2、q3 和 q4)。规定相对于当前目标坐标系的方位，包括程序位移。如果未规定任何工件，则为世界坐标系
robconf	confdata	机器人的轴配置(cf1、cf4、cf6 和 cfx)。以轴 1、轴 4 和轴 6 当前四分之一旋转的形式进行定义。将第一个正四分之一旋转 0°～90°定义为 0。组件 cfx 的含义取决于机器人类型
extra	extjoint	附加轴的位置。各单个轴(eax_a、eax_b、…、eax_f)的位置

位置数据 robtarget 型数据可这样定义：

```
CONST robtarget p15 := [ [600, 500, 225.3], [1, 0, 0, 0], [1, 1, 0, 0], [11, 12.3, 9E9, 9E9, 9E9, 9E9] ];
```

以上定义位置 p15 并赋值，含义如下：

(1) 机器人的位置：在目标坐标系中，x = 600 mm、y = 500 mm 和 z = 225.3 mm。

(2) 与目标坐标系方向相同的工具方位。

(3) 机器人的轴配置为：轴 1 和轴 4 位于 90°～180°，轴 6 位于 0°～90°。

(4) 附加逻辑轴 a 和 b 的位置以度或毫米表示(根据轴的类型)。未定义轴 c 到轴 f。

下面来看另一段代码：

```
VAR robtarget p20;
!省略部分代码
p20 := CRobT(\Tool:=tool\wobj:=wobja);
p20 := Offs(p20,10,0,0);
```

通过调用函数 CRobT，将位置 p20 设置为同机器人当前位置相同的位置。随后，将位置沿 x 方向移动 10 mm。

5. 接头位置 jointtarget 型

jointtarget 型定义的对象用于确定通过指令 MoveAbsJ 而将机器人和外轴移动到的位置。jointtarget 型数据分量如表 6-12 所示。

表 6-12　jointtarget 型数据分量

分量	数据类型	描　　述
robax	robjoint	机器人轴的轴位置，以度数计。将轴位置定义为各轴(臂)从轴校准位置沿正方向或反方向旋转的度数
extra	extjoint	附加轴的位置。各单个轴(eax_a、eax_b、…、eax_f)的位置

以下示例介绍了数据类型 jointtarget：

```
CONST jointtarget calib_pos := [ [0, 0, 0, 0, 0, 0], [0, 9E9,
9E9, 9E9, 9E9, 9E9] ];
```

通过数据类型 jointtarget，在 calib_pos 定义机器人的正常校准位置。同时定义外部逻辑轴 a 的正常校准位置 0(度或毫米)。未定义外轴 b 到 f。

6. 区域数据 zonedata 型

zonedata 型定义的对象用于描述机器人工具中心点(TCP 点)停止到一个编程位置时与该位置的距离，或者是通过一个编程位置时绕过并接近该位置所形成圆弧的轨迹参数。zonedata 型数据分量如表 6-13 所示。

表 6-13　zonedata 型数据分量

分量	数据类型	描　述
finep	bool	规定运动是否随着停止点(fine 点)或飞越点而结束。 • TRUE：运动随停止点而结束，且程序执行将不再继续，直至机械臂达到停止点。未使用区域数据中的剩余组件。 • FALSE：运动随飞越点而结束，且程序执行在机械臂达到有关区域之前继续进行大约 100 ms
pzone_tcp	num	TCP 区域的尺寸(半径)，以 mm 计
pzone_ori	num	有关工具重新定位的区域半径。将半径定义为 TCP 距编程点的距离，以 mm 计
pzone_eax	num	有关外轴的区域半径。将半径定义为 TCP 距编程点的距离，以 mm 计
zone_ori	num	有关工具重新定位的区域半径，以度计。如果机械臂正夹持着工件，则意味着有关工件的旋转角
zone_leax	num	有关线性外轴的区域半径，以 mm 计
zone_reax	num	有关旋转外轴的区域半径，以度计

以下示例介绍了数据类型 zonedata：

```
VAR zonedata path := [FALSE, 25, 40, 40, 10, 35, 5];
```

通过以下特征，定义区域数据 path：

(1) TCP 路径的区域半径为 25 mm。

(2) 工具重新定位的区域半径为 40 mm(TCP 运动)。

(3) 外轴的区域半径为 40 mm(TCP 运动)。

如果 TCP 静止不动，或存在大幅度重新定位，或存在有关该区域的外轴大幅度运动，则应用以下规定：工具重新定位的区域半径为 10 度；线性外轴的区域半径为 35 mm；旋转外轴的区域半径为 5 度。

同时，将 TCP 路径的区域半径调整为 40 mm。

```
path.pzone_tcp := 40;
```

组合型数据类型的声明及示例可通扫描右侧二维码观看视频。

组合型代码示例

6.4.6　信号相关的数据类型

信号相关的数据类型用于定义数字和模拟输入与输出信号，分为六种，如表 6-14 所示。

表 6-14　常用信号类型

数据类型	用　于
signalai	模拟信号的输入信号
signalao	模拟信号的输出信号
signaldi	数字信号的输入信号
signaldo	数字信号的输出信号
signalgi	数字信号的输入信号组
signalgo	数字信号的输出信号组

数据类型 signal×× 的数据不得在程序中定义，否则会立即引起错误。

signal×o 类变量仅包含对信号的引用，通过使用指令(例如，DOutput)，对值进行设置。

signal×i 类变量包含对信号的引用，且可直接在程序中读取输入信号的值。例如：

```
!数字输入
IF di1 = 1 THEN ...
!Digital group input
IF gi1 = 5 THEN ...
!Analog input
IF ai1 > 5.2 THEN ...
```

其亦可用于分配中，例如：

```
VAR num current_value;
!Digital input
current_value := di1;
!Digital group input
current_value := gi1;
!Analog input
current_value := ai1;
```

信号相关代码示例

信号相关的数据类型的声明及示例可扫描右侧二维码观看视频。

6.4.7　程序数据

前面讲过，在进行正式的编程之前，需要构建起必要的编程环境。其中有三个必需的程序数据，即负荷数据 loaddata、工具数据 tooldata、工件坐标 wobjdata，这三个数据需要在编程前进行定义。扫描右侧二维码可观看示例视频。

程序数据代码示例

1. 负荷数据 loaddata 型

loaddata 型数据主要用于描述机器人安装法兰处的有效负载或支配负载，也相当于机器人夹具处所施加的负载大小。此外，loaddata 型数据同时也作为 tooldata 型数据的组件来表示工具负载情况。loaddata 型数据的组件包括 mass、cog、aom、ix、iy 和 iz 共六部分，如表 6-15 所示。

表 6-15　loaddata 型数据分量

分量	数据类型	描 述
mass	num	负载的质量，单位为 kg
cog	pos	如果机器人正夹持着工具，则用工具坐标系表示有效负载的重心，以 mm 计。如果使用固定工具，则用机器人所移动工件的坐标系来表示夹具所夹持有效负载的重心
aom	orient	矩轴的姿态。存在始于 cog 的有效负载惯性矩的主轴。如果机器人正夹持着工具，则用工具坐标系来表示矩轴
ix	num	力矩 x 轴负载的惯性矩，以 kg·m^2 计
iy	num	力矩 y 轴负载的惯性矩，以 kg·m^2 计
iz	num	力矩 z 轴负载的惯性矩，以 kg·m^2 计

对于 loaddata 型数据来说，它只能在编程前定义，而且仅能定义为永久变量 PERS。同时，在定义时为其设定初始值。 例如：

`PERS loaddata piece1 := [ 5, [50, 0, 50], [1, 0, 0, 0], 0, 0, 0];`

上述代码表明机器人当前负载为一个点的质量，值为 5 kg，重心位于工具坐标系中的 (50,0,50)位置处，单位为 mm。

需要特别注意的是，loaddata 型变量的数值大小必须定义为实际工具负载或使用机械臂时的有效负载。负荷数据定义不正确可能会导致机械臂过载，进而影响路径的准确性。除此之外，系统预定义一个名为 load0 的负载数据，其质量为 0 kg，表示机器人工具未附加载荷，通常用于断开有效负载。

2．工具数据 tooldata 型

tooldata 型定义的对象用来描述机器人工具的特征，包括 TCP 点的位置、方位和负载等参数。tooldata 型数据分量如表 6-16 所示。一般来说，不同的机器人应用需要配置不同的工具，比如弧焊的机器人使用弧焊枪作为工具，而搬运板材的机器人会使用吸盘式的夹具作为工具。

表 6-16　tooldata 型数据分量

分量	数据类型	描 述
robhold	bool	定义工具类型： • TRUE：夹持工具。 • FALSE：固定工具
tframe	pos	工具坐标系，包括 TCP 点的位置和方位，夹持工具时以腕坐标系定义，否则以世界坐标系定义工具坐标系
tload	loaddata	机器人所持工具的负载

同 loaddata 型数据一样，工具数据 tooldata 也不能在程序内定义，而且应定义为永久变量 PERS。

`PERS tooldata gripper := [TRUE, [[97.4, 0, 223.1], [0.924, 0,`
`0.383 ,0]], [5, [23, 0, 75], [1, 0, 0, 0], 0, 0, 0]];`

上述指令定义的 tooldata 型数据表明：机器人工具为夹持工具；相对腕坐标系来说，工具坐标系的坐标为(97.4,0,223.1)，且绕腕坐标系 y 轴旋转 45°；同时机器人工具的有效负载可视为一个点的质量，大小为 5 kg，重心点与安装法兰的直线距离为 75 mm，且沿腕坐标系的 x 轴偏移 23 mm。

　　当然，也可以单独更改 tooldata 型数据的任一元素值，如要将工具 gripper 的 TCP 点的 z 轴值修改为 225 mm，则有

```
gripper.tframe.trans.z := 225;
```

3. 工件数据 wobjdata 型

　　wobjdata 型定义的对象用于描述机械臂焊接、处理和内部移动等的工件，也可用于点动：可使机械臂朝工件方向点动或者根据工件的坐标系显示当前位置。wobjdata 型数据分量如表 6-17 所示。

表 6-17　wobjdata 型数据分量

分量	数据类型	描　述
robhold	bool	定义机械臂是否夹持工具： · TRUE：机械臂正夹持着工具。 · FALSE：机械臂未夹持工具，即为固定工具
ufprog	bool	规定是否使用固定的用户坐标系： · TRUE：固定的用户坐标系。 · FALSE：可移动的用户坐标系，即使用协调外轴
ufmec	string	用于协调机械臂移动的机械单元。仅在可移动的用户坐标系中进行规定(ufprog 为 FALSE)
uframe	pose	用户坐标系，即当前工作面或固定装置的位置，包括坐标系原点的位置和方向
oframe	pose	目标坐标系，即当前工件的位置，包括坐标系原点位置和方向

　　对于分量 uframe 来说，当机械臂的工具未夹持工具时，其描述的用户坐标系是相对于世界坐标系定义的。而当前工具未固定工具时，用户坐标系则是在腕坐标系中定义的。但是，oframe 分量描述的目标坐标系只能在用户坐标系中定义。

```
PERS wobjdata wobj2 :=[ FALSE, TRUE, "", [ [300, 600, 200], [1, 0,0 ,0] ], [ [0, 200, 30], [1, 0, 0 ,0] ] ];
```

　　以上代码描述的含义为：机械臂工具为固定工具，且工件位置是固定不变的，因此，用户坐标系相对于世界坐标系定义，原点偏移量为 x=300，y=600 和 z=200；进一步可定位目标坐标系原点在用户坐标系中的位置为 x=0，y=200 和 z=30；并且，用户坐标系和目标坐标系均未发生旋转。此外，同样可以单独修改各分量的参数值，如：

```
wobj2.oframe.trans.z := 38;
```

　　该代码表示将工件 wobj2 的位置调整为沿 z 方向 38 mm 处。

6.4.8　数　组

　　在对任一类变量的声明中增加维度信息即可声明一个数组。Rapid 中允许数组维度最

大为 3 阶。例如：

VAR pos pallet{14,18};

上述代码声明了一个名为 pallet 的数组矩阵，每个数组元素均为 pos 型。当然，也可以声明一个永久数据对象的数组或是一个数组常量。又如：

PERS num time{3}:= [1,2,3];

CONST string part{3} := ["Shaft", "Pipe", "Cylinder"];

其中分别定义了一个 num 型永久数据对象数组 time 和一个 string 型常量数组 part，并对其中的元素赋值。

数组的引用方法和记录型数据的引用方法一致，即引用变量的标识符表示引用整个变量，而可以使用元素的索引号来引用数组的变量元素。

VAR num row{3}:= [1,2,3];

VAR num column{3}:= [4,5,6];

row := [1,2,3];

column.x := 1;

上面，分别定义了两个数组变量 row 和 column，可以直接引用数组名对整个数组变量进行赋值，也可以使用索引号单独修改数组的元素值。

6.5　Rapid 语法基础

数据是构成 Rapid 程序的基本要素。Rapid 语言中的程序可以看作是不同数据类型的数据遵循某一原则而组成的，而表达式、语句和指令则可以看成是构成程序的基础原则。在表达式、语句和指令中添加合适的数据会构成具有一定功能的程序，进而能够控制机器人完成特定操作。本节将介绍表达式、语句和指令的具体内容，即 Rapid 的语法基础。

6.5.1　表达式

表达式是由常量、变量、函数和运算符组合起来的式子，常用于赋值指令、if 指令条件等场合。对于一个确定的表达式，其值和数据类型是确定的，即表达式的计算值和对应的数据类型是确定的，而表达式的数据类型与表达式各元素的数据类型有关。

事实上，单个的常量、变量、函数可以看作表达式的特例。表达式的计算结果与运算符的优先级和结合性规定的顺序有关。Rapid 中常用运算符的优先级如表 6-18 所示。

表 6-18　Rapid 中常用运算符的优先级

优先级	运算符
最高	* / DIV MOD
	+ −
	< > <> <= >= =
	AND
最低	XOR OR NOT

表达式的计算顺序为：先求解优先级较高的运算符的值，然后求解优先级较低的运算符的值。优先级相同的运算符则以从左到右的顺序挨个求值。圆括号能够提高其内部运算符的优先级，改变表达式的计算顺序。表达式中的计算顺序如表 6-19 所示。

表 6-19　表达式中的计算顺序

示例表达式	求值顺序	备　注
a + b + c	(a + b) + c	从左到右的规则
a + b * c	a + (b * c)	*高于+
a OR b OR c	(a OR b) OR c	从左到右的规则
a AND b OR c AND d	(a AND b)OR(c AND d)	AND 高于 OR
a < b AND c < d	(a < b) AND (c < d)	<高于 AND

1. 算术表达式

算术表达式用于求解数值，常见的算术表达式如表 6-20 所示。

表 6-20　算术表达式

运算符	操　作	运算元类型	结果类型
+	加法	num + num	num
+	加法	dnum + num	dnum
+	矢量加法	pos + pos	pos
-	减法	num - num	num(结果为正)
-	减法	dnum - dnum	dnum(结果为正)
-	矢量减法	pos - pos	pos
*	乘法	num * num	num
*	乘法	dnum * dnum	dnum
*	矢量数乘	num * pos 或 pos * num	pos
*	矢积	pos * pos	pos
*	旋转连接	orient * orient	orient
/	除法	num / num	num
/	除法	dnum / dnum	dnum
DIV	整数除法	num DIV num	num
DIV	整数除法	dnum DIV dnum	dnum
MOD	整数模运算；余数	num MOD num	num
MOD	整数模运算；余数	dnum MOD dnum	dnum

需要注意的是，对于包含 num 型运算元的表达式，只要运算元和运算结果的数值未超过 num 型数据的数值范围，那么表达式的运算结果就以整数形式表示。而取整和取模运算仅适用于整数运算，非整数运算并不适用。

2. 逻辑表达式

逻辑表达式用于求逻辑值，即表达式的运算值为 bool 型。常见逻辑表达式如表 6-21 所示。

表 6-21　逻辑表达式

运算符	操　作	运算元类型	结果类型
<	小于	num < num	bool
<	小于	dnum<dnum	bool
<=	小于等于	num <= num	bool
<=	小于等于	dnum <= dnum	bool
=	等于	任意类型=任意类型	bool
>=	大于等于	num >= num	bool
>=	大于等于	dnum >= dnum	bool
>	大于	num > num	bool
>	大于	dnum > dnum	bool
<>	不等于	任意类型 <>任意类型	bool
AND	和	bool AND bool	bool
XOR	异或	bool XOR bool	bool
OR	或	bool OR bool	bool
非	非	NOT bool	bool

等于"="和不等于"<>"两种操作的运算元必须是数值型数据，即为 num 型或者 dnum 型数据，且同一操作的两种运算元的类型必须相同。

3. 串表达式

串表达式用于执行字符串的相关运算。串连接操作就是将两个单独的字符串连接起来，结果是一个新的字符串，如表 6-22 所示。

表 6-22　串　表　达　式

运算符	操　作	运算元类型	结果类型
+	串连接	string + string	string

记录型数据、数组等数据类型定义的对象，本身或者其分量也可以作为表达式的运算元。同样，函数也可以作为表达式的运算元，即通过调用函数求解特定函数的值，同时接收函数的返回值。

扫描右侧二维码可观看常用表达式的用法。

表达式代码示例

6.5.2　语　句

Rapid 语言中，语句是指一段可执行代码。数据的声明、赋值、运算等等都可以称为语句。语句可分为简单语句和复合语句：像赋值语句、表达式语句等占用一逻辑行的代码称为简单语句；复合语句是指包含、影响或控制一组语句的代码，如 IF 语句、FOR 语句等。

语句表是多个语句的集合，是程序和复合语句的重要组成部分。语句表中，每条语句均以分号 ";" 结尾。除此之外，复合语句以语句的特定关键字结尾。典型的复合语句如下：

```
IF a>b THEN
    pos1 := a*pos;              !语句表开始
    pos2 := b*pos;             !语句以;结尾
    pos := a;                  !语句表结束
ENDIF                   !IF 语句以 ENDIF 结尾
```

上述代码包含了多个语句，如 IF 语句、赋值语句等。

1. 赋值语句

赋值语句是用表达式的值来更改变量、永久数据对象或参数等赋值目标的当前值。需要注意的是，赋值目标必须为值数据类型或半值数据类型，且赋值目标和表达式必须为同等类型。

赋值语句的赋值目标可以是整个变量，也可是数组的元素或记录型数据的分量。下面代码是常用赋值语句的例子：

```
count := count +1;          !整个变量的赋值
home.x := x * sin(30);      !分量赋值
matrix{i, j} := temp;       !数组元素赋值
posarr{i}.y := x;           !数组元素/分量
assignment <VAR> := temp + 5;            !占位符使用
```

2. 标签语句与 GOTO 语句

标签语句用于定义程序中指定位置的 "空操作" 语句，以 ";" 结尾。GOTO 语句会使程序跳转到标签位置继续执行。

```
next:
i := i + 1;
!省略部分代码
GOTO next;
```

上述代码里，"next:" 即为一个标签语句，以 ":" 结束。当程序执行到 GOTO 语句时，将跳转到标签 next 指定程序位置继续执行。但是，标签的范围仅限于所定义的程序中，而且同一程序中的两个标签不允许重名，也不能与程序中声明的数据对象同名。

定义标签还要遵循一定规则：

(1) 标签的范围包括其所处程序。

(2) 在范围之内，标签隐藏了同名的预定义对象或用户定义对象。

(3) 同一程序中声明的两个标签不可同名。

(4) 标签不可与同一程序中声明的程序数据对象同名。

(5) 标签名必须以英文字母开头。

3. RETURN 语句

RETURN 语句将终止一项程序继续执行，同时，也可返回一个特定值。一个程序可包含任意数量的 RETURN 语句，RETURN 语句可出现在语句或程序错误处理的任意地方以及复合语句的任何层级。在任务的入口程序中执行 RETURN 语句，将终止任务的求值；在软中断程序中执行 RETURN 语句，将从中断点重新开始执行。

对于有返回值的程序来说，RETURN 语句后面可以是一个表达式，但是表达式类型必须等同于有返回值程序的类型。

```
FUNC num abs_value (num value)        !有返回值程序
    IF value < 0 THEN
        RETURN -value;
    ELSE
        RETURN value;
    ENDIF
ENDFUNC
```

上述代码中，定义了返回值类型为 num 型的有返回值程序。可以注意到，RETURN 语句后面的表达式的运算值类型仅与参数 value 有关，而 value 被定义成一个 num 型数据。因此，符合表达式的数值类型需有与有返回值的程序类型相同的要求。而无返回值程序和软中断程序中的 RETURN 语句则不得包含 RETURN 表达式。

```
PROC message (string mess)        !无返回值程序
    write printer, mess;
    RETURN; ! could have been left out
ENDPROC
```

4. CONNECT 语句

在前面中断编号 intnum 型的示例代码中，曾用到 CONNECT 语句。CONNECT 语句将中断编号指定给一个变量或参数，再将其与中断程序关联起来。当产生该特定中断编号的中断时，系统将调用被关联的中断程序对中断作出响应。

中断编号一旦与中断程序关联起来之后就再也无法断开，当然，也无法与另一个中断程序建立连接关系。但是一个软中断程序可关联多个中断编号。另外，同一 CONNECT 语句在程序中仅能被执行一次。也就是说，两个完全相同的 CONNECT 语句在一次执行过程中，仅有一个语句可以被执行。

```
VAR intnum feeder1_error;        !定义中断编号
VAR intnum feeder2_error;        !定义中断编号
...
PROC init_interrupt()
...
CONNECT feeder1_error WITH correct_feeder;        !连接中断处理程序
ISignalDI di1, 1, feeder1_error;        !指明中断事件
```

```
CONNECT feeder2_error WITH correct_feeder;        !连接中断处理程序
ISignalDI di2, 1, feeder2_error;        !指明中断事件
...
ENDPROC

TRAP correct_feeder
  IF INTNO=feeder1_error THEN
  ...
  ELSE
  ...
  ENDIF
...
ENDTRAP
```

上述代码中，定义了两个中断编号 feeder1_error 和 feeder2_error，并且可以看到，程序中将这两个中断编号均与中断程序 correct_feeder 连接，即不管产生的是哪个中断，系统都会调用 correct_feeder 中断程序。在中断程序中，根据不同的中断编号，将执行对应的指令以完成操作。

需要特别注意的是，CONNECT 语句中的中断编号必须为 num 型或者是 num 型的别名数据，且必须定义为模块变量。

5．IF 语句

IF 语句将按一个或多个条件表达式的值对若干语句表中的一个语句表求值，或不对任何语句表求值。执行 IF 语句时，系统按顺序判断语句中的条件表达式的值，满足执行条件的，则执行对应的语句表；若不满足条件，则继续判断下一个条件表达式，直至其中一个求值为真。如果没有任何条件表达式求值为真，那么将执行 ELSE 子句。典型 IF 语句结构代码如下：

```
IF counter > 100 THEN
    counter := 100;
ELSEIF counter < 0 THEN
    counter := 0;
ELSE
    counter := counter + 1;
ENDIF
```

该 IF 语句包含两个条件表达式，系统首先判断 counter 值是否满足大于 100 的条件。若满足，则变量 counter 赋值为 100。否则，将判断该变量是否满足小于 0 的条件，满足的话，则 counter 赋值为 0。当变量 counter 不满足这两个条件时，执行 ELSE 语句下的命令，counter 值加 1。

此外，Rapid 语言还提供了简洁 IF 语句，即当条件表达式为真时，IF 语句将对单个语句进行求值，如：

```
IF ERRNO = escape1 GOTO next;
```

上述代码表示，若当前的错误编号为 escape1，则系统执行 GOTO 语句，跳转到 next 标签处继续运行。

6．FOR 语句

FOR 语句定义一个 num 型循环变量，该循环变量在其合理数值范围递增或递减。在满足条件的情况下循环对语句表进行求值，直至循环变量的当前值不满足其规定的取值范围时跳出循环。当然，循环变量必须为只读变量，其值不能被循环语句修改。

FOR 语句中紧跟 FOR 表达式的变量即为循环变量，FROM 和 TO 表达式则指明循环变量的取值范围。STEP 表达式指明循环变量的递增或递减步值，未设定步值时，默认为 1 或 −1。在进行每个新循环之前，循环变量都需要更新当前值，同时判断是否满足指定的取值范围。例如：

```
FOR i FROM 10 TO 1 STEP -1 DO
    a{i} := b{i};
ENDFOR
```

上述代码定义了一个 FOR 循环复合语句。循环变量 i 以步值 1 逐步递减，初始值为 10，最小值为 1。当循环条件未超出取值范围时，执行赋值语句。此 FOR 语句完成了将数组 b 的 10 个元素值分别赋值给数组 a 的 10 个元素的功能。

7．WHILE 语句

WHILE 语句在条件表达式为真时循环执行语句表中的语句，直到条件表达式不成立为止。当条件表达式为假时，则跳出 WHILE 语句继续执行后续语句。

```
WHILE a < b DO
...
a := a + 1;
ENDWHILE
...
```

上述代码定义的 WHILE 语句在满足 "a 小于 b" 的条件时，对变量 a 执行加 1 操作。否则，就跳出 WHILE 循环继续运行。

8．TEST 语句

TEST 语句将按表达式的值对若干语句表中的一个语句表求值，或不对任何语句表求值。TEST 语句中的每一语句表前都跟有一个测试值表 CASE，系统顺序检测表达式的值与测试值是否相等。若相等，则执行对应的语句表，否则检测下一个测试值。若所有测试值均不等于表达式的值，则执行 DEFAULT 语句定义的默认语句表。

```
TEST choice
CASE 1, 2, 3:
  routine1;
CASE 4:
  routine2;
DEFAULT:
  Tpwrite "Illegal choice";
```

```
Stop;
ENDTEST
```

上述代码中，系统根据变量 choice 的值执行不同指令：若 choice 值为 1、2 和 3，则执行程序 routine1；若 choice 值为 4，则执行程序 routine2：若 choice 值不满足以上两个条件，那么系统执行 DEFAULT 语句中定义的语句表，即输出错误信息"Illegal choice"，并停止执行。

扫描右侧二维码可观看常用语句的用法。

语句代码示例

6.5.3　指令

指令是指能够在一段程序语句中起主导作用的、将相应数据和函数按照某种方式来运算的功能说明。Rapid 程序中包含了很多控制机器人的指令，执行这些指令可以实现需要的操作，例如移动机器人、设置输出、读取输入、等待等。

1. 线性运动指令 MoveL

MoveL 指令用于将机器人 TCP 沿直线运动到指定目标点，适用于对路径精度要求高的场合，如切割、涂胶等。而当 TCP 保持固定时，MoveL 指令也可以用于调整工具方位。

线性运动 MoveL 指令的基本格式如下：

MoveL	ToPoint	Speed	[\V]|[\T]	Zone	[\Z]	Tool	[\WObj]

其中各参数含义如表 6-23 所示。

表 6-23　MoveL 指令参数表

参数名称	含　义
MoveL	指令标识符
ToPoint	robtarget 型，定义线性运动的目的位置
Speed	speeddata 型，定义线性运动的速度数据。 [\V]: num 型可选参数，可自定义机器人的运动速度，单位为 mm/s。 [\T]: num 型可选参数，用于定义机器人运动的总时间，单位为秒
Zone	num 型，定义 TCP 的转弯数据，与位置精度有关，单位为 mm。 [\Z]: num 型可选参数，用于定义机器人 TCP 的转弯数据
Tool	tooldata 型，定义机器人当前的工具坐标数据。 [\WObj]: wobjdata 型可选参数，定义当前工件坐标系

注意，各参数之间用","隔开，可选参数前需加"\"分隔，且[\V]和[\T]两个可选参数是互斥的，即这两个参数不能同时定义。例如，图 6-47 中机器人工具 tool2 的 TCP 从当前位置 p10 处沿直线运动至 p20 处，则对应的 MoveL 指令可表示为

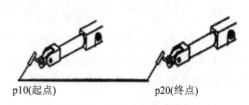

p10(起点)　　　　　p20(终点)

图 6-47　MoveL 指令运行轨迹

```
MoveL p20, v1000, z30, tool2;
```

上述指令中的 p20 表示机器人的目标点；而 v1000 表示移动速度，属于系统预定义的 speeddata 型数据，它设定了机器人工具的 TCP 以 1000 mm/s 的速度运动；z30 则描述了所生成拐角路径的大小，即当机器人 TCP 运动到离终点 30 mm 处开始拐弯。当然，也可以自定义工具 TCP 的运动速度和拐角半径大小，比如：

MoveL p1,v2000\v:=2200,z40\z:=45,tool2;

这里，在 v2000 和 z40 两个参数后面增加了可选参数，重新定义了 TCP 的运动速度为 2200 mm/s，拐角半径大小为 45 mm，而不是预定义中的 2000 mm/s 和 40 mm/s。

2. 关节运动指令 MoveJ

MoveJ 指令用于将机器人快速移动至目标点。与 MoveL 指令不同的是，其运动轨迹不一定是直线。在这个过程中，机器人的 TCP 和外轴沿非线性路径同时到达目的位置。

关节运动指令 MoveJ 的基本格式如下：

MoveJ	ToPoint	Speed	[V]|[\T]	Zone	[Z]	Tool	[\WObj]

其中，

MoveJ：指令标识符。

ToPoint：robtarget 型，定义线性运动的目的位置。

Speed：speeddata 型，定义线性运动的速度数据。

[\V]：num 型可选参数，可自定义机器人的运动速度，单位为 mm/s。

[\T]：num 型可选参数，用于定义机器人运动的总时间，单位为 s。

Zone：num 型，定义 TCP 的转弯数据，与位置精度有关，单位为 mm。

[\Z]：num 型可选参数，用于定义机器人 TCP 的转弯数据。

Tool：tooldata 型，定义机器人当前的工具坐标数据。

[\WObj]：wobjdata 型可选参数，定义当前工件坐标系。

如图 6-48 所示，若机器人 TCP 从当前位置 p10 处按关节运动的方式运动至 p20 处，则对应的指令可表示为

MoveJ p20, v1000, z50, tool1 \WObj:=wobj1;

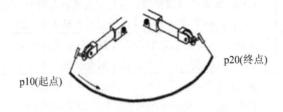

图 6-48　MoveJ 指令运行轨迹

MoveJ 指令参数与 MoveL 指令参数基本相同。MoveJ 指令中，除了指明机器人当前的工具为 tool1 之外，还应指明机器人的关联坐标系为工件坐标系。否则，表示机器人位置是相对于世界坐标系定义的。

3. 绝对关节运动 MoveAbsJ

MoveAbsJ 指令用于将机器人或者外轴移动到指定的绝对位置处。与 MoveJ 指令的最

大不同是，在使用 MoveAbsJ 指令运动期间，机器人的位置不会受到工具、工件和有效程序位移的影响。当终点为奇点时，常用绝对关节运动指令 MoveAbsJ 指令控制机器人运动。

MoveAbsJ 指令格式与 MoveL 和 MoveC 指令的格式基本一致，差别仅在于指令的标识符不同。以图 6-47 为例，若此运动为绝对关节运动，则对应的指令格式为

```
MoveAbsJ p20, v1000, z50, tool1 \WObj:=wobj1;
```

4. 圆弧运动指令 MoveC

MoveC 指令用来将机器人的 TCP 沿圆周移动至目标点。运动期间，圆周的方位相对保持不变，而且，圆弧运动指令 MoveC 规定的圆弧路径一般不超过 240°，因此，通常利用两条 MoveC 指令来完成一个完整圆形路径。

圆弧运动 MoveC 指令的基本格式如下：

MoveC	CirPoint	ToPoint	Speed	[\V]|[\T]	Zone	[\Z]	Tool	[\WObj]

其中，

MoveC：指令标识符。

CirPoint：robtarget 型，定义机器人运动路径上的一个圆弧点。

ToPoint：robtarget 型，定义线性运动的目的位置。

Speed：speeddata 型，定义线性运动的速度数据。

[\V]：num 型可选参数，可自定义机器人的运动速度，单位为 mm/s。

[\T]：num 型可选参数，用于定义机器人运动的总时间，单位为秒。

Zone：num 型，定义 TCP 的转弯数据，与位置精度有关，单位为 mm。

[\Z]：num 型可选参数，用于定义机器人 TCP 的转弯数据。

Tool：tooldata 型，定义机器人当前的工具坐标数据。

[\WObj]：wobjdata 型可选参数，定义当前工件坐标系。

如图 6-49 所示，要使机器人以圆弧运动的方式从当前位置 p10 经圆弧上的一点 p20 到达终点 p30，则对应的运动指令为

```
MoveC p20, p30, v1000, z50, tool1, \WObj:=wobj1;
```

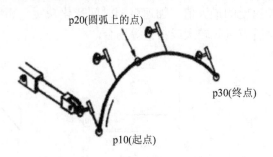

图 6-49　MoveC 指令运行轨迹

上述指令中的 p20 表示机器人工具的圆弧形运动路径上的某一位置。为了保证机器人 TCP 的运动精度，该位置应该设置在路径起点和终点之间的正中间处。

如图 6-50 所示，可利用两条 MoveC 指令画出一个完整的圆形轨迹，代码如下：

```
MoveL p1, v500, fine, tool1;
MoveC p2, p3, v500, z20, tool1;
MoveC p4, p1, v500, fine, tool1;
```

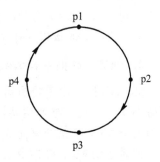

其中，首先利用 MoveL 指令将机器人 TCP 移动至 p1 位置；然后调用 MoveC 指令画出 p1 点经 p2 点到 P3 点的圆弧；同理，再次调用 MoveC 指令画出 p3 点经 p4 点到 p1 点的圆弧。运行此代码，机器人 TCP 点按照指定圆弧轨迹运动。

应该注意到，此代码中的 MoveL 指令的转弯参数 Zone 被定义成了"fine"，与前面的指令中的参数形式不同。这里，参数"fine"表示机器人 TCP 将会精准到达目标点，而且在目标点稍作停顿之后再开始下一动作，并不像用 Z 值定义的运动那样，在离目标点一定距离之外就开始转弯，从而导致不会经过目标点。而且，在运动轨迹中的最后一段路径中，必须用"fine"定义该参数。

图 6-50　MoveC 指令画圆

5. 运动控制指令 AccSet

AccSet 指令用于较大负载时减小加速度或减速度，使得机器人平稳运动，但同时会延长循环时间。AccSet 指令的两个参数 Acc 和 Ramp 的格式如下：

AccSet	Acc	Ramp

其中，

Acc：num 型，定义机器人的加速度百分比，默认值为 100。

Ramp：num 型，表示机器人加速度增加百分比，默认值为 100。

图 6-51 说明了减小加速度或加速度坡度是如何平缓机器人运动的。左图表示当加速度和加速度坡度均为默认值时机器人运动的加速度与时间的关系。若将加速度设为最大值的 30%，如中图所示，则加速度的变化速率并不会改变，但其最大值变为正常值的 30%。若更改加速度坡度值为最大值的 30%，从右图可以看出，加速度增加速率明显减缓，但是并不会改变加速度的最大值。加速度随时间变化减缓，相应的机器人关节的运动速度也变得平稳，能够适应负载较大或易损等场合。

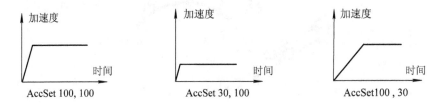

图 6-51　AccSet 指令参数对机器人运动的影响

6. 速率限定指令 VelSet

VelSet 指令主要用来限定机器人 TCP 的运动速度。前面所讲的 MoveL、MoveJ、

MoveC 指令中均设置了机器人 TCP 的移动速度，但该速度并不是机器人 TCP 的实际运动速度，实际运动速度还受 VelSet 指令的设置的影响。VelSet 指令的基本格式如下：

VelSet	Override	Max

其中，

　　Override：num 型，表示运动速率的百分比。

　　Max：num 型，设定机器人 TCP 的最大速率，单位为 mm/s。

　　下面举例说明。

　　若定义有如下指令：

```
VelSet 50 800;
MoveL p20, v1000, z30, tool2;
```

　　上述指令限定了 TCP 的最大运动速度为 800 mm/s，且实际运行速率为速度设定值的 50%。这里，MoveL 指令设置的 TCP 运行速度为 1000 mm/s，那么 TCP 实际运行速度则为 500 mm/s。而且，在执行新的 VelSet 指令之前，机器人 TCP 将一直以设定值的 50%的速度运行。若将机器人 TCP 的最大速率 Max 值设为 300 mm/s，那么，机器人 TCP 的运行速度则保持为 300 mm/s。

　　上述与关节运动有关的指令只能用于主任务 T_ROB1 或者多运动系统的运动任务中。除此之外，Rapid 中还涉及其他运动指令，像 MoveCAO、MoveCDO、MoveCGO、MoveLAO、MoveLDO、MoveLGO 等，限于篇幅，此处不做详细介绍。另外，Rapid 中还包括常用的 IO 指令，如 Set/Reset、SetDo 等。

7．置位/复位数字输出指令 Set/Reset

　　Set 指令用于将数字输出信号的值设置为 1，而 Reset 指令用于将数字信号输出信号的值设为 0。

　　Set 指令典型格式为

Set	Signal

　　Reset 指令格式为

Reset	Signal

其中，Signal 是待设置信号的名称，其数据类型是 signaldo。例如：

```
Signaldo do14;
Signaldo do15;
Reset do14;
Set do15;
```

　　上述代码定义了两个 signaldo 型信号 do14 和 do15，并通过 Set 和 Reset 指令将信号 do14 设置为 0，信号 do15 设置为 1。

8．改变输出信号值指令 SetDo/SetAo

　　SetDo 指令用于改变数字输出信号的值，而 SetAo 指令用于改变模拟输出信号的值。

SetDo 指令的典型格式为

SetDo	Signal	Value

SetAo 指令格式为

SetAo	Signal	Value

其中，Signal 为信号名称，其数据类型为 signaldo。而指令 SetDo 中的 Value 为信号的期望值 0 或 1，数据类型为 dionum。指令 SetAo 中的 Value 为信号的 num 型期望值。例如，程序中代码如下：

```
Signaldo do4;
Signalao ao5;
SetDo do4,1;
SetAo ao5,5.5;
```

上述代码分别定义了一个数字量输出信号 do4 和模拟量输出信号 ao5，并对数字量输出信号 do4 赋值 1，模拟量输出信号 ao5 赋值 5.5。对于 SetAo 指令来说，需要将每个信号设置的期望值先转化为对应的物理值再发送给物理通道。

前面所说的 Set 指令常用于置位数字输出信号。需要特别注意的是，Set 指令存在短暂延时，也就是说，利用 Set 指令设置数字输出信号值时，该信号并不能立即获得新值。而 SetDo 指令则可通过可选参数来消除延时或修改延迟时间。带可选参数的 SetDo 指令格式如下：

SetDo	[\SDelay]l[\Sync]	Signal	Value

其中，方括号[ ]内的参数即为可选参数，"l"表示只能选择两个可选参数中的一个。SetDo 指令参数的具体含义见表 6-24。

表 6-24　Set 指令参数

参数名	数据类型	解　　释
[\SDelay]	num	改变延迟时间，以 s 为单位，最大值为 2000。在给定的时间延迟之后，改变信号，且随后程序执行不受影响
[\Sync]	switch	如果使用该参数，则程序执行进入等待，直至从物理上将信号设置为指定值
Signal	signaldo	待改变信号的名称
Value	dionum	信号的取值，0—将数字输出信号设置为 0；除 0 以外的其他值—将数字输出信号设置为 1

例如，代码

```
SetDo \SDelay := 0.2, weld, high;
```

中，设置延迟时间为 0.2 s。也就是说，系统执行此指令之后，并不立即改变信号 weld 的当前状态，而且并不影响后续指令的执行。直至 0.2 s 后，系统将修改 weld 信号状态为

high。而代码

```
SetDO \Sync ,do1, 0;
```

中使用了 Sync 参数，程序执行此指令之后即开始等待，直至从物理上将信号设置为指定值。此过程中，系统并不会继续执行后续指令。

9. 改变一组数字输出信号的值指令 SetGo

SetGo 指令用于改变一组数字输出信号的值，其指令格式与 SetDo 指令相同。但不同的是，针对不同长度的信号组，SetGo 指令的信号组期望值 Value 的数据类型可以是 num 型，也可以是 dnum 型。

SetGo 指令典型格式为

SetGo	[\SDelay]	Signal	Value|Dvalue

分析以下指令：

```
SetGo go2, 12;
SetGo \SDelay := 0.4, go2, 10;
```

第一条指令将信号 go2 设置为 12。假设 go2 包含 4 个信号，分别为数字输出通道 6～9，则该指令的功能就是输出通道 6 和 7 的值设为 0，通道 8 和 9 的值设为 1。第二条指令则将信号 go2 设置为 10。同样可知，数字输出通道 6 和 8 的值设为 0，通道 7 和 9 的值设为 1，且各通道延迟 0.4 s 获得新值。

分析上述代码可以发现，SetGo 指令是将设置的编程值转化为对应的二进制数字并发送到对应的数字信号通道上。并且，数字信号通道从低到高与二进制从低位到高位对应。

10. 数字输出信号取反指令 InvertDo

数字输出信号取反指令 InvertDo 用于将数字输出信号值置反，指令格式为

InvertDo	Signal

即若信号的当前值为 1，则将其值变为 0，否则，将其当前值设为 1，如图 6-52 所示。

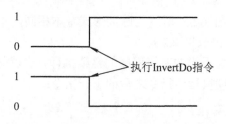

图 6-52　InvertDo 指令

分析如下代码：

```
Signaldo do15;
Set do15;
InvertDo do15;
```

上述代码中首先定义了一个数字输出信号 do15，然后用 Set 指令先设置其当前值为 1，再通过 InvertDo 指令设置其当前值为 0。

11. 数字输出脉冲指令 PulseDo

数字输出脉冲指令 PulseDo 用于产生关于数字输出信号的脉冲。PulseDo 典型指令格式如下：

PulseDo	[\High]	[\PLength]	Signal

其中，参数 High 使得数字输出端始终产生一个正脉冲，而参数 PLength 则设置数字输出信号输出的脉冲长度，单位为 s，取值范围为 0.001～2000 s。系统默认的脉冲长度为 0.2 s。分析以下指令：

```
PulseDo do15;
```

上述指令设定数字输出 do15 端产生一个默认脉冲长度的脉冲。若信号 do15 的当前值为 1，则产生一个值为 0 的负脉冲，而若信号 do15 的当前值为 0，那么将产生一个值为 1 的正脉冲，如图 6-53 所示。

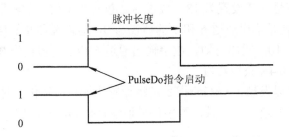

图 6-53　PulseDo 指令产生的脉冲

又如，若要在数字输出信号端产生一个脉冲长度为 1 s 的脉冲，则设置 PLength 值为 1.0，有

```
PulseDo \PLength:=1.0, ignition;
```

此指令产生的脉冲与图 6-53 所示的脉冲形式基本相同，不同的是，该脉冲的脉冲长度为 1 s，而不是默认的脉冲长度 0.2 s。

事实上，脉冲的产生并不影响系统程序的继续执行。也就是说，当数字输出信号端的脉冲启动之后，系统将继续执行该指令之后的下一指令：

```
pulse1:
PulseDo \High \PLength:=x, do3;
pulse2:
PulseDo \High \PLength:=y, do3;
```

如此，两个程序任务的信号 do3 几乎同时产生正脉冲(值 1)，而脉冲长度会长于默认值 0.2 s，如图 6-54 所示。

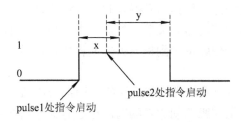

图 6-54　连续两条脉冲输出指令产生的脉冲

注意，可选参数 High 的作用是在数字输出端产生一个特定长度的正脉冲，而不管该输出端的当前值。即使输出端的当前值为 1，也会产生一个正脉冲，如图 6-55 所示。

PulseDo \High, do3;

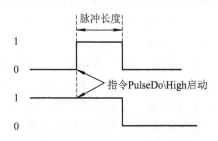

图 6-55　PulseDo 指令的 High 参数

12. 停止程序执行指令 Stop 和 EXIT

Stop 和 EXIT 指令都能用来停止程序继续执行，但是二者功能上有所区别。Stop 指令用于停止程序执行，但是，系统会在执行完所有的指令动作之后才停止。例如：

TPWrite "The line to the host computer is broken";
Stop;

这两条指令的执行过程可描述为：当系统将消息发送给示教器之后才停止程序执行。之后，程序将从下一指令处开始执行。而用 EXIT 指令停止程序执行，那么该程序仅能从主程序的第一个指令处重启程序。EXIT 指令常用于出现较大的错误或者永久停止程序的情况。

ErrWrite "Fatal error", "Illegal state";
EXIT;

指令代码示例

上述指令使程序停止执行，并且不能够从该位置处继续执行。

扫描右侧二维码可观看常用指令的用法。

本 章 小 结

通过本章的学习，读者应当了解：

❖ 对工业机器人编程，指的是对其控制系统进行软件开发，使机器人的动作和流程符合实际的生产需求。这需要在特定的机器人软件开发环境中进行。一般各工业机器人公司都有自己独立的开发环境和独立的机器人编程语言。

❖ 常用的机器人编程方式包括示教编程和离线编程两种。示教编程是指操作者通过示教器手动调节机器人关节,控制机器人以一定的姿态运动到指定的位置,同时记录并上传此位置到机器人控制器中,以达到机器人能够自动重复此操作的目的。

❖ Rapid 语言的程序由系统模块和程序模块两部分组成。其中,系统模块由机器人制造商或者生产线的创建者编写,用于存储系统控制方面的相关内容,并且在系统启动过程中进入任务缓冲区,对系统数据、接口等进行预定义。程序模块则由用户定义,可根据执行功能的不同而定义不同的程序模块。

❖ 在 Rapid 语言中,所有的值、表达式、有返回值的程序等对象都应定义一个数据类型。Rapid 数据类型包括内置型、安装型和用户定义型,但是对用户来说,这三种数据类型并无区别。此外,数据类型又分为原子型、记录型和别名型等多种类型。其中,原子型的定义必须为内置型或安装型,而记录型或别名型也可以为用户定义型。

❖ 数据是构成 Rapid 程序的基本要素。Rapid 语言中的程序可以看作是不同数据类型的数据遵循某一原则而组成的,而表达式、语句和指令则可以看成构成程序的基础原则。在表达式、语句和指令中添加合适的数据则构成具有一定功能的程序,进而能够控制机器人完成特定操作。

❖ 指令是指能够在一段程序语句中起主导作用的、将相应数据和函数按照某种方式来运算的功能说明。Rapid 程序中包含了很多控制机器人的指令,执行这些指令可以实现需要的操作,例如移动机器人设置输出、读取输入、等待等。

本 章 练 习

1. 简述工业机器人控制系统的编程方式及其优、缺点。

2. 创建一个新的机器人工作站,机器人型号选择为 IRB 2600。通过操作 RobotStudio 软件,熟悉 IRB 2600 机器人的工作空间等参数,并给机器人增加工具,增加设备平台。

3. 在 RobotStudio 软件的 Rapid 界面进行 num、bool 和 string 等数据类型的定义,IF、FOR 等语句和语法的反复输入练习,增加熟练度。

第 7 章　工业机器人编程实例

本章目标

■ 了解工业机器人的运动方式和工作模式。

■ 掌握 RobotStudio 软件的使用方法。

■ 掌握坐标系的概念和创建方法。

■ 掌握程序创建和编辑的方法。

■ 掌握机器人轨迹编程方法。

■ 掌握机器人 IO 编程方法。

7.1 基本概念

在使用 RobotStudio 软件进行机器人编程之前，还需要了解一些概念，并进行一些参数和数据的设定。下面依次进行介绍。

7.1.1 运动方式

机器人的运动本质上是位置的移动及对末端工具的操作。机器人从一个位置移动到下一个位置，有多种运动方式，也可以有多种运动路线。通常来说，机器人运动有三种方式：单轴运动(也叫关节运动)、线性运动(也叫笛卡尔线性运动)和重定位运动。结合这三种运动方式，机器人计算出最优的路线并执行。

1．单轴运动

一般而言，机器人由六个伺服电机分别驱动六个关节轴，而每次操纵一个关节轴的运动，就称之为单轴运动。单轴运动通常用于手动模式。在很多仿真软件中，也称作关节运动。图 7-1 标示出六轴机器人六个关节的运动方向。其中，第六轴也被称为机器人法兰盘，通常用来安装机器人工具，如焊接枪、抓手等。

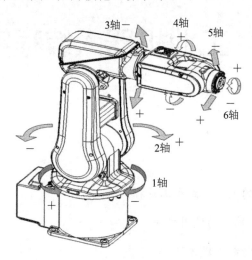

图 7-1 机器人关节轴

2．线性运动

机器人的线性运动是指安装在机器人第六轴法兰盘上的工具的中心点(TCP)在空间中作线性运动。出厂默认工业机器人的 TCP 点在机器人末端的法兰盘中心点，通过安装末端执行器抓手，然后将相应的 TCP 点作软件偏移匹配，建立工具坐标系。

3．重定位运动

机器人的重定位运动是指机器人第六轴法兰盘上的工具 TCP 点在空间中绕着坐标轴旋转的运动，也可以理解为机器人绕着工具 TCP 点作姿态调整的运动。

在 RobotStudio 中，可以通过手动模式，让机器人分别通过这三种运动方式到达所需要的位置。这三种方式，都可以通过直接拖动和精确手动两种操作来实现。

7.1.2　手动模式

打开之前创建好的机器人工作站，分别演示这几种运动方式。扫描右侧二维码可观看其视频。

机器人手动模式

1. 直接拖动

直接拖动指的是用户通过鼠标，在机器人工作站直接拖动机器人到达指定位置。这种方式的定位并不准确，通常用在对定位精度要求不高的场合。

1) 手动单轴运动

在【基本】选项卡的【FreeHand】(手动)栏中，选中手动关节图标，如图 7-2 所示。

图 7-2　手动关节图标

然后，点击机器人各关节，长按鼠标左键即可拖动其作单轴运动，如图 7-3 所示。

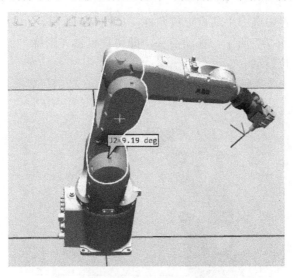

图 7-3　点击机器人关节

2) 手动线性运动

将【设置】栏的【工具】项设定为"Pen_TCP"。选中【FreeHand】栏的手动线性图标，如图 7-4 所示。

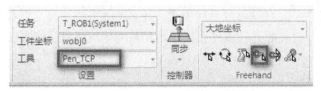

图 7-4　手动线性图标

此时，机器人工具上会出现箭头，拖动箭头即可进行线性运动，如图 7-5 所示。

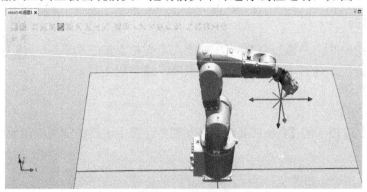

图 7-5　线性运动

　　X、Y 和 Z 三个字母的箭头分别代表了 X 轴、Y 轴和 Z 轴三个方向的运动。拖动时，拖动不同字母标注的箭头，即可使机器人沿不同的轴进行运动。

　　3）手动重定位运动

　　在【FreeHand】栏中选中手动重定位图标，如图 7-6 所示。

　　此时，机器人如图 7-7 所示。拖动箭头，即可使机器人围绕工具中心点进行重定位运动。

图 7-6　手动重定位图标

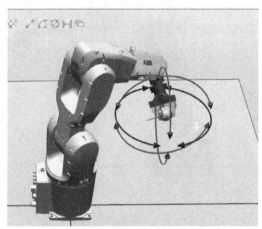

图 7-7　重定位运动

2．精确手动

　　将【设置】栏的【工具】项设定为"Pen_TCP"（见图 7-4）。在【IRB1200_7_70_

STD_01】上单击右键，在菜单列表中选择【机械装置手动关节】，如图 7-8 所示。

图 7-8 选择【机械装置手动关节】

弹出的窗口如图 7-9 所示。

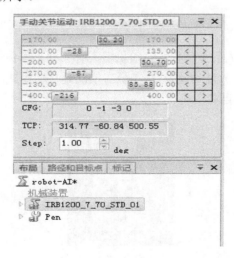

图 7-9 精确关节运动

此时，可以通过拖动滑块来调节关节轴运动，也可以通过单击按钮或长按按钮，来控制关节轴运动。其中，Step 框内可以设定每次点动的距离。

精确手动线性运动则需要在【IRB1200_7_70_STD_01】上单击右键，在菜单列表中选择【机械装置手动线性】，其余操作与手动关节运动类似，此处不再赘述。

3. 回到机械原点

在手动动作后，如果对移动的位置不满意，可以通过【回到机械原点】命令，将机器人恢复到初始位置。

在【IRB1200_7_70_STD_01】上单击右键，在菜单列表中选择【回到机械原点】，机器人就会回到机械原点，如图 7-10 所示。

图 7-10　回到机械原点

7.1.3　工作模式

前面我们学习了机器人的手动模式，而机器人有三种工作模式，可通过示教器上的一个旋转开关来调整。如图 7-11 所示，从左至右依次是自动模式、手动限速模式和手动全速模式。图 7-11 选中的是自动模式。

图 7-11　工作模式开关

1. 自动模式

自动模式通常也被称为生产模式，多用于实际生产中。机器人在自动模式下，会自动运行全部程序。在这个模式下，使能设备(Enabling Device)按钮将被断开连接，失去作用，同时机器人的编程功能也被锁住。

2. 手动限速模式

手动限速模式也被称为编程模式，通常在编程调试时使用。在这个模式下，外部单元没有控制权限。如果控制运行示教器后面的使能按键被触发，当松开键时，将立即停止程序运行，手动限速模式中机器人的最高速度是 250 mm/s。

3. 手动全速模式

手动全速模式与手动限速模式相近，不同之处在于机器人将全速移动。只有非常熟练的人才能使用这种模式。手动全速模式只用于测试程序，一般情况下，不要使用这个模式。

7.1.4 工件坐标系

工件坐标系对应工件，它定义工件相对于大地坐标系(或其他坐标系)的位置。机器人可以拥有若干工件坐标系，这些工件坐标系或者表示不同工件，或者表示同一工件在不同位置的若干副本。

在对机器人进行编程时，需在工件坐标系中创建目标和路径(即相对路径)。这样做的好处是，当重新定位工作站中的工件时，只需要更改工件坐标系的位置，所有的目标和路径就可以随之更新。允许操作以外轴或传送导轨移动的工件，整个工件可连同其路径一起移动。

机器人工件坐标系由工件原点与坐标方位组成。机器人程序支持多个工具坐标系，可以根据当前工作状态进行变换。当外部夹具被更换时，只需要重新定义工件坐标系，就可以不更改程序，直接运行。通过重新定义工件坐标系，可以简单地完成一个适合多台机器人或多种夹具的程序。

一般而言，不同的机器人应用会配置不同的工具。针对不同行业及工业机器人作业的工况不同，相关的工具也会有不同的坐标系。弧焊时用弧焊枪作为工具，搬运时用吸盘工具，搬运抓取时用机械夹抓工具，切割下料时用激光切割工具，等等，工具可谓种类繁多，各不相同。这些工具都是由工程师针对不同工况、工作场景设计加工安装在工业机器人第六轴法兰盘上的。

7.2 构建程序数据

在进行正式的编程之前，有三个程序数据构建必须要完成，分别是：

(1) 工具坐标系——工具数据 tooldata。

(2) 工件坐标系——用户数据 wobjdata。

(3) 工具载荷——载荷数据 loaddata。

下面分别介绍这几个重要数据的概念，并在前面章节建立的工作站 Robot-AI 上构建这几个数据。

7.2.1　设定工具坐标系

工具坐标系用于描述安装在机器人第六轴上工具的 TCP、质量、重心等参数。设定工具坐标系是进行示教和编程的前提。

工具坐标系是一种机器人数据，但是它的建立方式不同于其他程序数据的建立方式。

机器人创建之后，有一个默认工具 tool0。tool0 的工具中心点(Tool Center Point，TCP)位于机器人第六轴法兰盘的中心。图 7-12 中箭头交汇的地方就是原始的 TCP 点。

图 7-12　默认工具中心点

所有机器人在手腕处都有一个最初工具坐标系，该坐标系位置为第六轴法兰盘的中心点处。这样就能将一个或多个新工具坐标系定义为 tool0 的偏移值。

在调试或实际应用时，需要通过示教器设定建立工具坐标系，并将 TCP 调整更改到抓手的中心作用位置，如焊枪的焊接末端、机械抓手的夹抓中心等等，如图 7-13 所示，为 X、Y、Z 三条线交汇之处。

图 7-13　工具中心点调整

设定 TCP 点的步骤如下：

(1) 先找一个有效范围内的固定点作为参考点，一般选择工件的某个点。

(2) 确定工具的 TCP 点的位置(一般定为工具的中心点或者作用点)。

(3) 手动操纵机器人来移动工具上的参考点，以四种以上不同的机器人姿态尽可能与固定点刚好碰上。

(4) 用机器人通过这四个位置点的位置数据计算求得 TCP 的数据，然后 TCP 的数据就保存在 tooldata 程序数据中被程序调用。

设定 TCP 点的方法通常有 4 点法、5 点法和 6 点法。其区别如下：

- 4 点法：不改变 tool0 的坐标方向。
- 5 点法：改变 tool0 的 Z 方向。
- 6 点法：改变 tool0 的 X 和 Z 方向(在焊接应用中最为常用)。

无论使用哪种方法，都要保证取前三个点时机器人的姿态相差尽量大些，这样有利于提高 TCP 精度。

由于之前导入的设备(Pen)是系统库自带的，因此，工具坐标系已经创建好，如图 7-14 所示，其坐标系原点位于工具的尖端(红、蓝、绿箭头交汇处)。

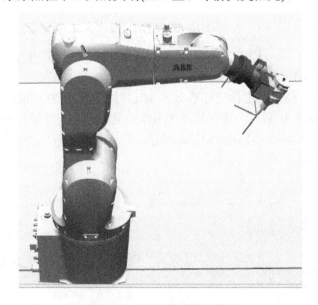

图 7-14　工具坐标系原点设定

7.2.2　设定工件坐标系

设定工件坐标系是进行示教编程的前提，所有的示教点都必须在对应的工件坐标系中建立。如果在其他坐标系上建立示教点，机器人位置改动以后就必须重新示教所有的点。如果是在对应的工件坐标系上示教，则可以只修改一下工件坐标系，而无需重新示教所有的点。

对机器人进行编程时，可在工件坐标系中创建目标和路径。这有以下优点：

(1) 重新定位工作站中的工件时，只需要更改工件坐标系的位置，所有路径将即刻随之更新。

(2) 允许操作以外轴或传送导轨移动的工件，因为整个工件可连同其路径一起移动。

如图 7-15 所示，A 是机器人的大地坐标系，为了方便编程，给第一个工件建立了一个工件坐标系 B，并在这个工件坐标系 B 中进行轨迹编程。

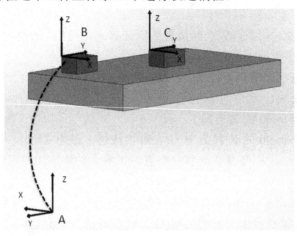

图 7-15　工件坐标系图解

如果台子上还有一个一样的工件需要走一样的轨迹，则只需将工件坐标系从 B 更新为 C，而无需对一样的工件进行重复轨迹编程了。

如图 7-16 所示，如果在工件坐标系 b 中对 a 对象进行了轨迹编程，当工件坐标系的位置变化成工件坐标系 d 后，只需在机器人系统中重新定义工件坐标系 d，则机器人的轨迹就自动更新到 c，不需要再次进行轨迹编程了。因 a 相对于 b、c 相对于 d 的关系是一样的，并没有因为整体偏移而发生变化。

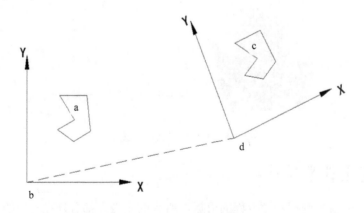

图 7-16　工件坐标系轨迹编程

在建立工件坐标系之前，先从系统设备库里导入一个台子。

打开 RobotStudio 软件，同时打开创建好的机器人工作站。在【基本】选项卡中，单击【导入模型库】菜单下面的小三角，选择【设备】，弹出设备库，如图 7-17 所示。

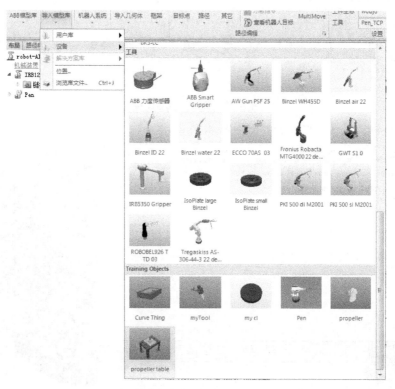

图 7-17　载入平台

选择最后一个设备 propeller table，此时可手动移动台子或机器人。如图 7-18 所示，工件坐标系 wobj0 已创建好，其原点为台子左下角三线交汇处。

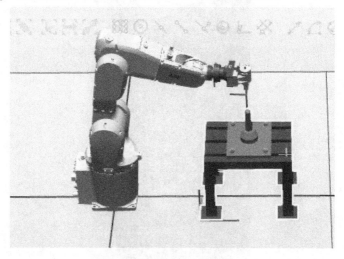

图 7-18　机器人与台子

建立新的工件坐标系 wobj1 的操作步骤如下：

(1) 先更改示教器语言设置。在【控制器】选项卡中，单击【示教器】图标，打开虚拟示教器，如图 7-19 所示。特别说明，本节及以下内容中所演示示教器均为系统中的虚拟示教器，下面不再赘述。真实示教器界面与其完全相同，因此编程时可以照此操作。

图 7-19　点击示教器图标

等待几分钟，示教器打开后界面如图 7-20 所示。

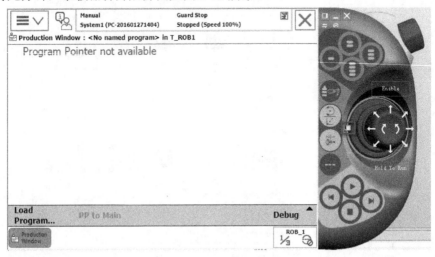

图 7-20　虚拟示教器

单击示教器右侧的按钮(方框内)，选择手动限速模式，如图 7-21 所示。

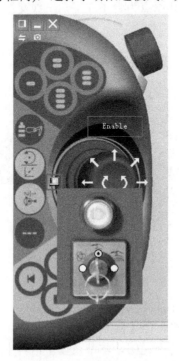

图 7-21　选择手动限速模式

单击示教器左上角的下拉箭头，选择【Control Panel】，如图 7-22 所示。

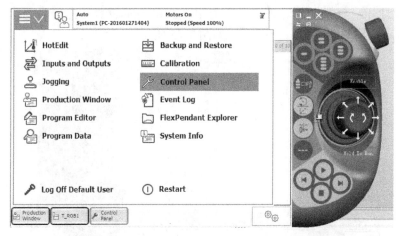

图 7-22　配置参数

在弹出的界面中选择【Language】，如图 7-23 所示。

图 7-23　选择语言

在弹出的界面中选择【Chinese】，并单击【OK】，如图 7-24 所示。

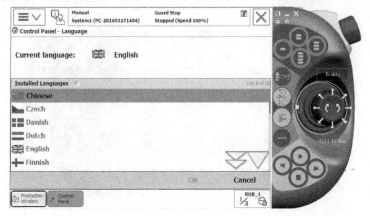

图 7-24　选择汉语

此时会弹出提示框，单击【YES】关闭示教器。

(2) 重新打开示教器，此时语言已变为中文。单击示教器左上角的下拉三角，选择【手动操纵】，在其中选择【工件坐标】，如图 7-25 所示。

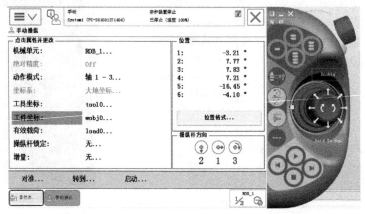

图 7-25　选择工件坐标

单击【新建...】，如图 7-26 所示。

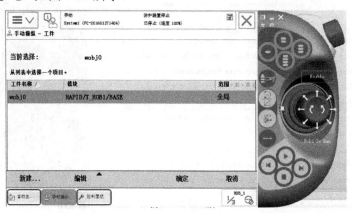

图 7-26　新建工件坐标

然后对工件坐标系数据属性进行设定，一般使用默认参数，命名并单击【确定】，如图 7-27 所示。

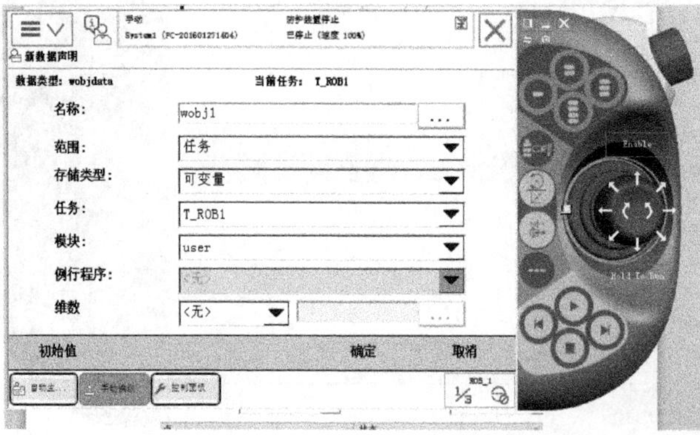

图 7-27　设定坐标参数

(3) 选择刚建好的工件坐标系 wobj1，打开【编辑】菜单，选择【定义...】，如图 7-28 所示。

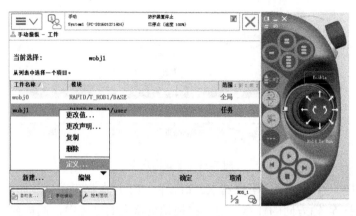

图 7-28　编辑坐标定义

将【用户方法】设定为"3 点"，如图 7-29 所示。

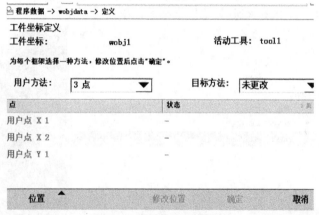

图 7-29　修改用户方法

　　使用手动线性和手动关节配合，操纵机器人的工具参考点(笔尖、箭头交汇处)靠近定义工件坐标系的坐标系原点，作为 X1 点，如图 7-30 所示。此处选择了平台的左上角作为坐标系原点。

图 7-30　设定 X1 点

使用"Ctrl+Shift+鼠标左键"转换视角，在多个方向观察并移动机器人，确保工具参考点真正碰到了坐标系的原点。单击示教器上的【修改位置】，将 X1 点记录下来，如图 7-31 所示。

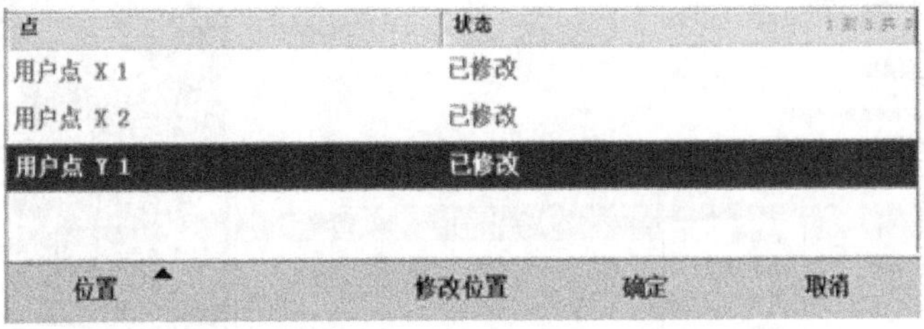

点	状态	1 到 3 共 3
用户点 X 1	已修改	
用户点 X 2	已修改	
用户点 Y 1	已修改	
位置 ▲	修改位置　　确定	取消

图 7-31　修改用户点

(4) 使用同样的方法，记录用户点 X2 和 Y1。X2 点选择沿着 X 轴方向的任意一点，Y1 点则选择沿着 Y 轴方向的任意一点。在拖动机器人的过程中，同样要保证在各个方向上机器人的工具参考点都与工件上的点实际接触。

设定好三个点后，单击【确定】，对自动生成的工件坐标系数据进行确认。

如图 7-32 所示，选中【wobj1】工件坐标后，单击【确定】。

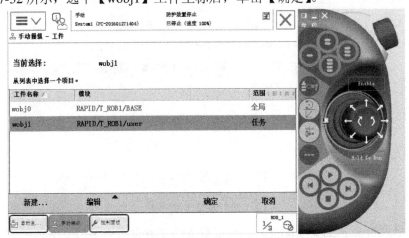

图 7-32　选择工件坐标

(5) 关闭手动操纵画面，在【基本】选项卡中，单击【同步】下方的小三角，选择【同步到工作站...】，如图 7-33 所示。

图 7-33　同步工件坐标

在弹出的对话框中，选择同步工件坐标。同步完成后，将图 7-33 方框内的工件坐标修改为 wobj1。

(6) 使用线性动作模式，体验新建立的工件坐标系。

机器人创建工件坐标系并使用的过程，可扫描右侧二维码观看视频。

创建工件坐标系

7.2.3 设置载荷数据

对于搬运应用和码垛应用的机器人，应该正确设定夹具的质量、重心数据 tooldata 以及搬运对象的质量和重心数据 loaddata。有效载荷参数在搬运工作站中必须设置，因为能防止机器失灵，让工业机器人能在有效的时间内把伤害降到最低。

如应用在其他领域，机器人也可不设置这一项。

为机器人设置有效载荷数据的操作步骤如下：

(1) 打开示教器，调整按钮至手动限速模式，如语言为英文，则调整为中文。

(2) 单击示教器左上角的小三角，选择【手动操纵】。在弹出的手动操纵界面中，选择【有效载荷】。在有效载荷画面上点击【新建】。

(3) 对有效载荷数据属性进行设定，然后单击【初始值】，如图 7-34 所示。

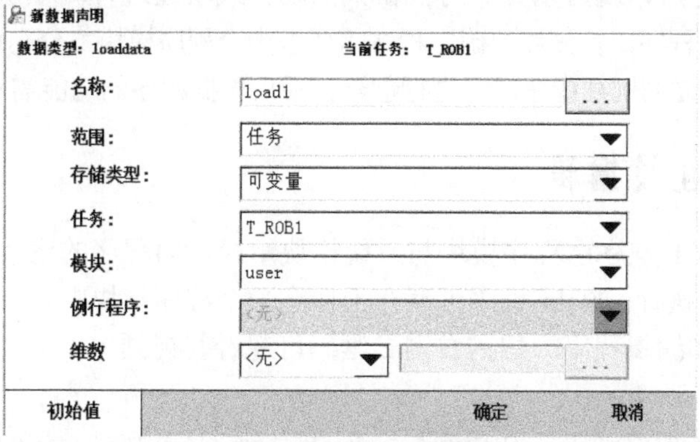

数据类型：loaddata	当前任务：T_ROB1	
名称：	load1	...
范围：	任务	▼
存储类型：	可变量	▼
任务：	T_ROB1	▼
模块：	user	▼
例行程序：	<无>	▼
维数	<无> ▼	...
初始值	确定	取消

图 7-34　设定载荷数据

弹出界面如图 7-35 所示。对有效载荷的数据根据实际情况进行设定，各参数代表的含义请参考表 7-1 的有效载荷参数。

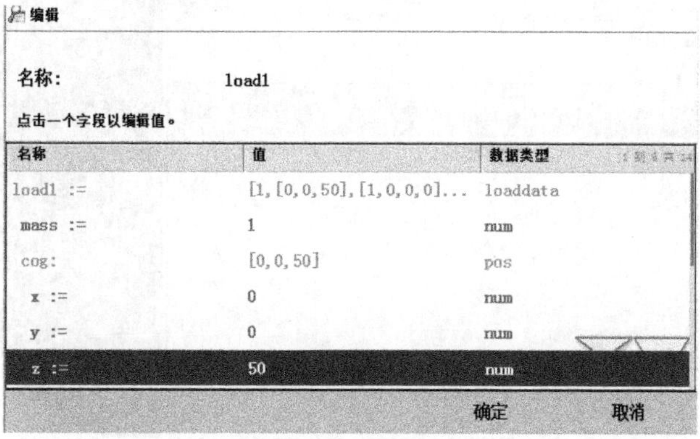

名称：	load1	
点击一个字段以编辑值。		
名称	值	数据类型
load1 :=	[1,[0,0,50],[1,0,0,0]...	loaddata
mass :=	1	num
cog:	[0,0,50]	pos
x :=	0	num
y :=	0	num
z :=	50	num
	确定	取消

图 7-35　参数设置

表 7-1 有效载荷参数

名　称	参　数	单位
有效载荷质量	load.mass	kg
有效载荷重心	load.cog.x	mm
	load.cog.y	
	load.cog.z	
力矩轴方向	load.aom.q1	
	load.aom.q2	
	load.aom.q3	
	load.aom.q4	
有效载荷的转动惯量	ix	kg·m^2
	iy	
	iz	

在 Rapid 编程中，需要对有效载荷的情况进行实时调整。

7.3 机器人编程实例

做好以上准备之后，就可以开始对机器人的动作或轨迹进行编程了。

编写一个机器人程序，首先需要确定程序需要多少个程序模块，分别进行创建；然后确认各程序模块中需要建立的例行程序，再进行创建；最后根据程序的功能需求编辑例行程序。

7.3.1 程序创建及编辑

前面提过，Rapid 程序由程序模块与系统模块组成，而程序的运行从 main 程序开始执行，main 程序可存在于任意一个程序模块中。下面介绍如何创建和编辑程序。扫描右侧二维码可观看其视频。

程序创建及编辑

1. 创建程序

下面来创建一个程序模块，以及包含 main 程序的例行程序，具体步骤如下：

(1) 启动 RobotStudio 示教器，在示教器操作界面上单击【程序编辑器】，打开程序编辑器。在弹出的界面中，单击【取消】，进入模块列表界面，如图 7-36 所示。

图 7-36 模块列表

单击【文件】菜单，在弹出的菜单项中选择【新建模块】。

修改模块名称为 test1，单击【确定】，如图 7-37 所示，

图 7-37　新建模块

(2) 选中模块 test1，单击【显示模块】。在弹出的界面中单击【例行程序】，进行例行程序的创建，如图 7-38 所示，

图 7-38　例行程序

在显示的例行程序界面中，单击【文件】菜单，选择【新建例行程序...】，如图 7-39 所示。

图 7-39　创建例行程序

如果无法新建例行程序(按钮显示为灰色，不可点击)，则查看一下示教器的手动按钮，确认机器人处于手动限速模式，可参考图 7-21。

在新建例行程序界面中，将例行程序更名为 main，单击【确定】创建主程序，如图 7-40 所示。

图 7-40 创建主程序

至此，即完成了程序模块和例行程序的创建。在一个完整的程序中，可能有多个程序模块，而一个程序模块中也可能包含多个例行程序。这些模块和例行程序均可通过上述方法进行创建。

2. 程序的编辑

程序的编辑指的是编写程序代码，通常有两种方式，即在示教器中编写，以及在 Rapid 中编写。

1) 在示教器中编写程序

在示教器中编写程序，最大的优点是可以自行添加各种指令，除此之外通过示教器手动控制示教机器人运动到达点位是离线编程所具备的。通过示教器编程调试手动控制机器人运动程序，若程序调试中出现危险情况则可以通过使能键的握紧或者张开快速停止机器人运动，极大地保障了设备的安全。通过示教器手动控制示教调试机器人是编程调试的必经之路。

打开示教器的程序编辑器，进入例行程序界面(参考上节内容)，点击左下角的【添加指令】，即可进行程序的编写。图 7-41 显示的是常用的逻辑指令及机器人运动指令。还可以通过点击【Common】菜单，选择其他指令，如 IO 指令等。

同时在示教器中，还可以对例行程序进行复制、移动、重命名等操作，由于操作较为简单，不再赘述。

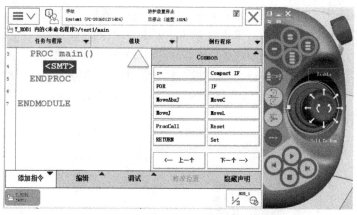

图 7-41　添加指令

2) 在 Rapid 中编写程序

还有一种常用的编辑方法，是在 RobotStudio 软件中的【Rapid】选项卡中打开程序进行编辑。如图 7-42 所示，目前程序模块仅有一个，名为 test1，而在模块之下有一个例行程序，名为 main。这是之前在示教器的程序编辑器中创建好的。

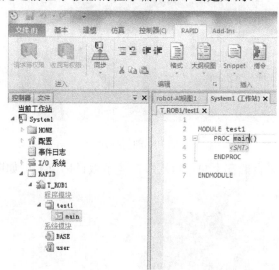

图 7-42　Rapid 程序目录

双击 main，打开例行程序。在图 7-42 的右侧，即可手动输入程序代码，编写程序。如果遇到语法错误，系统就会自动提示。

学会创建和编辑程序的基本操作后，下面在实例中学习如何编写并调试程序，如何使用指令控制机器人，如何在 Rapid 中查看程序，以及如何使机器人自动运行程序等。

7.3.2　机器人轨迹

继续在上节创建的程序中进行修改，这次实现一个机器人沿着正方形走轨迹的功能。要实现此功能，需要先在示教器上告诉机器人正方形的四个点，然后使用走直线的指令——线性运动指令 MoveL 控制机器人的动作。扫描下页二维码可观看其视频。

在 RobotStudio 软件上实现此功能较为简单，具体步骤如下：

(1) 打开 RobotStudio 软件，单击【基本】选项卡上的【手动线性】，拖动机器人到达正方形轨迹的一个点。图 7-43 选择了工件平台的左下角。按住"Ctrl+Shift+鼠标左键"转动机器人，保证在多个观看角度下，机器人笔尖都与平台左下角接触，然后单击【示教目标点】，如图 7-43 所示。

机器人轨迹编程

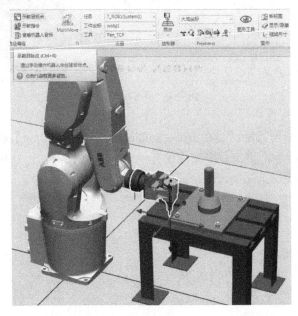

图 7-43　示教目标点一

(2) 移动机器人到平台的左上角，再次单击【示教目标点】，如图 7-44 所示。

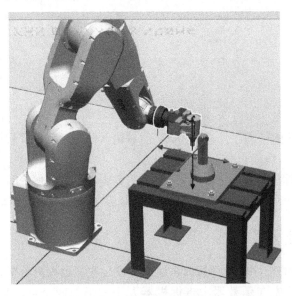

图 7-44　示教目标点二

用同样的方法，移动机器人至平台的右上角和右下角，并分别点击【示教目标点】。最后，移动机器人至平台左下角，即示教的第一个目标点，再次单击【示教目标点】。

此时，机器人有五个示教点，如图 7-45 所示。

(3) 选中五个示教点，单击鼠标右键，选择【添加新路径】，如图 7-46 所示。

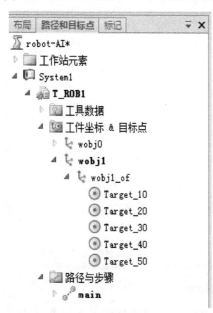

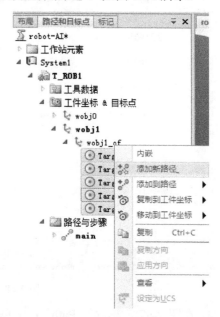

图 7-45　显示示教点 　　　　　　　　　　　图 7-46　添加新路径

如图 7-47 所示，新路径添加完成后，方框位置会出现一个新的路径。

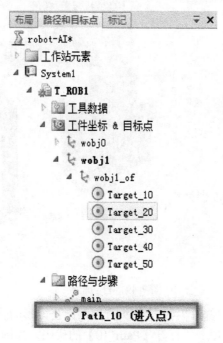

图 7-47　新路径

机器人控制与应用编程

单击【同步】下方的小三角，选择【同步到 RAPID...】，确保选中的同步项中有 Path_10，如图 7-48 所示。

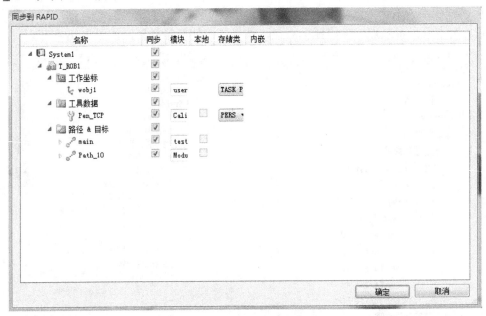

图 7-48　同步到 RAPID

(4) 在图 7-47 方框内的 Path_10 上单击鼠标右键，选择【配置参数】菜单下的【自动配置】，如图 7-49 所示。

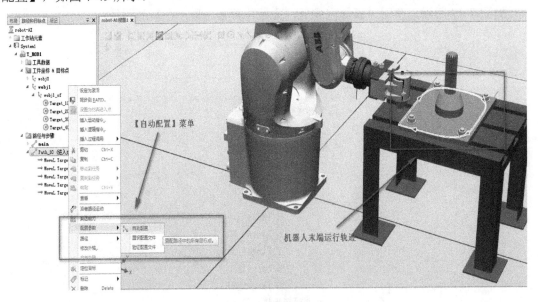

图 7-49　自动配置

此时，机器人末端会沿着图 7-49 的箭头方向画出正方形的轨迹。

(5) 打开【RAPID】选项卡，打开【Path_10】的代码，如图 7-50 所示。

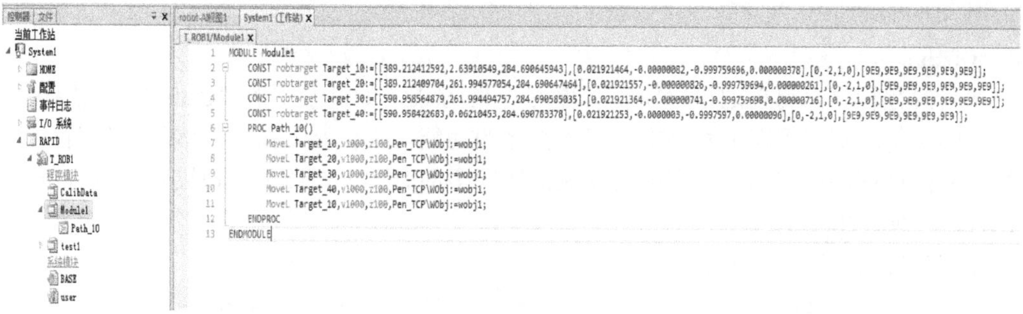

图 7-50　例行程序 Path_10

可见，Rapid 会自动将示教的目标点及运行的轨迹生成代码，代码如下：

```
MODULE Module1
    CONST robtarget Target_10:=[[389.212412592,2.63910549,284.690645943],[0.021921464,
-0.00000082,-0.999759696,0.000000378],[0,-2,1,0],[9E9,9E9,9E9,9E9,9E9,9E9]];
    CONST robtarget Target_20:=[[389.212409704,261.994577054,284.690647464],[0.021921557,
-0.000000826,-0.999759694,0.000000261],[0,-2,1,0],[9E9,9E9,9E9,9E9,9E9,9E9]];
    CONST robtarget Target_30:=[[590.958564879,261.994494757,284.690585035],[0.021921364,
-0.000000741,-0.999759698,0.000000716],[0,-2,1,0],[9E9,9E9,9E9,9E9,9E9,9E9]];
    CONST robtarget Target_40:=[[590.958422683,0.06210453,284.690783378],[0.021921253,-0.0000003,
-0.9997597,0.00000096],[0,-2,1,0],[9E9,9E9,9E9,9E9,9E9,9E9]];
    PROC Path_10()
        MoveL Target_10,v1000,z100,Pen_TCP\WObj:=wobj1;
        MoveL Target_20,v1000,z100,Pen_TCP\WObj:=wobj1;
        MoveL Target_30,v1000,z100,Pen_TCP\WObj:=wobj1;
        MoveL Target_40,v1000,z100,Pen_TCP\WObj:=wobj1;
        MoveL Target_10,v1000,z100,Pen_TCP\WObj:=wobj1;
    ENDPROC
ENDMODULE
```

上述代码中，Rapid 在执行【添加路径】的指令时，自动创建了程序模块 module1，模块中创建了名为 Path_10 的例行程序。Target_10、Target_20、Target_30 和 Target_40 则是示教的目标点。在例行程序 Path_10 中，使用了机器人线性运动指令 MoveL，使机器人沿正方形轨迹运动。

在之前的操作中，我们创建了一个例行程序，并通过参数配置的方式测试了机器人的正方形轨迹动作。但如果要让机器人自动运行这个例行程序，还需要在 main 函数中调用它。

(6) 在图 7-50 中打开程序模块 test1 下面的例行程序 main，编写代码：

```
MODULE test1
    PROC main()        !例行程序 main
        Path_10;       !调用例行程序 Path_10
```

```
    ENDPROC
ENDMODULE
```

调用例行程序，可以通过"例行程序名;"的方式，如例子中的"Path_10;"语句。例行程序的调用，实现了在主程序中调用子程序的功能。当机器人执行到这行语句时，就会执行对应例行程序的代码。程序中指令或语句较多的时候，一般可以通过建立例行程序来简化代码，使逻辑更清晰。

其完整代码如图 7-51 所示。

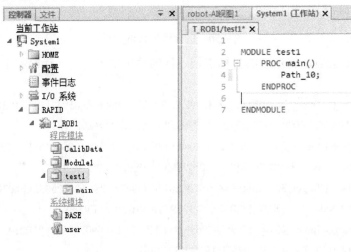

图 7-51　例行程序代码

(7) 单击【同步到 RAPID...】，将代码同步。打开示教器(如示教器之前是打开的，则重新启动)，进入【代码编辑器】，单击【PP 移至 Main】，在弹出的对话框中选择【是】，出现的界面如图 7-52 所示。

单击方框内的运行按钮(小三角)，执行例行程序 Path_10。机器人将按照之前设定好的目标点沿着正方形轨迹运行。

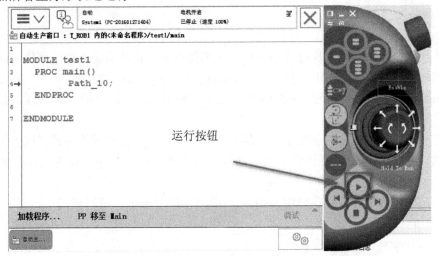

图 7-52　main 程序

7.3.3　逻辑指令

本节将结合机器人逻辑指令，实现机器人在两个运行轨迹(正方形和弧形)之间的结合或切换。扫描右侧二维码可观看其视频。

机器人逻辑指令编程

1. 圆弧形轨迹

下面先来创建两个例行程序，分别是机器人的正方形和圆弧形轨迹。编程的步骤如下：

(1) 按上节学习步骤，创建一个例行程序 Path_10，使机器人可运行正方形轨迹。

(2) 以同样的方式创建 Path_20(或者复制例行程序 Path_10，并重命名为 Path_20)。找到 MoveL 指令，单击鼠标右键，选择【编辑指令…】，如图 7-53 所示。

在弹出的窗口中，将指令 MoveL 修改为 MoveC。

(3) 选择【同步到 RAPID…】，将新的路径 Path_20 同步到 Rapid，如图 7-54 所示。

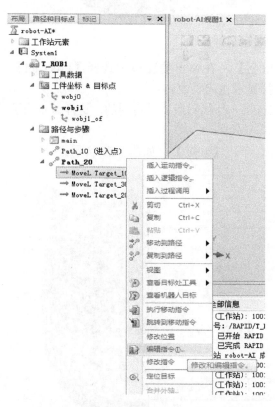

图 7-53　编辑指令

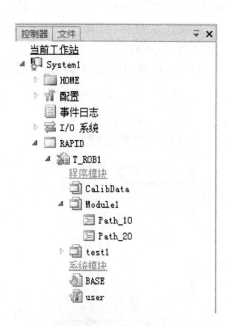

图 7-54　例行程序 Path_20

2. 交替执行

下面将实现机器人在两个运行轨迹之间的交替执行。

之前我们在 Rapid 界面中直接编写代码时调用例行程序 Path_10，虽然简单直观，但编写完成后还需要进行同步。下面我们直接使用示教器来编写程序。打开【示教器】，调整机器人至手动限速模式。打开【程序编辑器】，显示界面如图 7-55 所示。

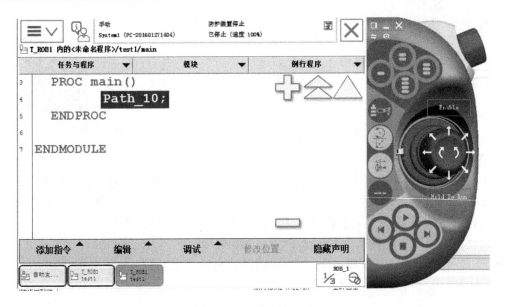

图 7-55　程序编辑界面

（1）选择一行代码，然后单击【添加指令】，在弹出的窗口中选择【ProcCall】。PorcCall 是调用例行程序的指令，但并不直接显示在代码中。

需要注意的是，【添加指令】按钮仅在选择一行代码后才是可用的，这样做是为了确定插入新指令的位置。

在弹出的窗口中选择【Path_20】子程序，单击【确定】，如图 7-56 所示。

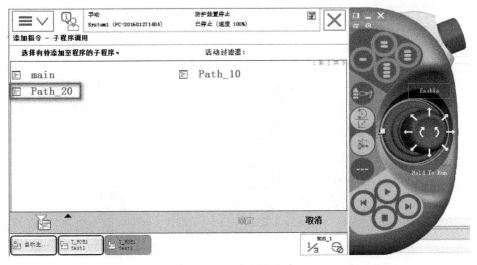

图 7-56　添加例行程序

添加成功后弹出一个对话框，将子程序添加到当前选定项目的下方，之后弹出的界面如图 7-57 所示。

此时，如果机器人运行模式设置为程序连续运行，则这两个例行程序会交替循环执行。当然，在不确定机器人设置的情况下，也可以通过代码保证。

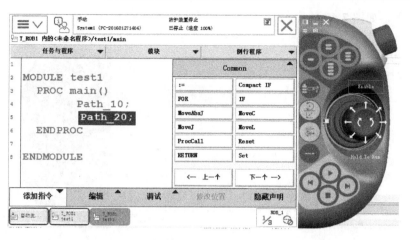

图 7-57　添加程序成功

（2）单击【Path_10;】语句，然后单击【添加指令】，在弹出的对话框中单击【Common】，选择【Prog.Flow】。在弹出的界面中选择【Label】，如图 7-58 所示。将其插入到项目上方，如图 7-59 所示。

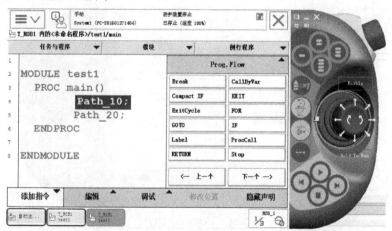

图 7-58　添加 Label

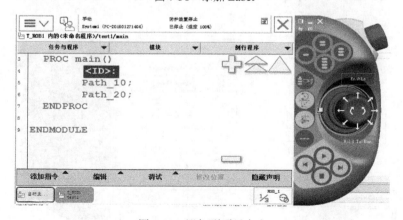

图 7-59　添加到项目上方

单击【<ID>:】，在弹出的对话框中输入标签名【Alter】。可从键盘直接输入，也可通过软键盘输入，如图 7-60 所示。

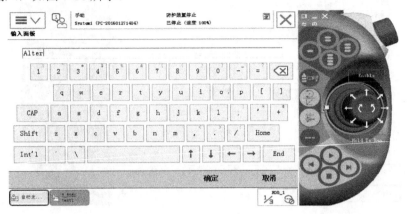

图 7-60　命名标签

输入完毕后，单击【确定】。

（3）选中语句【Path_20;】，并单击【添加指令】，在弹出的界面中单击【Common】，选择【Prog.Flow】。在弹出的界面中选择【GOTO】，如图 7-61 所示。

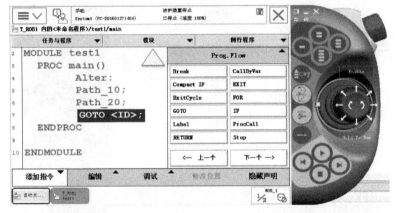

图 7-61　添加指令 GOTO

单击图 7-61 的语句中的【<ID>】，修改为要跳转到的标签名，即 Alter，如图 7-62 所示。

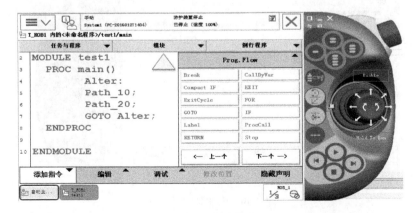

图 7-62　完整指令

当代码执行到 GOTO 语句时，就会跳转到标签 Alter 下的语句开始执行，即重新从 Path_10 子程序开始执行，从而实现两个例行程序的交替执行。

3．判断执行

下面将实现机器人根据条件有选择性地运行两个轨迹。

(1) 将上节中添加的两个指令删除。删除方法为，选中删除的指令，单击【编辑】，在弹出的界面中选择【删除】，如图 7-63 所示。

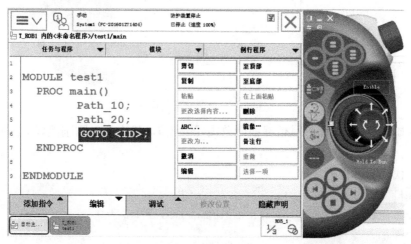

图 7-63　删除指令

(2) 选中【Path_10】这行指令，单击【添加指令】，选择赋值指令"∶="。在弹出的界面中选择【新建】，如图 7-64 所示。

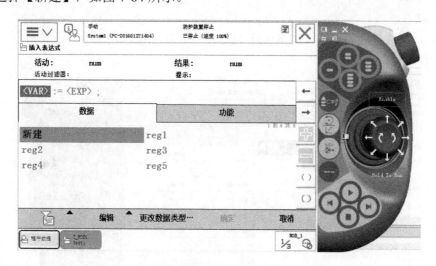

图 7-64　添加数据

在弹出的窗口中设置新建数据的名称、存储类型等，如图 7-65 所示。

单击左下角的【初始值】，修改数据类型和初始值。因为默认数据类型是 num，初始值是 0，恰好是所需要的，所以此处无需修改。

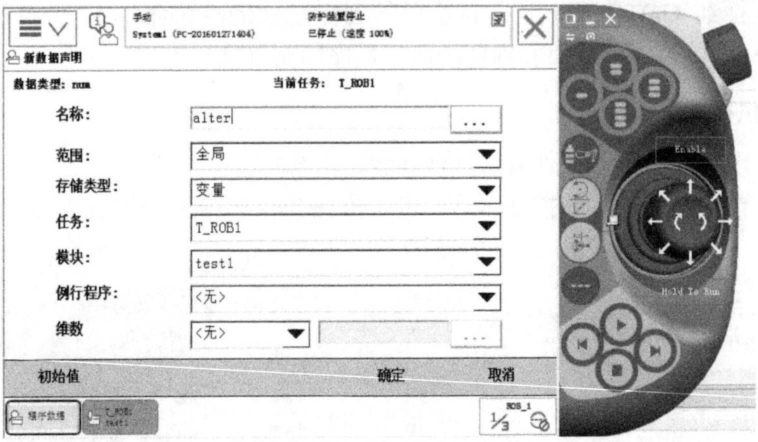

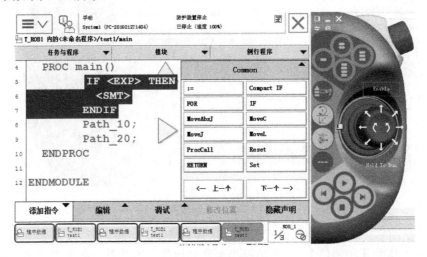

图 7-65　设置数据名称

单击【确定】，在下面的赋值界面中单击【取消】，就不会对刚刚建好的 alter 进行赋值了。

此时，代码如下：

```
MODULE test1
    VAR num alter:=0;      !创建一个 num 类型的变量 alter，初始值为 0
    PROC main()
    Path_10;
    Path_20;
    ENDPROC
ENDMODULE
```

（3）添加条件判断。选中【Path_10】这行指令，在当前项目的上方添加指令 IF，添加好后的界面如图 7-66 所示。

图 7-66　添加 IF 指令

单击图 7-66 中阴影部分语句，进入指令后续界面，如图 7-67 所示。

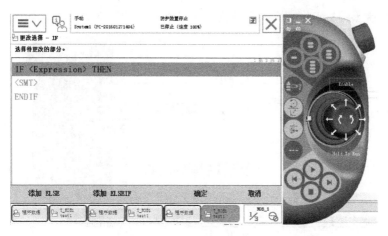

图 7-67　添加 ELSE

单击【添加 ELSE】，然后单击【确定】，弹出的界面如图 7-68 所示。

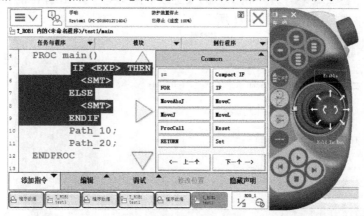

图 7-68　添加指令后

(4) 依次修改尖括号中的内容。单击【<EXP>】，修改判断条件，弹出界面如图 7-69 所示。

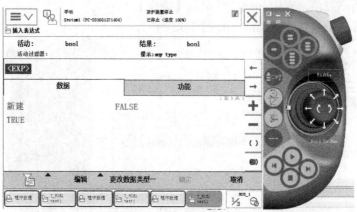

图 7-69　修改判断条件

判断条件如果为一个变量，那么一定是 bool 类型。当然也可以是一个表达式，通过表达式得到一个 bool 类型的值。比如本例中，我们要判断 alter 变量的值是否等于 1，则单击右侧的加号【+】，先将判断条件改为一个判断是否相等的表达式，如图 7-70 所示。

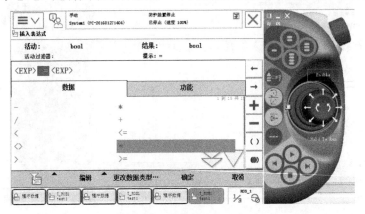

图 7-70 判断条件表达式

单击左侧的【<EXP>】，并单击下方的【更改数据类型…】，在弹出的界面中选择 num 类型(即 alter 的数据类型)，如图 7-71 所示。

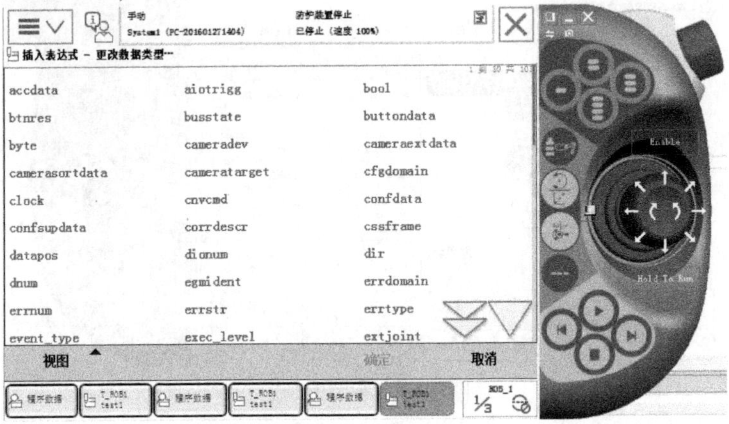

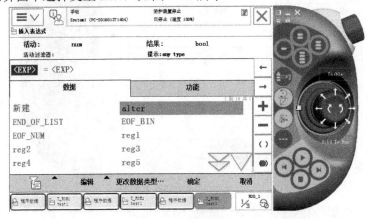

图 7-71 表达式左侧类型

单击右侧的小三角，选中 num，并单击【确定】。

在弹出的界面中选择变量 alter，如图 7-72 所示。

图 7-72 选择 alter

然后单击【确定】，弹出的界面如图 7-73 所示。

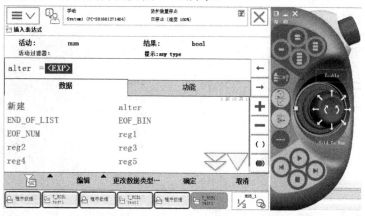

图 7-73　插入表达式

选择表达式右侧的【<EXP>】，单击【编辑】，在弹出框中选择【仅限选中内容】，弹出的界面如图 7-74 所示。

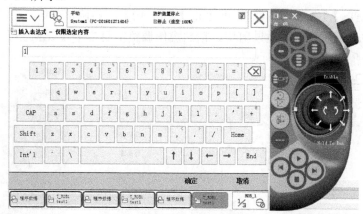

图 7-74　表达式右侧值

在输入框中输入 1，单击【确定】。然后回到上层界面，再次单击【确定】退出。代码界面如图 7-75 所示。

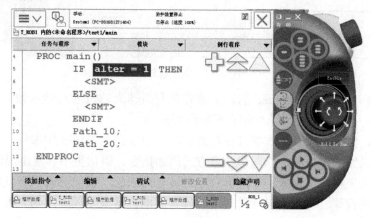

图 7-75　添加表达式成功

(5) 选中【Path_10;】语句，单击【编辑】，选择【剪切】，如图 7-76 所示。

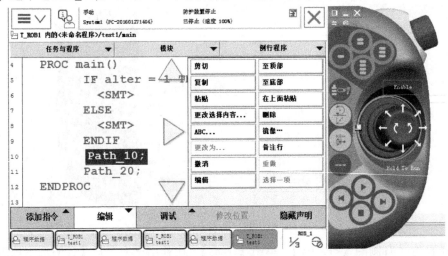

图 7-76　剪切指令

选中【<SMT>】，单击【粘贴】，即可将【Path_10】语句调整至第一个【<SMT>处】。

同样将【Path_20;】语句通过剪切、粘贴操作调整至第二个【<SMT>】处。完成后的界面如图 7-77 所示。

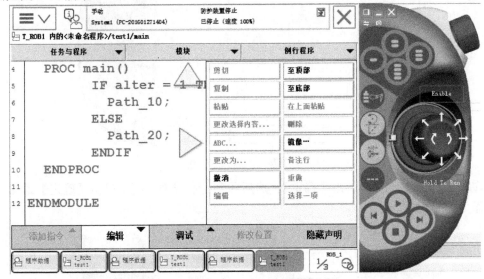

图 7-77　完成后界面

上述编程即实现了根据 alter 的值来选择执行机器人轨迹的功能：如果 alter 的值是 1，那么执行正方形轨迹；否则，执行圆弧形轨迹。

如上所示，整个添加表达式的操作较为繁琐，如果是在 Rapid 中编程，可能仅仅输入几行代码就可以完成。当然，以图形结合方式添加指令、语句更不容易出现语法错误。

有些机器人工程师是由 C、C++等程序员转行而来的，可能更习惯于直接输入代码的方式。而由机械设计、机器人设计等行业转行而来的机器人工程师，则更偏向于用图形结合的方式来进行编程。

4．循环执行

本例实现机器人循环交替执行两种轨迹，且执行四次正方形轨迹后才执行一次圆弧形轨迹。下面在【RAPID】选项卡的界面中直接输入代码来完成此功能。

(1) 在【RAPID】选项卡中，打开上一个例子完成的程序模块，如图 7-78 所示。

图 7-78　【RAPID】选项卡界面

图 7-78 右侧代码中包含了程序模块 test1，以及 test1 中的例行程序 main。代码与上一个例子完全相同。

(2) 在 main 函数中输入如下代码：

```
MODULE test1
    VAR num alter:=0;
    PROC main()
    alter:
        FOR i FROM 1 TO 4 DO
            Path_10;
        ENDFOR
        Path_20;
    GOTO alter;
    ENDPROC
ENDMODULE
```

上述代码使用标签 alter 和 GOTO 语句，实现了程序的持续运行(可以无视机器人运行模式的设置)。同时，利用 FOR 语句，实现了执行正方形轨迹四次的功能。

代码编写成功后，单击【应用】进行保存，并将代码同步到工作站。此时，打开示教器的【程序编辑器】即可看到完整的代码。

7.3.4　I/O 编程

在工业机器人的应用中，I/O 通信是常用的通信方式。所谓的 I/O 通信，指的是利用 I/O 信号与机器人周边设备进行通信。

ABB 机器人配备一块 I/O 通信板，以标准 I/O 板 DSQC651 为例，主要提供 8 个数字输入信号、8 个数字输出信号和 2 个模拟输出信号的处理。每个信号代表了 I/O 板上的一个端子位，可输入或输出两种状态：0 或者 1。

在 RobotStudio 软件中使用 I/O 信号，需要先将软件与 I/O 板连接起来。由于之前创建的机器人系统没有包含 I/O 通信板，因此需要给仿真机器人添加上 I/O 通信板，有两个方法：为当前工作站更换机器人系统，或者创建一个全新的工作站。

机器人 I/O 指令编程

下面详细讲解。扫描右侧二维码可观看其视频。

1. 更换机器人系统

(1) 在【控制器】选项卡左侧导航栏【当前工作站】下的机器人系统上单击鼠标右键，选择【删除】，如图 7-79 所示。

(2) 回到【基本】选项卡，单击【机器人系统】下的小三角，选择【新建系统…】，弹出的界面如图 7-80 所示。

图 7-79　删除旧的系统

图 7-80　新建系统

(3) 在图 7-80 中选择机器人型号"IRB 1200"，并选中"自定义选项"选择框(这是添加 I/O 板的关键)，然后单击【确定】。弹出的窗口如图 7-81 所示。

根据图 7-81 中的提示，选中"709-1 DeviceNet Master/Slave"。

新的系统添加成功后，将工具 Pen 拖放到机器人上，即可自动安装到机器人法兰盘上。同时，旧系统的目标点、路径和代码，可以使用【同步】来更新到新的系统中。

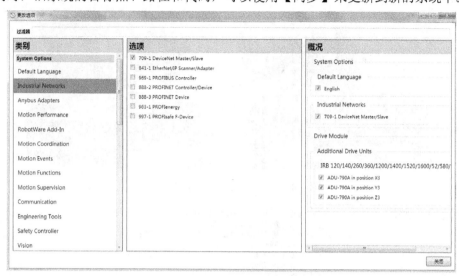

图 7-81　系统选项

2．创建全新工作站

当然，也可以创建一个全新的工作站。由于之前的机器人 IRB 1200 工作空间较小，在设计机器人轨迹时很容易超出机器人的工作范围，因此我们新建工作站 robot-AI2，并选择一个工作空间较大的机器人。

(1) 按照上一章 6.2.3 节的内容创建工作站，并选择机器人 IRB 2600。在进行到"从布局导入机器人系统"这一步骤时，在显示系统参数这一步单击【选项】，即出现如图 7-81 所示界面，便可进行 I/O 板等设备的配置。

在机器人"IRB 2600"上单击鼠标右键，选择【显示机器人工作区域】，在上方小窗口中选择【3D 体积】，即可看到机器人 IRB 2600 的工作区域，比 IRB 1200 要大得多，如图 7-82 所示。

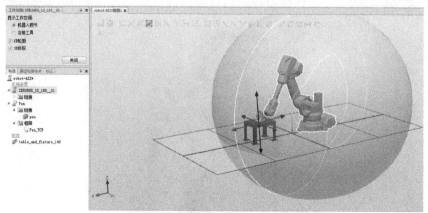

图 7-82　IRB 2600 的工作区域

(2) 参照本章 7.3.2 节内容，创建机器人的正方形运行轨迹，即例行程序 Path_10。此过程中需要重设示教目标点，注意一定要从多个角度和方向进行调整，使机器人的工具(笔尖)真正到达所需的点上，如图7-83所示。

图7-83　同一个点的多个角度显示

Path_10创建成功后目标点和路径如图7-84所示。

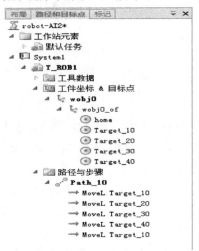

图7-84　显示示教点和路径

(3) 创建新的例行程序 Path_30，使机器人按圆形轨迹运动。使用四个目标点画一个外接圆，如图7-85所示。

图7-85　圆形轨迹

在示教点 Target_10 上单击鼠标右键，选择【添加新路径】。在新出现的路径【Path_20】上单击鼠标右键，选择【重命名】，将路径名修改为 Path_30。此条指令使机器人先移动到目标点 Target_10。

选中示教点 Target_20 和 Target_30，单击鼠标右键，连选【添加到路径】→【Path_30】→【最后】，如图 7-86 所示。

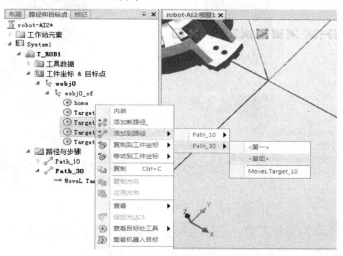

图 7-86　添加到路径 Path_30

同时选择刚才添加的两条指令，单击鼠标右键，连选【修改指令】→【转换为MoveC】，如图 7-87 所示。

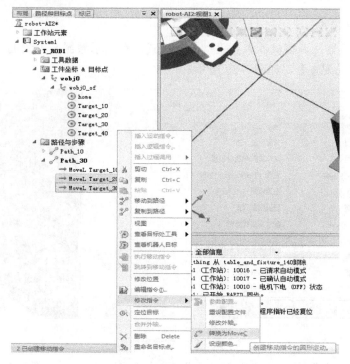

图 7-87　转换为 MoveC 指令

用同样的方法，选中示教点 Target_40 和 Target_10，添加到路径 Path_30，并将这两条 MoveL 指令转换为 MoveC。转换完成后的路径与指令如图 7-88 所示。

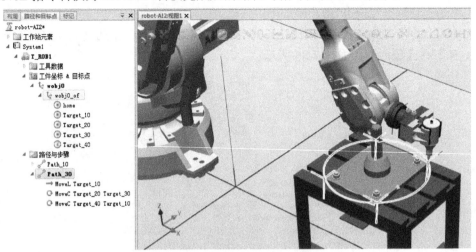

图 7-88　圆形轨迹的路径与指令

在 Path_30 上单击鼠标右键，连选【配置参数】→【自动配置】，即可看到机器人自动沿着圆形轨迹运动。

使用【同步到 Rapid…】，将路径和示教点同步到示教器中。

这两个轨迹创建好后，示教器中即会出现两个例行程序 Path_10 和 Path_30。下面创建 I/O 板并进行信号的连接。

3. 创建 I/O 信号

(1) 打开示教器，调整机器人至手动限速模式。单击示教器左上角的三角，选择【控制面板】，单击【配置】，如图 7-89 所示。

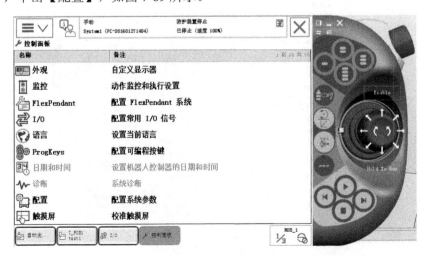

图 7-89　配置参数

在弹出界面中选择【DeviceNet Device】，单击【显示全部】，如图 7-90 所示。

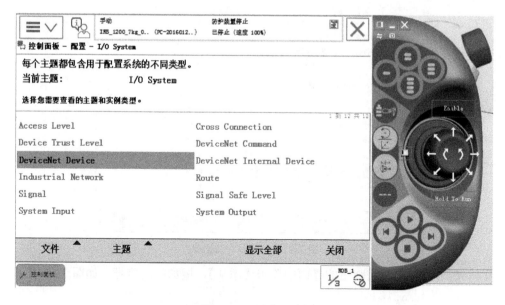

图 7-90　配置 I/O 板

在新界面中单击【添加】，进入如图 7-91 所示界面。

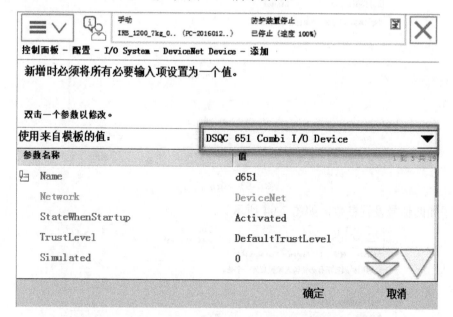

图 7-91　选择 I/O 板型号

在图 7-91 的界面中，修改方框内的设备为 I/O 板 651，此例中因机器人只有一块 I/O 板，因此其地址等参数使用默认值即可。

设定好后单击【确定】，并重启示教器。

(2) 再次打开示教器，调整机器人为手动限速模式。找到【控制面板】下的【配置】项，单击【Signal】，如图 7-92 所示。

图 7-92　配置信号 Signal

单击【显示全部】，在弹出的界面中单击【添加】，增加新的信号，如图 7-93 所示。

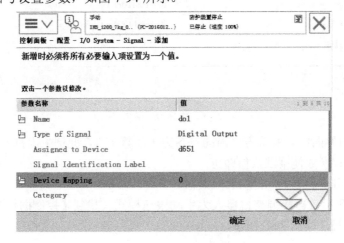

图 7-93　添加信号

为添加的信号设置参数，如图 7-94 所示。

图 7-94　修改信号参数

修改完成后单击【确定】。图 7-94 中信号参数的意义如表 7-2 所示。

表 7-2 信号参数的意义

参数名称	意 义
Name	I/O 信号的名称
Type of Signal	I/O 信号类型：有数字输入、数字输出、模拟输入、模拟输出、一组输入和一组输出
Assigned to Device	I/O 信号连接到哪个 I/O 板上
Device Mapping	此信号在 IO 板的哪一个端子位，由于 d651 有 8 个输出信号，故取值范围为 0~7，不可重复

(3) 前面的步骤创建了两个信号 do1 和 di1，下面将这两个信号应用到机器人上。打开【控制面板】，单击【I/O】项，如图 7-95 所示。

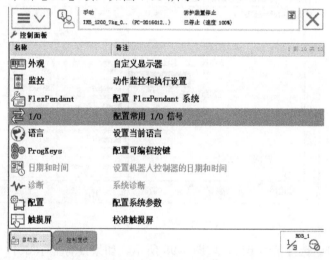

图 7-95 I/O 信号配置

选中之前创建的信号 do1 和 di1，单击【应用】，如图 7-96 所示。

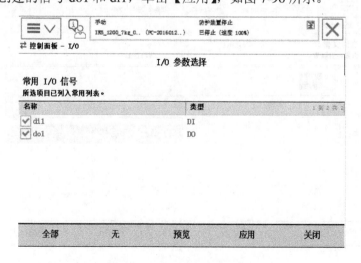

图 7-96 应用 I/O 信号

4. I/O 信号输出练习

假定机器人 I/O 板的 do1 信号外接指示灯。当 do1 输出状态为 1 时，指示灯亮；当 do1 输出状态为 0 时，指示灯灭。修改上节程序，使机器人运行正方形轨迹(即调用例行程序 Path_10)时，指示灯亮；其余状态，指示灯灭。

使用示教器编写程序，步骤如下：

(1) 打开示教器，调整机器人进入手动限速模式。打开【程序编辑器】，进入程序编辑界面。

选中一行代码，单击【添加指令】，选择【Set】指令，如图 7-97 所示。Set 指令可以使 do1 信号输出 1。

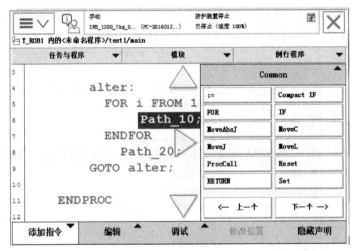

图 7-97　添加 Set 指令

在弹出的窗口中选择信号 do1，如图 7-98 所示。如果没有显示 do1，则说明 do1 没有创建成功，需要重新创建 I/O 板。

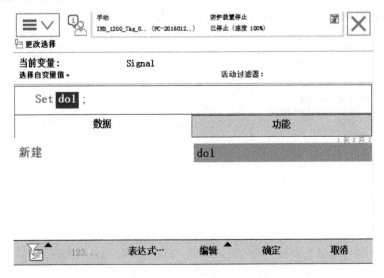

图 7-98　选择信号 do1

选择信号后，单击【确定】，并选择在当前选定项目之下插入语句。

(2) 以同样的方法，在程序调用例行程序 Path_20 之后添加 Reset 指令。Reset 指令可使 do1 信号输出 0。

完成后的代码如图 7-99 所示。

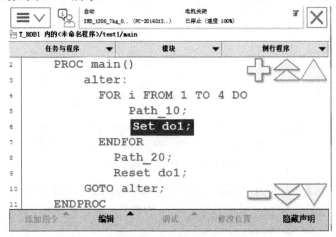

图 7-99　完整代码

5. I/O 信号输入练习

假定机器人的输入信号 di1 所连接的是 PLC(工业常用的控制器)的一个信号，该信号的状态为 1 时，代表某个外接设备已经准备好，机器人可以沿圆形轨迹运动；信号状态为 0，则代表外接设备没有准备好。

使用示教器编写程序，步骤如下：

(1) 打开示教器，调整机器人进入手动限速模式。

创建程序模块 test1，并创建例行程序 main，如图 7-100 所示。

图 7-100　创建例行程序 main

(2) 单击【添加指令】，在弹出的界面中单击【Common】右侧的小三角，选择【I/O】，如图 7-101 所示。

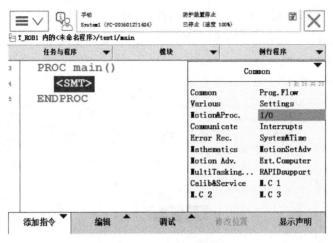

图 7-101　选择 I/O 指令

在新界面中单击【下一个】按钮，选择指令【WaitDI】，如图 7-102 所示。

图 7-102　选择 WaitDI 指令

在弹出的窗口中选择【di1】，如图 7-103 所示。

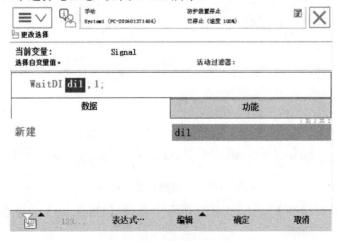

图 7-103　选择信号 di1

此例中需要等待 di1 信号为 1 时执行机器人动作，因此不需要修改其他项，单击【确定】即可。如需要等待 di1 信号为 0，可点击指令中的"1"，将"1"修改为"0"即可，如图 7-104 所示。

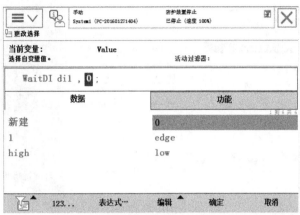

图 7-104　修改等待信号状态为 0

(3) 选中【WaitDI】指令，单击【添加指令】，在【Common】中选择【ProcCall】调用例行程序 Path_30，如图 7-105 所示。

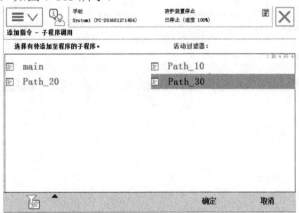

图 7-105　调用例行程序 Path_30

添加完成后的代码如图 7-106 所示。

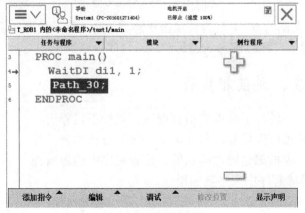

图 7-106　完整代码

(4) 单击【调试】，选择【PP 移至 Main】，进入如图 7-107 所示界面。单击右侧方框内的运行按钮，程序进入运行状态。此时，执行 WaitDI 指令，等待 di1 信号变为 1。

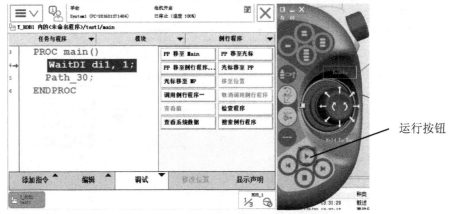

运行按钮

图 7-107　运行程序

(5) 单击左上角的下拉三角，选择【输入输出】，在弹出的界面中选择【di1】，如图 7-108 所示。

图 7-108　输入输出界面

单击【仿真】，左侧的 0、1 变为可点击状态。此时，将示教器和机器人放到同一画面中，单击"1"，机器人开始以圆形轨迹运动。

7.3.5　程序仿真、调试和运行

在上例中，对程序进行了简单的仿真调试。这种不依赖实际的硬件，利用软件模拟产生信号，从而调试程序的方式称为软件仿真。软件仿真可以模拟部分硬件的功能，检查程序中的逻辑控制是否完善，从而排除程序中大多数的错误。

下面介绍仿真与调试的方法，可扫描右侧二维码观看视频。

仿真与调试

检查程序是否存在逻辑问题，常用的手段是对 Rapid 程序进行调试，调试通常分为以下几步：

(1) 检查程序语法错误。在【程序编辑器】界面中单击【调试】按钮，在弹出的界面中选择【检查程序】，如图 7-109 所示。

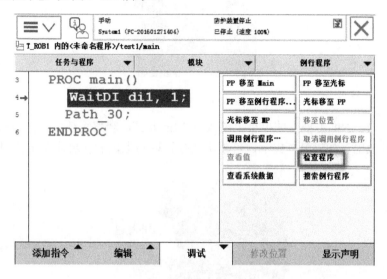

图 7-109　检查程序

(2) 单击【调试】，选择【PP 移至例行程序…】，再选择需要调试的例行程序，单击【确定】。或者选择【PP 移至 Main】调试主程序。由于调试主程序的过程中，会调用例行程序，因此通常情况下，直接使用调试主程序的方式即可。

当需要调试特定行的语句时，可以使用【PP 移至光标】。

调试时经常用到的按钮如图 7-110 所示。

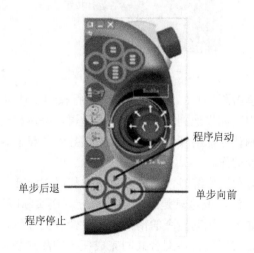

图 7-110　调试按钮

当通过调试和仿真，确认程序没有问题后，可以使用机器人的自动模式。

将机器人的工作模式调整为自动模式，如图 7-111 所示。

图 7-111　自动模式

　　单击图 7-112 上面方框内的电机上电按钮"Enable"，观察示教器上方的状态提示栏，是否提示电机上电。如果没有提示，可单击此按钮取消上电后，再次单击按钮进行上电。

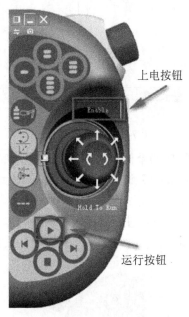

上电按钮

运行按钮

图 7-112　上电和运行按钮

　　确认电机上电后，单击图 7-112 下面方框内的运行按钮，使机器人自动运行程序。

　　在调试程序的过程中，如果遇到程序或机器人错误，提示栏会弹出错误提示。通常需要点击错误信息并进行确认才能继续进行。如果错误导致了机器人紧急停止，则需要重新给电机上电后机器人才能动作。

　　通过本章的理论学习和操作练习，读者可以掌握利用 Rapid 语言和 RobotStudio 软件进行编程的基本步骤和方法，但这只是最基础的部分。在实际应用中，ABB 机器人还有很多需要注意的地方，如多个运动指令的衔接、fine 命令的作用、规避奇异点等等。尤其重要的是，机器人是需要与周边设备配合共同完成任务的高端装备，因此，如何与其他设备进行通信，如何设计抓手使其符合实际生产需要，都是需要在实践中慢慢学习掌握的。

本 章 小 结

通过本章的学习，读者应当了解：

◇ 机器人的运动本质上是位置的移动及对末端工具的操作。机器人从一个位置移动到下一个位置，有多种运动方式，也可以有多种运动路线。通常来说，机器人运动有三种方式：单轴运动、线性运动和重定位运动。结合这三种运动方式，机器人计算出最优的路线并执行。

◇ 工具坐标系用于描述安装在机器人第 6 轴上的工具的 TCP、质量、重心等参数。设定工具坐标系是进行示教和编程的前提。工具坐标系是一种机器人数据，但是其建立方式不同于其他程序数据的建立方式。

◇ 编写一个机器人程序，首先需要确定程序需要多少个程序模块，分别进行创建；然后确认各程序模块中需要建立的例行程序，再进行创建；最后根据程序的功能需求编辑例行程序。

◇ 在对机器人进行目标点的示教时，要确保在多个角度下机器人的笔尖都与平台左下角接触，以防止"借位"现象。转动机器人工作站的视角，可以同时按住"Ctrl+Shift+鼠标左键"并拖动机器人。

◇ 在工业机器人的应用中，I/O 通信是常用的通信方式。所谓的 I/O 通信，指的是利用 I/O 信号与机器人周边设备进行通信。ABB 机器人配备一块 I/O 通信板，以标准 I/O 板 DSQC651 为例，主要提供 8 个数字输入信号、8 个数字输出信号和 2 个模拟输出信号的处理。

本 章 练 习

1. 在工作站中，仿照机器人创建正方形轨迹的方式创建三角形轨迹，程序名为 Path_20。

2. 使用示教器编程的方式，完成 7.3.3 节的循环执行两种轨迹的程序。

3. 创建一个名为 di1 的、在 DSQC651 模式信号单元下的输入信号，信号单元名称为 q651，地址为 13，输入信号的地址不限。

4. 为机器人创建两个输入信号 di1 和 di2，假定 di1 是机器人正方形轨迹的驱动信号，di2 是机器人圆形轨迹的驱动信号。创建两个输出信号 do1 和 do2，分别连接在两个机器人轨迹指示灯上。编写程序，实现如下功能：机器人等待输入信号 di1 和 di2，并在信号变为 1 时执行相应的动作；在执行对应动作时，更改指示灯状态为亮，当轨迹执行完毕后，指示灯灭。

参 考 文 献

[1]   [美]克来格. 机器人学导论. 3 版. 北京：机械工业出版社，2006.

[2]   徐振平. 机器人控制技术基础：基于 Arduino 的四旋翼飞行器设计与实现. 北京：国防工业出版社，2017.

[3]   蔡自兴. 机器人学基础. 北京：机械工业出版社，2013.

[4]   叶晖，管小清. 工业机器人实操与应用技巧. 北京：机械工业出版社，2010.

[5]   叶晖. 工业机器人工程应用虚拟仿真教程. 北京：机械工业出版社，2014.

[6]   [美]Saeed B Niku. 机器人学导论：分析、控制及应用. 北京：电子工业出版社，2013.

[7]   魏志丽，林燕文. 工业机器人应用基础：基于 ABB 机器人. 北京：北京航空航天大学出版社，2016.